无人机系统研究与应用丛书

无人机集群

UAV Swarms

梁晓龙 张佳强 吕娜 著

U0195356

西北工业大学出版社

西安

【内容简介】 本书从理论与实践结合的角度,系统地介绍无人机集群系统构建、任务分配、集群控制、通信网络等方面的基本理论与方法。全书共分为 5 章。第 1 章介绍无人机集群的发展现状及应用;第 2 章阐述无人机集群体系结构与系统构建/重构方法;第 3 章介绍无人机集群任务分配数学模型、求解算法及集中式/分布式任务分配方法;第 4 章介绍无人机集群控制关键技术与典型控制方法;第 5 章介绍无人机集群信息网络及其 MAC 协议、路由协议等关键技术。

本书可作为高等院校无人机系统及相关专业的本科生教材,也可供从事无人机集群任务系统、集群控制及通信网络研究的科技人员参考。

图书在版编目(CIP)数据

无人机集群/梁晓龙,张佳强,吕娜著 . —西安:
西北工业大学出版社,2018.5(2020.1 重印)
(无人机系统研究与应用丛书)
国之重器出版工程
ISBN 978 - 7 - 5612 - 5755 - 5

Ⅰ.①无… Ⅱ.①梁… ②张… ③吕… Ⅲ.①无人
驾驶飞机 Ⅳ.①V279

中国版本图书馆 CIP 数据核字(2017)第 304161 号

WURENJI JIQUN
策划编辑:肖亚辉
责任编辑:李阿盟

出　　版:西北工业大学出版社
通信地址:西安市友谊西路 127 号　　邮编:710072
电　　话:(029)88493844　88491757
网　　址:www.nwpup.com
印　刷　者:兴平市博闻印务有限公司
开　　本:710 mm×1 000 mm　　1/16
印　　张:18
字　　数:320 千字
版　　次:2018 年 5 月第 1 版　　2020 年 1 月第 4 次印刷
定　　价:88.00 元

前　言

　　航空集群是由一定数量的单功能和多功能有人或无人驾驶航空飞行器共同组成的，是以交感网络为基础，整体具有能力涌现特点的空中移动系统。无人机集群作为航空集群的主要组成形式之一，是当前航空领域的研究热点。

　　笔者所在的空军工程大学航空集群研究团队从 2011 年起开始从事航空集群相关技术研究，主要针对航空集群的构建、控制及传感器的管理与运用等问题，对基础理论、方法及工程实践进行了技术攻关与研发工作。近年来，本团队在该领域承担了国防 973 计划、863 计划、国家自然科学基金、陕西省自然科学基础研究计划等近 20 个科研项目；发表论文 100 余篇，其中 SCI/EI 收录 50 余篇，申请国家/国防专利 20 余项。

　　目前，对无人机集群的研究如火如荼，但有关该领域成系统的书籍在图书市场上十分匮乏。为此，结合笔者所在科研团队的研究成果和实践经验编写了这部著作，期望能够抛砖引玉，吸引、团结更多学者，共同推动航空集群领域的技术进步。

　　笔者努力从无人机集群的体系完整性出发，将应用需求、体系架构、理论方法与工程实践联系起来进行介绍。本书共包括 5 章内容。第 1 章描述无人机集群的发展现状及应用；第 2 章主要阐述无人机集群体系架构；第 3 章主要介绍无人机集群任务分配与指挥方法；第 4 章介绍无人机集群控制系统及若干控制方法；第 5 章介绍无人机集群信息网络协议、路由协议等关键技术。

在本书写作过程中参考了大量文献，在此向所有参考文献的作者表示衷心的感谢，感谢国家自然科学基金(61472443,61703427)对该研究项目的资助。同时感谢西北工业大学出版社，感谢他们的耐心指导和辛勤工作。

由于水平有限，加之本领域可提供借鉴的专著鲜见，所开展的研究尚处于起步阶段，因此，书中的不足之处在所难免，真诚希望各位专家学者提出宝贵意见，不吝赐教。

作　者

2017 年 10 月

目　录

第 1 章

绪 论

|1.1 无人机集群概念|

1.1.1 无人机集群定义

无人机集群由一定数量的单功能和多功能无人航空飞行器共同组成,在交感网络的支撑下,节点之间进行信息交互与反馈、激励与响应等交感行为。集群整体具有能力涌现的特点,可实现单个平台行为自主决策、平台间行为协同,最终产生能力涌现的自主式空中移动系统。

无人机集群不是多航空器平台的简单编队,其集群能力也不是诸多平台单一能力的简单叠加,而是由多航空器平台通过科学的方法聚集后,经过集群自组织机制与行为调控机制的有机耦合,产生了新的能力或原有能力发生了质的变化。

1.1.2 无人机集群产生背景

面对日益复杂的应用环境和多样化的需求,无人机受其自身软、硬件条件的限制,仍有某些局限性[1]。例如对单架无人机而言,其自身的燃料、质量和尺寸起着重要的限制作用,无法形成持续有力的打击力度;受机载传感器以及通信设备的限制,单架无人机也无法实现对任务区域的多维度、大范围覆盖;当执行高风险任务时,单架无人机可能因为受到攻击或自身故障而失效,从而导致任务系统容错性不足等。

为弥补单架无人机的局限性,美国空军科学顾问委员会指出,无人机应当以集群的方式协同工作,而不是单独行动。在未来很多应用背景中,无人机将体现出多机协同工作的特点。即由多架相同或不同型号的无人机组成无人机集群,协同作业,共同完成任务。这样,既能最大地发挥无人机的优势,又能避免由于单架无人机执行任务效果不佳或失败造成的不良后果,提高任务执行效率,拓展新的任务执行方式,从而达到提高系统可靠性、改善任务执行效果的目的。

|1.2 无人机集群发展现状|

1.2.1 无人机集群技术优势

无人机集群的初级阶段即多无人机协同。多无人机协同工作的优势主要来源于信息融合和资源互补两个方面[2]。在多机并行执行任务过程中,每架无人机收集到的信息都是其各自位置上的局部信息,无人机集群中所有成员的信息融合成全局态势信息,提供给决策系统进行多机系统内的任务分工与调度,以提高任务的执行效率;且当某个成员失效时,能及时更新系统信息,动态调整系统成员间的执行状况,从而提高系统的可靠性和容错性,满足任务的时间、空间与指标优化等要求,达到资源和功能互补的效果,如对同一个目标依序执行确认、攻击和毁伤评估任务,对同一个目标执行同时性的多角度跟踪任务等。

要指派多架无人机(Unmanned Aerial Vehicle, UAV)协同执行一项任务,提高任务的效能,就离不开合理高效的协同控制手段,必须对多机系统进行合理的协同任务规划。它是对多 UAV 协同执行任务进行研究的核心,涉及控制理论、运筹学、决策理论、图论、信息论、系统论、计算机科学、人工智能、通信理论等多个学科领域。

在实际任务的执行中,受 UAV、任务要求和环境因素等的影响与制约,对多 UAV 进行协同控制是一个极其复杂、极具挑战性的过程。其复杂性主要体现在以下几方面:

(1)任务环境的复杂性。复杂的对抗性的动态环境,可能包含多种既有的和突发的威胁、障碍、极端天气等,而且 UAV 与系统可能无法获知或无法及时获

知环境的全局信息及其变化。

（2）无人机集群成员间的差异。UAV数量有差异，以及不同UAV间存在运动学与动力学特性、功能、信息收集与处理和通信能力等的差异，而且无人机可能在任务执行过程中失效等。

（3）任务需求的复杂性。不同的任务具有不同的要求，其在作战目标、时序约束、时间敏感性约束、任务间耦合约束、任务指标等各个方面均可能存在差异，而且作战目标还可能存在不确定性，如移动目标、目标参数不确定等问题。

（4）计算复杂性。在进行协同任务规划问题研究时，不可避免地会碰到一个NP难题，即随着问题规模的线性增长，如无人机数量、目标数量等，问题的解空间呈指数级的爆炸式扩张。当问题规模增大时，从这个庞大的解空间中找到最优解需要大量的计算，非常困难。当任务的实时性要求较高时，这个矛盾会更突出，甚至会直接影响协同任务的执行效果。

（5）通信约束的复杂化。任务环境的复杂多变必然会对UAV集群的通信网络造成影响，如通信拓扑结构变化、带宽受限、通信干扰、通信延时等，甚至可能会出现虚假通信等问题，再考虑到UAV本身的通信设备性能限制，如通信距离和带宽等，以及某些任务可能会要求通信尽可能地少。这些极大地增加了多机协同问题的复杂程度。

作为无人机技术发展的一个重要趋势，多UAV协同控制方面的研究成为学术界的研究热点之一。美国军方对此极为重视[3-4]，已经被美国空军科学研究局列为六大基础研究课题之一。

1.2.2 多无人机协同技术研究现状

（1）国外研究现状。为探索多无人机协同工作的理论与实现机理，国外已经开展了大量相关的研究项目。其中具有代表性的是美国国防部高级研究计划局（DARPA）牵头的自治编队混合主动控制项目（Mixed Initiative Control of Automata—teams，MICA）[5-7]、广域搜索弹药项目（Wide Area Search Munitions，WASM）[8]和欧洲信息社会技术计划（Information Society Technologies，IST）资助的异构无人机群实时协同与控制项目（Real-time Coordination and Control of Multiple Heterogeneous UAVs，COMETS）[9]等。

MICA项目对多UAV协同作战的多项关键技术进行研究，目标是探索新的监视和控制手段（即自主协同控制方法），以使人能更好地参与到战场管理过程中，实现相对较少的操作人员对大规模无人作战平台编队的控制。其研究课题包括协同任务分配、无人机路径规划、多机协同跟踪、编队控制等多个方面，参与团队主要来自麻省理工学院、加州伯克利大学等。WASM 项目则以多 UAV 广域搜索与打击任务为背景,采用分层控制与优化的手段对多机协同控制进行研究,并在研究过程中建立了一个 Multi UAV 协同控制仿真平台[10]。

欧洲 COMETS 项目是一个多国合作的民用研究项目,其研究对象是一个由包括无人直升机和无人飞艇在内的多平台异构无人机群组成的协同探测与监视系统,研究目标是为该异构多 UAV 设计和实现分布式实时控制系统,集成分布式感知与实时图像处理等技术,并在森林火灾监视任务中对系统的关键技术进行演示验证。该项目的相关结果已经陈列在其官方网站上,最终成果也已经集中出版[11]。

从这些研究项目可以看出,多无人机协同控制涉及软硬件及其整合等多个方面,其中一个核心课题就是多无人机协同任务规划问题,它直接决定如何在各个 UAV 个体间进行工作任务的分配和各 UAV 如何执行,以在多种复杂因素影响下最大化系统效率。目前国内外已经有大量以 UAV 协同任务规划问题为主题的学术论文,接下来将主要按照该问题的发展脉络进行综述和分析。

在任何对多无人机协同任务规划的研究中,首先必须明确其研究的任务背景是什么,再根据该任务背景要求进行进一步的分解与细化,形成无人机可以完成的工作,进而根据任务指标并考虑某些因素进行问题建模与求解。协同任务规划问题以多 UAV 系统总体性能最大化或代价最小化为指标,其一般形式为将若干工作指派给多个 UAV 执行。因为现实中存在着极其多样化的任务背景以及复杂的影响因素,目前存在的任务规划方法无不是针对特定的任务背景进行研究的。

由于多无人机协同任务规划问题的复杂性,一般采用分层控制(hierarchical control)的方式将其分解成决策层、协调层、执行层等若干个子问题,再对这些子问题进行求解,从而降低解决这个复杂问题的难度。如 J. D. Boskovic 等人[12-13]提出将任务规划问题分解成决策层(decision making layer)、路径规划层(path planning layer)、轨迹生成层(trajectory generation layer)和内环控制层(inner‑loop control layer)等四个层次。其中,决策层负责多 UAV 系统顶层的任务决策、避障、冲突消解、任务重分配和指标评估等;路径层负责任务执行中的运动规划,生成航路点,以引导 UAV 规避威胁、障碍等;轨迹层负责根据 UAV 的状态、输入和初始条件等,为 UAV 生成通过航路点的可飞路径;控制层则保证 UAV 准确地沿着生成的轨迹飞行,并进行一定的冗余管理以降低干扰等因素的影响。A. Tsourdos 等人[14]则从多 UAV 协同路径规划的角度将任务规划的层次结构分为机群协同任务规划与分配层、机群协同路径规划层和单机控制层等三个层次。这些研究表明,这类分层控制的思路可以很好地梳理和降低多

UAV 协同决策与控制中的复杂性,是解决该问题的有效手段。

有了分层控制的思路之后,需要对多机协同任务规划问题进行建模与求解。从数学角度(运筹学,operations research)看,该问题属于一类复杂的组合优化问题[15],需要对多 UAV 机群内各个成员进行任务指派和资源分配。对该优化问题进行建模与求解的方法有很多种,大致可以分为集中式和分布式两类。从发展的时间早晚来看,集中式的发展要早于分布式,但相对而言分布式在动态、不确定的场景下和实时性要求等方面其适用性更广泛。

1)集中式任务规划方法。集中式控制方法(centralized control)的特点是在系统中存在着一个中心节点,由这个中心节点完成整个系统的任务指派和调度、协调等工作,无人机仅充当任务执行者的角色。在集中式的处理过程中,问题建模和求解这两个方面有着较为清晰的界限。

集中式控制系统的控制中心(center)对整个系统进行控制。控制中心可以是地面指控中心、海基平台或空中预警机等,也可以是另一架有人作战飞机,甚至功能更完善的无人机。所有的 UAV 将它们探测到的信息和自己的状态发送到控制中心;控制中心先将这些数据进行强大的分析、控制与决策系统等分析、处理与规划之后,再将任务规划的决策结果发送给各个 UAV,从而将任务指派给它们执行。控制中心起着任务决策与控制中心的作用,是整个系统的指挥控制中枢,类似人类"大脑"的作用;而各个 UAV 则只需要具备任务执行能力即可。

将多 UAV 协同任务规划问题抽象成组合优化问题的形式,需要借助图论(graph theory),把问题参与者,包括无人机和任务对象(如地面目标)等,先抽象成图(graph)的节点(vertex),而一个 UAV 以某种状态对一个对象执行任务的过程则抽象成图的边(edge),再引入二元决策变量,把这个复杂的规划问题刻画成一个有向图(directed graph)的形式。实际上不管是集中式还是分布式方法都存在着这样一个问题抽象的过程。然后,可以采用现有的方法对该问题进行建模,并使用某种合适的搜索算法(search algorithm)对这个有向图搜索以确定最优解。

现在已经存在多种集中式任务规划建模方法,包括多旅行商问题(Multiple Travelling Salesman Problem,MTSP)、车辆路由问题(Vehicle Routing Problem,VRP)、网络流(Network Flow Optimization,NFO)模型和混合整数线性规划(Mixed-Integer Linear Programming,MILP)等。前两种模型一般用于处理单一任务的多 UAV 协同,如协同搜索任务等,在建模过程中可以考虑问题的时间相关约束,如时间窗约束等。在处理多任务时,如确认、攻击、毁伤评估一体化任务,设定为只对目标位置访问一次的 MTSP 和 VRP 模型则变得不太好用。此时,NFO 和 MILP 模型相对更适用些。

NFO 模型在早期对广域搜索弹药(WASM)问题[8]的研究中使用较多。该方法以无人机为网络中的供货商,需要执行的任务(可能是对地面目标的确认、攻击、毁伤评估等任务)为物流,而把对无人机执行某项任务的指派决策当作需求,无人机对应决策的执行代价或收益则作为货物在网络中流动的成本,基于图论建立网络流模型。优化目标则是网络流量总代价最小。

MILP 模型应该算是目前使用较广泛的集中式任务规划方法,在WASM[16],SEAD(Suppression of Enemy Air Defense,敌方防空火力压制)[17]等问题中均能建立较合适的模型。该方法属于网络流模型的自然拓展,其在建模过程中引入了两种类型的决策变量:二元决策变量和连续决策变量。这两类变量的使用让 MILP 方法能处理更广泛的任务规划与调度问题,可以考虑更复杂的约束,如时间、资源等,本质上讲就是使任务规划模型与一般意义上的组合优化问题更接近了。在 NFO 和 MILP 模型的基础上,T. Shima 等人[18-19]总结并建立了被称为"协同多任务分配问题"(Cooperative Multiple Task Assignment Problem,CMTAP)的组合优化模型。CMTAP 模型采用图论描述方法,以多 UAV 系统对多个地面目标协同执行受时序优先级约束的确认(classify)、攻击(attack)和毁伤评估(verify)等三种任务为任务场景,考虑了时间、资源、可飞路径等多项约束。该模型能较好地描述多 UAV 协同任务规划问题,基于它稍作改动即可适用于更广泛的应用场景。

理论上讲,在建立任务规划模型后,可以选择很多种搜索算法进行求解,如广度优先搜索(breadth - first search)、深度优先搜索(depth - first search)、Dijktra 算法、Bellman - Ford 算法等确定性的图搜索算法,分支定界(branch and bound)、动态规划(dynamic programming)等优化算法,以及遗传算法(Genetic Algorithm,GA)、粒子群优化算法(Particle Swarm Optimization,PSO)、禁忌搜索(tabu search)、模拟退火(Simulated Annealing)等启发式随机搜索算法。

采用前两类算法的好处是可以保证能够找到问题的最优解,而且由于已经存在大量成熟的商业软件,如 CPLEX 等,可以直接使用它们而大大减少研究人员的工作量。在处理简化的问题时,它们因穷遍整个解空间而能获得问题的最优解,但随着问题规模的增长,解空间的尺寸也呈指数级膨胀,遍历搜索的计算量迅速增大,要穷遍整个解空间可能变得不现实。这就是多 UAV 协同任务规划问题的 NP - hard 特性。

为绕开这个计算难点以降低大型问题的求解难度,S. J. Rasmussen 等人[20]提出了一种树搜索(tree search)算法对 WASM 问题进行处理。他们先将组合

优化问题以决策树(decision tree)的形式表达出来,然后一边通过最佳优先搜索(best‐first search)在已搜索的可行解中不断降低解的上界,一边又在决策树上未评估的分支中通过欧氏距离确定解的下界以减少计算量,在这个定界的过程中,可行解的上、下界范围不断缩小。从而避免确定性搜索算法遍历枚举(exhaustive enumeration)计算量过大的缺点,在处理小型问题时直接确定最优解;而在处理大型问题时,如果在线使用能立即给出一个相对较好的可行解,如果离线使用则仍能找到问题的最优解。

启发式(heuristics)算法在处理这类大型复杂的组合优化问题时,由于其启发式的随机特性,并不企图穷遍整个搜索空间,而在计算时间和解的最优性能之间达成某种妥协,从而可以在可接受的时间和计算代价内获得较好的次优解。S. J. Rasmussen 等人早在 2003 年就对启发式算法和最优算法在处理大型问题时的效果进行了比较[21],结果表明启发式算法具有明显的优势。因而,这种启发式的随机特性使它们在处理大型复杂问题时具有天然的优势,近年来已经有大量的研究使用了这类算法。

GA 作为一种典型的启发式算法,被研究人员广泛地用于多 UAV 协同任务规划问题研究中。T. Shima 等人[22-23]把任务规划问题归纳成 CMTAP 模型之后,将该问题的解编码成矩阵的形式。以矩阵的列作为染色体的基因(gene),表示将某架 UAV 指派去对某个目标(target)执行某项任务(task);以矩阵为染色体(chromosome),表示 CMTAP 的一个可能解。通过对自然选择过程的模拟,首先构建一个初始化种群,然后通过杂交、变异、选择等过程,对染色体种群迭代演进,最终获得一个较好的可行解。尽管该解可能不是最优解,但能在可接受的时间内获得一个次优解,怎么都要比长时间等待计算最优解的结果来得好。随后S. Karaman 等人[24-26]使用进程代数(process algebra)改进了 GA 的染色体编码和杂交、变异等遗传算子,从而进一步提高了 GA 在处理大、中、小型问题时的适用性。

PSO 作为另一种启发式算法,有着与 GA 不同的演化策略,它模仿鸟群捕食行为,将可能解视作一个粒子(particle),被赋予一个速率在解空间中运动,根据其自身历史最佳位置和粒子群(particle swarm)整体的历史最佳位置,调整其运动速率,从而达到在解空间中寻优的目的。这个算法与 GA 相比,不需要构建大量个体组成的种群,概念简单,实现容易。

集中式控制架构具有全局性强的特点,对涉及强耦合 tasks 的任务规划问题具有较明显的优势。但其在处理 UAV 机群的任务规划过程中,需要进行大量的计算,且其实现依赖于全局通信网络,因而集中式架构具有鲁棒性差、计算量大、处理问题的伸缩性不好等缺点。因此,集中式控制架构在任务实时性要求不高，或涉及大量复杂强耦合 tasks 的分配问题时，因其全局特性易获得全局最优解，而具有较好的适用性。

2）分布式任务规划方法。分布式控制系统与集中式相反，其没有一个控制中心，系统成员间是平等的，它们采用自治协商的方式共同完成全局任务。分布式架构将复杂任务分解成各个成员能协商解决的子问题，再将这些子问题向整个系统的 UAVs 寻求解决方案并发布协商信息，一旦与合适的系统成员达成交易协议，则继续解决下一个子问题。这种控制架构的思想来源于人类社会的组织结构与合作方式，其分布式节点间的任务分配在各个子问题的协商过程中完成。

分布式系统中的无人机是具有相当自主能力的个体，即 Agent，具有协商决策的功能，整个无人机系统则构成一个多智能体系统（Multi-Agent System，MAS）。系统成员间的协作通过通信网络协商实现，整个全局任务过程就像一个具有共同目的的"社会活动"。

分布式任务规划方法很多是基于市场机制的合同网协议。R. G. Smith 在 1980 年首次提出将合同网协议用于分布式问题求解[27]。该方法的基本思想是将任务分配过程视为一个市场交易过程，通过"拍卖—竞标—中标"（auction-bid-award）这个市场竞拍机制实现分布式系统内部工作任务的指派和调整。当一个系统成员产生新任务时，如发现新目标，可以向系统中的其他成员发布市场拍卖合约；其他成员则对该合约进行评估，如果可行则向拍卖者回复自己执行该合约的代价；合约拍卖者收到竞标者的价码后，进行评估，选择合适的执行者，进行任务指派。这样，一个基本的市场交易活动即大致完成。有研究表明[28-29]，基于市场机制的合同网协议在分布式问题求解中，有着较大的优势。其原理简单直观，易于实现，且执行效率高，已在包括多 UAV 协同决策与控制在内的多个领域被广泛研究和应用。

在合同网协议的基础上，研究人员进一步发展出更多的分布式方法。由于合同网只给出了协商的框架和协议，缺乏形式化的模型。有研究人员[30-31]将一种描述离散事件动态系统的图形化工具——Petri 网——引入合同网的建模与分析中，使合同网协议更加严格化，从而实现更好的系统协商效果。

有意思的是，在很多方面，分布式控制体系的优、缺点正好与集中式的相反。分布式架构具有计算代价小、实时性强、鲁棒性与容错性好、通信要求相对较低和系统设计灵活等优点；但由于 UAVs 在分布式协商过程中对全局性能考虑不足，其会造成全局性能不强的缺点，一般只能获得次优可行解，而且当 tasks 之间存在复杂的强耦合关系时，分布式架构的性能也可能会受到严重影响。因此，分布式架构比较适合处理实时性要求高、动态特性强的任务场景。

分布式方法在近些年越来越受到关注,已经有大量的方法被提出和应用,如协商一致理论、对策论、信息素和多智能体系统等。这类方法由于其对动态不确定性问题的适用性而发展迅速。

(2)国内研究现状。国内也有越来越多的研究人员参与到多无人机协同任务规划问题的研究当中。如叶媛媛[32]详细分析了任务规划问题的理论和特性,以多目标优化理论为基础,建立多无人机协同任务规划的多目标整数规划模型,并对其进行求解;龙涛[33]提出一种有限中心的分布式控制体系,在合同网协议基础上提出多种类型合同和协商机制的分布式体系进行在线实时的任务重分配;柳林[34]在对分布式多机器人系统的研究中,总结了合同网拍卖机制的理论基础,基于合同网机制提出 Ne A - MRTA 和 Re A - MRTA 算法进行简单任务动态分布式分配,针对复杂任务的动态分布式分配问题,则基于 Ne A - MRTA 提出一种 CA - MRTA 算法进行处理,取得了比较好的效果。

高晓光[35]、宋绍梅[36]等人采用层次分解策略建立了多 UAV 航迹规划系统结构,并将多 UAV 的协同航迹规划进行了分解,共分为三层:协同管理层、路径规划层和轨迹控制层。其中,协同管理层主要是起到协调的作用,即协调多 UAV 的攻击时机确定、协同攻击航路选择、协同攻击代价以及性能;路径规划层要选择一条安全完成预定任务的飞行路径,能使 UAV 躲避敌方威胁,最终的规划结果用一系列航路点表示。规划的依据是任务要求、威胁位置、燃料限制和 UAV 机动性能;轨迹控制层的作用是将各个 UAV 的行驶航迹点序列进行可飞的航迹平滑处理,并决定控制量。沈延航等人[37]研究了多无人机搜索静止的多个目标问题,采用搜索理论,依据"回报率"的状态图,展开了关于多 UAV 协同控制搜索理论的研究,并且利用蒙特卡洛仿真,在理论最优的前提下,对协同搜索以及随机搜索都进行了分析。实验结果显示,协同搜索比随机搜索更具优势,能够更好地利用无人机的资源,提高群体的效能。宋敏等人[38]研究了不同类型无人机通过彼此的协同来完成对目标的侦察、攻击和毁伤评估等任务分配问题,考虑不同 UAV 完成任务方式的差异,将其建模为更加符合实际的异构多 UAV 任务分配模型;为了降低模型求解难度,采用了有效的任务分层解耦方法,并运用一种自适应差分进化算法对该问题进行求解。

杨江华[39]对未知环境下的多 UAV 任务自组织的蚁群算法进行了研究,以蚁群觅食行为作为模型,提出有效解决该类问题的算法和分布式矢量化信息素结构,并提高了无人机整体性能的鲁棒性,研究了就信息素视图方式的无人机协同方法,提高了作战效率,降低了通信时对整体协调性的干扰。丁琳等人[40]通过 Voronoi 图方法,引进协同变量以及协同函数,产生与预知威胁相关联的航迹,使所有 UAV 可以一起到达任务目标,而且能通过集合点得出状态图。如果在任务过程中出现突发威胁,相应地调整即时航迹,作战过程中的突发威胁实时进行航路的调整,最终得出每一架 UAV 的几何路径。柳长安[41]、左益宏[42]等人对多 UAV 协同侦察航线规划问题进行了研究,两个优化目标是,侦察到尽可能多的目标和获得全部目标的有效侦察时间;按照这两个要求,用有效侦察飞行时间来衡量航迹的优劣,表示 UAV 对任务目标总的监控时间。文中假设各UAV 的飞行都是相同的速率,因此将它的有效侦察飞行时间相应地转化为在此有效时间内 UAV 飞过的距离,即有效侦察飞行距离,用它来评价航迹的优劣,接着利用遗传算法解决问题。

曹菊红等人[43]设计了一种基于智能体技术的多 UAV 协同控制智能指挥系统,体现了单个 UAV 的自主性,利用 Agent 的两种特性:自主性和交互性,通过专用通信网络实时分享信息、发布信息,使攻击决策能力有所提高。郑昌文[44]、李磊[45]等人采用进化计算实现多 UAV 协调航迹规划。该算法中,不同的 UAV 潜在航迹形成各自的集合,并在集合内部进化,由个体的适应度函数来实现飞行器之间的协调关系。采用特定的进化算子及染色体,可以让算法能够更好地利用各种环境信息,解决各种航迹约束问题,并相应地生成三维航迹。严平等人[46]研究了未知环境中的无人机多任务航迹规划问题,并利用飞行路线图提出了一种多任务航迹规划框架,先通过多任务结合动态航路设计,然后在稀疏路线图和细致路线图上分别及时地寻得初始航路和启发式搜索备用航路,这样在有新任务时可以实时地获得可行的初始航迹,并且在途中如果遭遇临时威胁也可以及时修改航迹,避免碰撞。将群智能理论应用到无人机协同控制方面的文章有很多,如蚁群算法,苏菲[47]等人研究了有关无人机协同多任务分配的问题(CMTAP),采用的是蚁群算法。在基本的 CMTAP 模型基础上,建立了一种扩展的协同多任务分配模型,全方位地考虑了多类复杂约束条件,包括无人机任务能力的差别和动态任务时间约束,在多子群蚁群算法的基础上,采用基于分工原则的蚁群算法,解决了 CMTAP 问题。根据多任务协同分配的特点,设计了一种状态转移规则,是基于任务代价和任务能力评估问题的解构造策略,也使算法的性能得到了提高。赵敏等人[48]将无人机群作为一个整体的研究对象,因为要提高效率、降低油耗,对任务和航线进行了综合规划。为了减少机群完成任务的时间和无人机飞行的航程,也为了能减少机群完成任务的总时间,使各无人机的任务执行时间基本均衡,让同一无人机执行多个任务时在路径上能够相邻,提出了新的方法——一种启发式的任务和轨迹综合规划方法。

2013 年,国防科学技术大学沈林成教授团队出版了专著《多无人机自主协同控制理论与方法》[49]。这本专著分析总结了无人机编队的理论和技术发展脉络,对包括多无人机协同任务分配、协同轨迹规划、协同目标状态估计、编队协同

控制、多机协同自组织等在内的多个协同控制课题都进行了归纳与研究,提出了多个对应协同问题的解决方法,并给出典型应用下多机协同控制问题的理论分析和方法描述。

1.3 无人机集群在民用领域的应用

1.3.1 市场分析

在民用方面,无人机集群可用于勘探测绘、航空摄影、环境研究、核辐射探测、气象探测等方面,又可以用于水灾探测、防火和救援工作、电力线路检查等方面,同时在城区监视、大型牧场巡查等方面也具有非常广泛的市场前景。就全球市场来看,据前瞻产业研究院发布的《2014 — 2018 年中国无人机行业市场需求预测及投资战略规划分析报告》数据显示,全球无人机研发与采购市场的规模每年为 50 亿~60 亿美元,未来 10 年这一规模将以年均 10% 左右的速度稳步发展。根据美国《航空与太空技术周刊》刊登的分析报告,世界无人机将在 2024 年达到673 亿美元市场规模。2015 年美国售出超过 100 万台无人机,并且将以 20%~30% 的速度在未来数年递增。而这其中最大的增量来自于民用无人机领域。

近几年,受需求拉动和几次局部战争中无人机卓越表现的激励,国内对无人机的研发空前重视,行业爆发出前所未有的发展速度。首先是涌现的产品数量。2010 年珠海航展上,中国展示的无人机超过 25 款。而仅仅是几年前的珠海航展上,中国才第一次推出了无人机概念。其次是涉足的厂商暴增。并且,国产无人机产品已成功走出国门。西安爱生技术集团的 ASN 系列无人机、航天科技十一院的"彩虹"无人机、中航工业成飞集团的"翼龙"无人机等已先后签订出口订单。

1.3.2 无人机集群应用领域分类

相关数据显示,在 2010 年以前,军用无人机占据了市场规模的 99% 以上。然而在过去几年内,全球范围有 3 000 多家不同规模的企业涉足民用无人机相关领域。其中不乏 Amazon,Google,DHL 等行业巨头在持续进行测试。

从国内市场来看,国内除了大疆、亿航、极飞等专业公司以外,顺丰物流以及其他 A 股上市公司如宗申动力等也频频发力。民用无人机市场份额已经超过

10%,远远快于军用无人机的增长速度。据 ZDNet 报道,2015 年 11 月至 2016 年 1 月份间统计的最新数据显示,中国制造仅民用无人机出口增长就超过 9 倍,推动出口总额上升至 27 亿元人民币。据权威数据统计,目前中国市场上大约有 400 家无人机制造商,占据全球无人机市场的 70%。

下面介绍无人机在农业植保、航空摄影测量、快递运输、应急救灾、警用领域等应用概况。

1.3.2.1　在农业植保方面

用无人机喷药防治病虫害的方式,刨除农药费用外,每亩费用与雇工成本相当。这种方式不仅能把药液喷洒得更均匀、节省农药,而且作业速度快,提高了农药喷洒的安全性。有报道称,以载荷为 16 kg 的电动单旋翼植保无人机为例,其喷洒效率是传统人工喷洒效率的 30 倍,每天可作业 300～500 亩*。

1. 植保无人机集群主要优势

相对于传统的手工方式,农林植保无人机集群具备以下优势[50]:

(1)高效安全。单无人机每分钟可以喷药 2 亩,1 h 可以喷药 100 亩,一台无人机每天可以作业 400～600 亩地,相当于人工喷药的一百多倍;运用无人机集群进行大面积喷药,更增加了喷洒效率。远距离遥控操作,使人与药隔离,提高了喷洒作业的安全性。

(2)防治效果好。与地面机械田间作业相比,不会留下辙印和损坏农作物,并且作业高度低,飘移少,旋翼产生的向下气流有助于增加雾流对作物的穿透性,防治效果好。

(3)作业成本低。一方面采用喷雾喷洒方式至少可以节约 50% 的农药使用量和 90% 的用水量,降低了资源成本;另一方面,一台无人机喷洒农药每天可作业 400 多亩,节约 20 个劳动力成本,和人工喷洒农药相比,采用无人机集群作业成本优势更加明显。

(4)可完成地面机械无法完成的作业,不受地理因素的制约。

2. 国外典型国家植保无人机发展现状

(1)美国。美国联邦航空管理局(FAA)已向包括美国海岸警卫队等在内的国土安全部门、灾害救援部门、环境保护部门等政府职能部门和科学研究机构共计发放了约 1 000 个无人机非商业性飞行许可证。同时,为满足日益增长的民用需求和极具潜力的商业需求,FAA 也正在积极研究探讨完善空域管理的措施,拟向无人机开放低空领域。

---

* 1 亩≈666.666 m^2

美国在 1918 年第一次用飞机喷洒农药防治蝗虫开始,正式拉开了航空植保的序幕。美国航空植保经历了由有人驾驶直升机植保技术向无人机植保技术的过渡。20 世纪中期以后,美国等发达国家逐步形成规模化的大型农场,采用专业化、现代化的生产方式,相应地建立了以大型植保机械和航空植保为主体的病虫草害防治体系。

目前,美国拥有农用飞机 20 多个品种 4 000 多架(13% 为农用直升机),占世界总拥有量的 28%,平均 300 万亩耕地就有一架农用飞机,65% 的农业化学处理是由飞机承担的。无人机起飞时不需要跑道,在飞行中机动灵活,具有其他一些飞行器不具备的独特飞行能力。目前,美国 60% 以上的农药喷施是由专业的植保公司运用无人机集群完成的。据统计,美国农业航空对农业的直接贡献率为 15% 以上。水稻施药作业 100% 采用航空作业方式。此前,美国因农业劳动人工成本太高,一度放弃国内的水稻种植,大米全部进口,后来使用了航空作业,到 20 世纪 70 年代末期,一跃成为世界上主要的稻米出口国之一。

国家大力扶持农业航空产业的发展是美国农业航空发达的重要原因。美国从 20 世纪 70 年代就开始研究航空喷施作业技术参数的优化模型,用户输入喷嘴、药液、飞机类型、天气因素等,通过对内部数据库调用,即可预测可能产生的飘移、雾滴的运动和地面沉积模式等。美国国会通过了豁免农用飞机每次起降 100 美元的机场使用费的议案,2014 年美国继续投入 73 亿美元支持该议案,以降低农业航空作业的成本。在美国农业航空协会(NAAA)的推动下,自 2002 年以来已投入约 700 万美元用于农业航空技术研发,参议院已通过议案将继续大力支持开发更高效、使用成本更低的农业航空相关技术。

(2)日本。世界上第一台真正意义上的农用无人机出现在日本。1987 年,YAMAHA 公司受日本农业部委托,生产出 20 kg 级喷药无人机"R - 50",经过 30 多年的发展,目前日本拥有超过 3 500 架已注册农用无人直升机,操作人员超过 1.4 万人,成为世界上农用无人机喷药第一大国。日本农用无人机因其独特的优势得以快速发展,已经从 1995 年的 307 架增加到现在的约 3 500 架,仅 YAMAHA 用于农林业方面的无人机的"RMAX"系列就有超过 1 200 架。该机型可载 30 kg 农药,飞行控制系统具有较高的软、硬件水平,系统集成度高,容错能力强,适应多种复杂环境下的作业需求;能实现人工控制和自主控制相互切换,并且具备较高的自主飞行能力。单架 RMAX 无人直升机可喷洒农药 100~150 亩/h,单架 RMAX 每天可作业 1 200 亩,而且节水省药非常明显,15 亩稻田仅用农药 1 L,用水 7 L。目前,日本国内水稻种植总面积的 50% 都靠无人直升机集群来进行病虫害防治。

3. 我国植保无人机发展状况

中国有接近 20 亿亩耕地,在当前我国农业生产过程中,农作物保护仍以人工加手动、电动喷雾机这样的半机械化装备为主,约占作业总量的 99%,而机械化植保设备,如拖拉机悬挂式施药施肥机械仅占不到 1% 的份额。而价格平民化的农用无人机,未来将助推我国农业产业模式转型升级。假设中国 20% 的耕地面积使用无人机集群服务,需求量将超过 20 万架,机身销售加上服务市场规模将在 100 亿美元以上。

2007 年我国开始植保无人机的产业化探索,2010 年第一架商用的植保无人机交付市场,正式掀开了中国植保无人机产业化的序幕。

目前,进入微小型农用无人机领域的企业有 10 余家,常见机型有总参 60 所的 Z-5 型、Z-3 型、沈阳自动化所的 Servo-heli-120 型、潍坊天翔的 V-750 型,无锡汉和的 CD-15 型、中航工业自控所的 AR-100/AF811 型,北方天途的 RH-2 型、EH-3 型,博航联合的 BH330-200 型,珠海羽人的 YR-H-15 型,珠海银通的 YT-A5 型以及山东卫士的多旋翼机。据不完全统计,截至 2014 年年底,我国投入使用的农用无人机已超过 750 架,飞控手人数达 1 100 多人,大部分集中在种植大户及小型农场中。虽然我国农用无人机的总量依然很低,实际应用面积依然很少,但由于其在施肥、施药、授粉等方面的巨大优势,发展前景广阔。

4. 我国农业植保无人机未来发展方向

(1)提升农用无人机自动化水平,降低飞行中人为因素。开发离地高度锁定技术,降低对操作人员的技术要求。去除与作业无关的功能,做好作业机械一体化设计,使飞行器与作业机械成为一个有机组合农业机具。

(2)科学规划农用无人机集群作业流程,切实提升作业效率。改变人机协作方式,减少中间无谓的等待,提升作业效率。

(3)优化飞行算法,提升飞行稳定性和抗风险能力。由于农用无人机机载质量较大,惯性大,存在控制响应滞后的问题,如何优化算法,实现飞行器平稳控制,如何提升飞行器的安全性,降低农民所承担的风险,都是农业工程师所要解决的问题。

(4)开发变量作业农机具,降低损耗和污染。依据精细农业的要求,按照农田需求处方图进行变量耕作,是农业自动化与生态农业发展的新要求。

(5)提升产品服务质量。卖几架飞机并不等于满足了农民对农田喷药的需求,产品销售方要建立完善的售后服务网络,为农民提供技术咨询服务,提供及时的技术保障与故障维修服务。

(6)开发低碳环保、环境友好的新能源无人机。现在无人机多选用石油燃料

或者电池作为动力来源。石油燃料碳排放很大,而且燃油危险性高;电池的生产过程和废弃回收都会浪费资源,造成环境污染。太阳能无人机已经在美国出现,在阳光充足的情况下,即可做到全天候飞行。

1.3.2.2　在航空摄影测量方面

由于航空遥感平台及传感器的限制,普通的航空摄影测量手段在获取小面积、大比例尺数据方面存在成本高、周期长等问题。具有低成本和机动灵活等诸多优点的低空无人机集群摄影能在小区域内快速获取高质量航空影像,是国家航空遥感监测体系的重要补充,是航空遥感的未来发展方向。

1.低空无人机集群航空摄影系统

(1)低空无人机集群航空摄影系统主要优势。作为粗、中、细分辨率互补的立体监测体系中不可缺少的重要技术手段,低空无人机集群航空摄影系统具有如下优点:

1)无人机集群可以超低空飞行,可在云下飞行航拍,弥补了卫星光学遥感和普通航空摄影经常受云层遮挡获取不到影像的缺陷。

2)由于低空接近目标,所以能以比卫星遥感和普通航拍低得多的代价得到更高分辨率的影像。

3)能实现适应地形和地物的导航与摄像控制,从而得到多角度、多建筑面的地面景物影像,用以支持构建城市三维景观模型,而不局限于卫星遥感与普通航拍的正射影像常规产品。

4)使用成本低,无人机体形小,耗费低,对操作员的培养周期相对较短。系统的保养和维修简便,同时不用租赁起飞和停放场地,可以无须机场起降,因而灵活机动,适应性强,容易成为用户自主拥有的设备。

5)规避了飞行员人身安全的风险。

6)比起野外实测,无人机集群航测方法具有周期短、效率高、成本低等特点。

对于面积较小的大比例尺地形测量任务($10\sim100\ \mathrm{km^2}$),受天气和空域管理的限制较多,成本高;而采用全野外数据采集方法成图,作业量大,成本也高。将无人机集群遥感系统进行工程化、实用化开发,则可以利用它机动、快速、经济的优势,在阴天、轻雾天也能获取合格的彩色影像,从而将大量的野外工作转入室内作业,既能减轻劳动强度,又能提高作业的技术水平和精度。

(2)无人机集群低空摄影系统的组成。无人机集群低空摄影系统主要由多架无人驾驶飞行平台、相机及其控制系统、飞行控制系统、无线电遥测遥控系统和无人飞行器测控信息系统组成。

1)无人机集群低空摄像系统硬件。具体包括无人机机体、自驾仪(飞行控制设备)、舵机、遥控接收机、数字电台(包括 GPS 天线、电台电线)、发动机、油箱及螺旋桨、笔记本电脑及地面控制导航软件、数码相机及云台等固定装置、弹射架、降落伞和地面配套设备(汽车、电瓶、充电器、对讲设备等)等。

国内常用于航空摄影的无人机机身长度和翼展一般在 2～3 m 之间,木质或玻璃纤维机身,搭载单发或双发活塞发动机,螺旋桨驱动,飞行速度为 100 km/h 左右,飞行高度可达数千米。起飞方式有滑跑起飞、弹射起飞等,采用滑跑降落或伞降回收。

2)飞行控制系统。作为任务系统载体的无人机集群,其飞行控制系统是集群安全飞行以及将任务设备从地面升空至定点高度和空域、确保预定任务使命完成的关键系统之一。飞机飞行控制系统由地面遥控和机载自主控制两大部分组成。无人机集群的升空过程控制和回收过程控制由地面人员通过地面控制中心进行遥控控制,无人机集群到达预定高度后的定点控制通过机载自主控制系统进行控制,并可以在上述两种控制方式之间进行切换。飞机机载自主控制系统由感知飞机状态的传感器、实施数据处理和执行控制功能的计算机、操纵舵面运动的伺服作动系统、无线电遥控收发装置和机内自测试(BIT)等分系统组成。

飞行控制系统的主要功能是实施对无人机集群的有效操纵,为用户提供人工控制、程序控制和自主飞行三种飞行控制模态。

3)地面遥控系统。无线电遥测系统传送无人机集群和摄影设备的状态参数,可实现单架飞机姿态、高度、速度、航向、方位、距离及机上电源的测量和实时显示,具有数据和图形两种显示功能。供地面人员掌握无人机集群和摄影设备的有关信息,并存储所有传送信息,以便随时调用复查。无线电遥控系统用于传输地面操纵人员的指令,引导无人机集群按地面人员的指令飞行。地面遥控系统主要由无线电遥控收发装置、地面中心控制计算机、地面遥控工作台等部分组成。

4)摄影设备及控制系统。无人机载航空摄影机必须要轻小型化,如佳能 EOS 5D Mark Ⅱ 全画幅单反数码相机。由地面站根据航拍任务需求设计好航线,并上传至机载计算机,机载计算机根据设计航线控制无人机集群飞行,并控制机载传感器曝光,记录曝光时刻的 GPS 数据及姿态数据,航线飞行完成后通过航点下载系统将航点轨迹数据下载到地面监控计算机,传感器获取的数据待飞机落地后再导出。

(3)无人机集群航空摄影作业流程。无人机集群航空摄影流程与常规航空摄影流程基本一致(见图 1.1),但又与常规航空摄影测量有所差别,因此应注意以下事项:

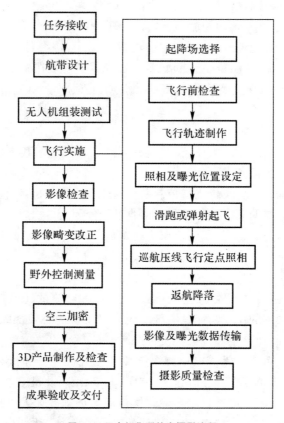

图 1.1　无人机集群航空摄影流程

1）航带设计。根据成图比例尺,确定影像地面分辨率(Ground Sampling Distance,GSD),确定航片摄影比例尺和飞行高度,根据航向旁向重叠度设计,确定基线距离和航线距离。

2）选择起降场地。根据测区地形条件和通信距离选择合适起降场。

3）飞行前检查。确定航时、航程,进行飞行架次设计;检查空速、通信、电源、电压、油量、相机、发动机、RC(UAV)转换。

4）飞行监控。①对每架无人机航高、航速,以及飞行轨迹的监测;②对每架发动机转速和空速、地速差进行监控;③对每架无人机燃油消耗量进行监控及评估;④随时检查照片拍摄数量;⑤检查通信连接状况。

5）数据检查:数据备份下载,检查曝光点数据,更改影像文件名,检查叠片率,检查飞行轨迹,检查重叠度,检查每架无人机飞行姿态,确定姿态正常,有无摄影漏洞,提交数据成果到后面工序。

（4）无人机集群摄影数据处理系统。

1）无人机集群数据处理难点。无人机集群遥感系统在载重和飞行控制等方面的苛刻条件，以及适用其要求的特殊载荷导致无人机遥感数据后期处理出现了新的技术难题，主要表现在以下三个方面：

a. 无人机集群遥感数据处理要能够实现稀少地面控制的空三解算。无人机集群遥感系统获取的影像单幅像幅小、影像地面覆盖范围小、相片多，因此后期数据处理量要比传统航测数据成倍增加。故无人机集群遥感数据处理要能解决稀少地面控制的空中三角测量，保证在稀少地面控制的情况下达到航测精度要求。

b. 传统航空摄影测量的姿态角一般要求控制在3°以内，带简易稳定平台的无人机集群遥感系统虽然能够保证每架无人机横滚和俯仰角变化接近3°，但航偏角很大，这给影像特征点的自动提取、相对定向、绝对定向、空三解算均增加了难度，因此数据处理系统必须能够支持倾斜影像的空三解算。

c. 遥感数据处理系统要能支持全自动化数据处理，以弥补小型数码相机的小像幅带来的低效率问题。

2）无人机集群数据处理流程。无人机集群数据处理与常规航空摄影测量的流程基本一致（见图1.2）。

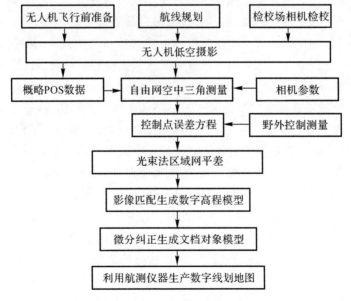

图1.2　无人机集群数据处理流程

2.国外无人机航拍发展现状

(1)美国。美国是目前世界上无人机航拍系统发展速度最快、技术水平最高、品种最多、功能最全、应用最广的国家,在系统体制、硬件装备、通信协议等方面具有一系列的标准,规范相关发展。例如,Nicolas Lewycky 等人利用 UAV-RS 技术在北卡罗来纳州进行自然灾害调查,通过正射影像处理与分析准确评估厂房和村庄的损失;美国运输部示范性地建立了基于无人机的遥感系统,将其应用于快速获取道路运输网络的图像,并对所得信息快速分析。

(2)日本。日本减灾组织使用 RPH1 和 YAMAHA 无人机携带高精度数码摄像机和雷达扫描仪对正在喷发的火山进行调查,进行灾情评估;日本环境省利用 YAMAHA 加载核生化传感器进行核污染探测,对不同地理环境、不同埋藏深度的辐射源的辐射强度的反应能力进行量化研究。

随着技术的成熟与民用领域需求的不断扩大,无人机集群航拍系统可应用于国家基础地图测绘、数字城市建设、通信站点建设、国土资源调查、土地地籍管理、城市规划、突发事件实时监测、灾害预测与评估、城市交通、网线铺设、数字农业、测绘、环境治理、生态保护、森林管理、矿产开发等领域,对国民经济的发展具有十分重要的现实意义。

3.我国无人机航拍发展现状

中国无人飞行器航空遥感技术的进步不仅表现在无人飞行器的研制中,还表现在适用于航空遥感的飞行控制系统、遥感通信系统的研制中,更表现在轻小型化传感器及其数据处理系统相匹配的航空遥感系统集成中,最终形成可执行航空遥感任务的业务系统。国内已有多家科研机构和公司研制出轻小型无人机遥感系统(固定翼无人机和无人直升机低空遥感系统)。目前比较适用的低空遥感无人机,一般任务载重 10~20 kg,安装 1~4 个面阵数码相机,适宜获取 0.05~0.50 m 分辨率的光学彩色影像。机上安装 GPS 和轻小型稳定平台。

国内无人机集群航拍系统用于航测地形图测图的研究主要有[51],为满足对大比例尺、高分辨率的低空数字航空影像的需求,中国测绘科学研究院早在 2003 年就研制了无人机遥感监测系统 UAVRS Ⅱ,后续研究了非量测数码相机用于测绘的关键技术,并开发了相关处理软件 MAP-AT。湖北水利电力勘测设计院程崇木等人 2010 年对无人机编队航拍系统的误差来源进行了详细探讨和阐述,并就影像航测成图的关键因素和相应的措施建议提出了自己的见解。在电力工程勘测设计应用领域,中南电力设计院高福山[51]等人利用无人机完成了发电厂厂址 1∶1 000 地形图的测绘,经实地检验证实其可满足丘陵地区成图高程精度的要求;另外台湾大学理学院空间信息研究中心利用无人机编队拍摄低空大比例尺图像,配合 FORMOSAT2 分类进行异常提取,解译桃园县非法废弃堆积物(固体垃圾等),用于环境污染和执法调查;2010 年 6 月 30 日贵州国土资源厅利用无人机编队低空航拍遥感技术对关岭县岗乌镇大寨村"6·28"地质灾害区域周边地区 10 km² 实施航拍检测。

1.3.2.3 在快递运输方面

无人机集群快递,即通过利用无线电遥控设备和自备的程序控制装置操纵的多架不载人低空飞行器运载包裹,自动送达目的地,其目的主要是提高配送效率,同时减少人力成本。

从国内的淘宝、京东等电商企业和顺丰、圆通等快递企业试验用无人机提供快递服务,到国外的亚马逊、谷歌、UPS 启动的无人机计划,可以说,无人机正离我们的生活越来越近。目前,国内外快递和电商企业的无人机编队快递服务均处于试验阶段。这一方面受制于法律、标准等政策因素,另一方面无人机编队的技术也有待进一步提升。

1. 无人机集群快递运输的优势

在良好的发展前景和巨大的市场潜力下,无人机集群快递的应用也在逐步发展,并慢慢凸显出独特优势。

(1)同城 1 h 内的运送时间,可以实现同城物流的加急业务,进一步开辟物流行业的细分市场,使物流网点、终端之间的流转获得更高效率;

(2)在无人机集群的运营成本大幅降低后,还可以大量减少人力。

2. 国外无人机快递应用现状

在国际市场上,亚马逊无疑是无人机编队送快件最坚定的拥趸者。2013 年年底,亚马逊 CEO 杰夫·贝索斯首次对外透露了一个雄心勃勃的计划,那就是亚马逊计划在今后使用遥控无人机编队运送小型包裹,并试图将特定区域内货物的送达时间控制在 30 min 以内。仅仅几天后,UPS 宣称他们也在进行类似系统的测试。

德国邮政和芬兰邮政分别于 2014 年 9 月和 2015 年 9 月进行了各自的无人机编队送货试飞。

3. 国内无人机快递应用现状

在国内快递行业,顺丰应该是较早试水用无人机编队提供快递服务的企业。2013 年 9 月,顺丰在广东省东莞市进行了无人机编队测试。彼时,顺丰相关人士表示,顺丰的无人机编队配送已经通过了测试阶段,进入了试运行阶段。此后,国内多家电商和快递企业也盯上了无人机快递。

2014年9月,在北京中关村附近,京东一架携带货物以及条幅的无人机在高空中盘旋,最终将货物送至用户手中;2015年5月,淘宝联合圆通速递,完成了无人机配送首秀;9月,山东EMS首次测试无人机送快件。虽然无人机受到国内外多家电商和快递企业的追捧,但是没有一家真正投入商业运营。

4. 无人机集群送快递服务发展需要克服的瓶颈

就目前情况而言,无人机集群送快件服务还处于测试阶段,投入商业运营,替代传统的人工派送,还需要突破重重关卡。

(1)政策阻力。这被认为是制约无人机集群送快递服务"飞入寻常百姓家"的最大阻力。

根据我国民航部门2013年出台的《民用无人驾驶航空器系统驾驶员管理暂行规定》,无人机驾驶员与无人机保持直接的目视距离半径是500 m以内,相对的高度低于120 m的区域。从国内电商和快递企业几起试验无人机送快件的案例来看,目视的半径距离和飞行的高度都合乎要求。但是值得注意的是,无人机的操作人员是否获得相关资质,这是判定无人机集群送货这一行为是否合法的重要标尺。此外,按照现行的法规,无人机飞行必须按通用飞行有人机的规则来申报计划、申报空域。对无人机飞行进行严格的管理,是世界各国通行的做法。以美国为例,2015年2月,美国联邦航空局针对25 kg以下的无人机编队出台了管理规定。根据该规定,无人机编队只能在白天飞行,不得超出操作人员的视线范围,飞行高度不得高于150 m,且禁止从人的头顶上飞过。但是面对企业和群众的呼声,有关无人机的政策限制,已经有松绑的迹象。2016年9月初,美国加州否决了一项法案,该法案实际上禁止无人机在未经允许的情况下在私人财产上空飞行。我国《无人驾驶航空器飞行管理规定》已列入立法计划,该规定主要规范民用无人机飞行计划的申报方式、适飞空域等等。

(2)成本过高。高昂的成本注定了无人机编队送快件的普及之路,走起来并不轻松。不过有分析指出,这仅仅是飞行成本,地面成本不应该被忽视。此外,无人机编队需要配备一名无人机驾驶员,这无疑也增加了企业的运营成本。而且,快递业是一个非常强调规模效应的行业,高昂的成本使无人机编队取代当下快递配送的"人海战术"有些得不偿失。

(3)安全问题。这既包括无人机编队的安全、快件的安全,又涉及公民人身安全。有媒体报道了这样一则消息:一个小伙子用无人机给女朋友送月饼券,却被跳广场舞的大妈们"击落"。而且,树木、电线、高大建筑物等障碍物一方面可能使货物不能准确送达指定地点,另一方面也可能致无人机掉落危害公众安全。此外,风力和天气状况也会带来难以预料的麻烦,这对无人机的研发和操作提出了更高的要求。

1.3.2.4 在警用领域

在反恐活动、日常执法、重大活动安保等领域,警用无人机日益成为公安机关执法的必备工具。

1. 警用无人机集群主要优势

无人机应用于反恐维稳,如遇到突发事件、灾难性暴力事件,可迅速达到现场实施视频画面传输,供指挥者进行科学决策和判断。此外,无论是日常的巡逻监视,还是搜寻救援、防暴搜捕、毒品稽查等突发情况,警用无人机集群都可以发挥重要作用。

根据无人机集群的特点,结合警务活动的性质,不难得出无人机集群应用在警务活动中具备如下优势[52]:

(1)反应快速,能迅速到达现场,在制高点观测整个事态发展;

(2)以最佳角度及时记录下事态发展过程,为事后处理提供最有力的证据;

(3)在一些恶性暴力冲突中,直接用无人机集群进入混乱区域进行监控,避免人员伤亡;

(4)在与歹徒的暴力对抗或者武力挟持过程中,可以零风险地了解歹徒的具体实际情况;

(5)在一些包围抓捕过程中,无人直升机集群可以高空监控包围圈内情况,为指挥人员提供实时有效的信息。

警用无人机属于专业级无人机,相比完成航拍等用途的消费级无人机,专业级无人机应用于工程领域,在续航时间、载重量、安全可靠性等方面要求更高。专业级无人机还具有定制化的特点,如警用无人机就常常搭载空中喊话、投放催泪瓦斯、安防监控等装置。

2. 无人机集群在警务工作中的应用

(1)无人机集群可用于处理突发事件。

1)采集现场数据,迅速将现场的视、音频信息传送到指挥中心,跟踪事件的发展态势,供指挥者进行判断和决策(空中电子眼)。很多情况下,街头的监控设备都会被不法分子破坏,使我们无法了解事发现场的事件情况,无人机集群机载摄像头则完全不受影响,到达现场之后能够迅速展开多角度大范围的现场观察,具有不可替代的作用和一般监控设备无法比拟的空中优势。

2)在媒介失灵的状态下,播撒传单,向现场群众传递信息。当一些大型群体骚乱事件出现时,由于参加的人员众多,容易缺乏理智,现场很难控制。必要时

可利用无人机集群播撒传单,向现场群众传递有关信息,引导群众配合政府的施救行动,或驱散示威人群,投放驱散装备。

3)进行空中喊话,传递政府领导者讲话,表达警方意图。突发事件具有不确定性,如果在处置过程中不能使用正常的宣传工具与群众进行沟通,可通过无人机集群搭载扩音设备对现场进行喊话,传达正确的舆论导向。

4)作为通信中继保持监控地区的数据传输链路。应急出警的通信设备需要租用卫星线路提前申报,手续繁杂。由于高楼林立,通信信号盲区多,信号往往不能及时传递到指挥中心,致使决策滞后。无人机集群搭载的小型通信设备则能起到低空卫星的作用,为地面提供不间断的信号链接,使指挥系统能及时接收到事发现场的详细警情。

在实战应用中,一套完整的智能无人机警用全集成化应急系统包括搭载无人机的专用警车、若干架无人侦察机、无人通信中继机、无人机信号地面接收站、数据传输处理系统、无人机操控台、地面站监控台以及无人机专用通信设备。全部设备可以集成到一辆警车中,随时可以对突发警情做出快速反应。

(2)无人机集群在救灾中发挥灵活机动的侦察优势。当发生火灾等事故时,无人机集群可以第一时间到达现场,将现场影像资料及时传回地面指挥中心,为指挥者提供第一手情报。2011年3月,在扑救河北鸡冠山森林大火时,无人机编队仅用6 min就发回了火场态势影像图,为扑灭大火立下了显赫战功。

(3)无人机集群空中侦察构筑大型安保平安网。在大型活动、集会等场合,地面巡查的效果容易因地形复杂、道路分支众多、人力资源不足受到局限。2012年9月18日,武汉市公安局视频侦查支队在处置"涉日"游行工作中,使用无人机编队进行空中视频监控巡查,将目标画面实时传送至现场指挥部,有力地支持了地面指挥与调度。

(4)无人机集群可用于禁毒侦查。无人机巡航半径大、费用低廉、机动灵活,在禁毒侦查中往往能发挥较大的作用。

(5)无人侦察机集群可快速找到罪犯及失踪人口。与地面警力相比,无人机编队在快速寻找、定位犯罪嫌疑人及失踪人口方面具有成本低、效率高、效果好的优势。目前,美国休斯敦和迈阿密警察部门已将"鹰之影"新型无人侦察机纳入武器库,用于帮助警察寻找犯罪嫌疑人以及失踪人口。该无人机可在距离地面200 m的高空用热导相机进行拍摄,监视地面发生的一切,帮助警察在最短的时间内寻找到罪犯、犯罪嫌疑人以及失踪人口。

(6)无人机集群可用于交通管理。无人机集群可在上下班高峰期、重特大交通事故发生时、重大警卫活动需要时从空中掌握道路通行能力和交通秩序情况,对道路堵点、卡点快速精准预警,供交警部门分析处置,果断做出分流指令和智能管理。

3. 国内无人机的警务应用现状

(1)四川省成都市龙泉公安分局引用无人直升机集群执行山区地形空中侦察任务。2008年12月,成都龙泉公安分局进行了高楼劫持人质的实战演习,其中引人注目的是无人直升机EH-1,他们通过无人机编队进行高空侦察、探清楼顶状况,并在合适位置悬停后将劫匪照片实时传输至指挥室,这次无人直升机的亮相为解决该类案件提供了一个新的思路。

(2)新疆兵团公安局研发无人机用于反恐维稳。早在2008年,新疆兵团公安系统就开始研发警用无人机,经过两年时间,在2010年6月22日实现了成功首航试飞,其研发的应用目标主要适用于反恐维稳和搜索救援。兵团公安局的无人机应用采用固定翼飞机(质量为12 kg,机身长1.8 m,翼展2 m)搭载高像素照相机,可沿设定航线在相对飞行高度450 m的空域以120 km/h的航速飞行并执行航拍作业。新疆兵团公安局是首次在公安系统中使用大比例遥感影像拍摄技术的单位。

(3)河北省承德市公安无人机编队缉毒应用。承德市非法种植罂粟区域多在偏远山区、坝上高原林区、村庄院落、田间地里,隐蔽性极高,很难被发现,每年在罂粟踏查时期都耗费大量的人力、物力、财力,而且效果不明显。2011年,承德市公安局成功研制了多功能遥控无人机并应用到禁种铲毒工作中,结束了该市禁种铲毒踏查基本靠人海作业的传统方式。2013年12月,广东省公安厅成功围剿广东陆丰市三甲地区制、贩毒"第一大毒村"博社村,一次性摧毁以大毒枭陆丰籍为首的18个特大制、贩毒犯罪团伙,此次行动中,"鹰眼"无人机编队为广东公安提供了84个疑似制、贩毒窝点精确的地理位置数据,在案件侦办过程中起到了关键性的作用。

(4)江苏省公安无人机并申请实用新型专利。2013年,江阴市璜土派出所研制的多旋翼无人机获第三届全国公安基层技术革新奖二等奖。该无人机具有稳定的飞行平台、图像的采集与实时传输等功能,能在狭小的空间自主起降和全天候抗干扰稳定飞行,可根据不同任务悬挂多种设备。研制应用以来,在侦察巡逻、维稳处突、消防救援等先期应用中发挥了重要作用。

(5)吉林省通化市公安局研发无人机用于空中巡逻救援。2014年年初,由通化市公安局技术人员自行设计、自主研发的系列无人机试飞成功,该系列包括三架无人机:便携式视频侦察机"通飞一号"、大型重载救援空投暨攻击机"通飞二号"和远距离巡逻防控机"通飞三号"。该无人机编队项目采取组合互补方式,

实现了全方位、全覆盖、全地形合成警务实战与应用。其中,自动变焦监控、机械手救援、远程投弹、缓降设备空投、固定翼冰雪地形起降等五项技术为全国无人机编队应用领域首创。

(6)湖北省武汉市公安局研发的无人机编队空中全景现场侦查系统,将无人机、3G 移动视频监控和视频侦查图像处理技术相结合,通过绘制"现场三维立体全景图",精准、直观、全面地反映目的地区现场情况。通过 3G 图传系统将实时画面传输到指挥室,便于指挥调度。

1.3.2.5 在应急救灾方面

(1)无人机集群应用于消防救灾。火灾作为一种频发性灾害,传统的火灾监测方法主要是靠人力观察,例如在森林火灾探测方面采用瞭望台、护林塔等人工形式,其监测范围有限,监测时次有限,监测费用高昂,并且由于有些地区地理环境复杂,不仅大大增加了人力监测成本,还极有可能造成不必要的人员伤亡。

利用无人机集群进行火灾监测工作可以克服人工监测工作存在的不足,适时准确地提供火灾发生的位置,帮助消防人员及时扑灭大火,减少财产损失及人身伤害。同时,无人机集群监测系统具有机动快速、使用成本低、维护操作简单等技术特点,具有对地快速实时巡察监测能力,在对车、人无法到达地带的资源环境监测、森林火灾监测及救援指挥等方面具有其独特的优势。

国内无人机集群火灾探测方面的研究工作主要将其定位在大空间范围内的探测工作。例如杨斌等人根据火灾中烟的光谱特性,使用烟的颜色特征作为判据建立了火灾识别模型,并且利用线性噪声消除方法用于噪声消除,使无人机森林火灾识别中烟的识别率在 77.71% 以上[53];中国科学技术大学设有火灾科学国家重点实验室,袁非牛等人[54]就是通过分析研究火灾的色彩、纹理以及轮廓脉动等静、动态特征,提出一种规格化的傅里叶描述子用来度量火焰的时空闪烁特性,达到识别火灾的目的;武汉大学张登义等人[55]利用火灾的颜色特性先进行图像分割,然后利用火灾的面积增长、圆形度和轮廓特性等动态特征作为人工神经网络的输入,能够做到正确识别森林火灾,排除运动的汽车、飞扬的红旗等干扰物的影响。

2014 年 11 月,大连市沙区风景林管理处购置无人机编队用于山林防火。对山林火险高发区进行航拍监控,做到了及时发现,及时扑灭,防止当地传统祭祀活动带来的火灾隐患。

2015 年 4 月,广东河源市多处商铺突发火灾,商铺楼上数十户人家被困。河源市消防部门运用无人机编队对现场火势进行侦查,利用无人机编队航拍技术,及时掌握火势动态,且有效避免人工侦查带来的危险(见图1.3)。

2015年4月,福建漳浦县古雷化工园区PX项目联合装置区发生爆炸,引发装置附近罐区三个储罐爆裂燃烧。福建省测绘地理信息局调用无人机编队赶赴现场进行航拍,将第一手资料传输给救灾指挥部用于指挥决策,在救灾工作中发挥了重要作用(见图1.4)。

国外涉及无人机集群火灾探测技术研究的项目比国内多,其中COMETS项目是欧盟发起的一项包含多个功能的无人机研究项目,其中涉及无人机集群的火灾检测方面的研究工作。它能够实现准确采集火灾信息,定位火灾位置的功能。牵牛星(Altair)是由美国航空航天局(NASA)和通用原子能航空系统公司(GA－ASL)共同研发的科研型远程高空无人机,其功能包括火灾探测、火山观测等。美国林业局和NASA就曾经使用该无人机集群在森林火灾上空进行过两次飞行试验,成功地使用由NASA埃姆斯研究中心提供的红外扫描器定位主要火灾点,同时将火灾信息、相关数据发送回地面站,并且大约每隔半小时就向地面发送火灾图像信息,几乎能够做到实时地为地面人员提供探测信息。

图1.3 无人机现场火势侦查 　　　　图1.4 无人机现场航拍

世界各国中,加拿大的无人机集群防火应用具有明显的优势,每年在防火期内,用于防火、灭火的飞机超过一万架次。利用安装在无人机上的远程自控雷达、红外探测等设备仪器探测一些不易被发现的小火,并且能够拍摄火场的情景,计算出火场位置,及时将火场详细资料传送到相关防火单位,方便灭火队伍的及时到达;法国波尔多航空公司成功研制出一种水陆空三栖的无人驾驶飞机,该飞机就是以加拿大一款森林救火飞机为原型,该无人机名为"埃利乌斯"(Aelius),它是一个多功能无人机,既可以用于海洋勘探,又可以用于森林防火,探测森林火灾[56]。

(2)无人机集群应用于伤病员救护。无人直升机结构简单、使用方便,可以突破地理障碍,迅速抵达目标地了解情况;可以携带医疗器材和药品,争取时间投入抢救,使用成本低于飞机,并且标准平台用途广泛。目前国际市场上大型机

有以色列的救护无人机,小型机有荷兰的救护无人机等[57]。

1)大型救护无人机。以色列高科技公司和生产商联手开发了世界公认的首架大型救护无人机"Med UAV"(见图1.5),结合了涵道式风扇无人机和救护车的双重特点,既能够垂直起降,也能在地面越野行驶,完成双重选择自控救护任务。

2)小型救护无人机。小型救护无人机作为空中救护力量的补充,与大型救护无人机相比具有几何尺寸小、起飞质量轻、灵活机动、造价低廉、维护简单、更易普及使用等优点。图1.6所示是种可携带医疗器械的小型无人救护直升机在执行飞行任务。其采用悬臂式8旋翼驱动的总体布局,机载设备和控制系统位于机身中央上方的护罩内。立柱式起落架位于机身下方的4个角,机身下可挂载急救箱,通过专门设置的一副夹持器,能够紧紧地携带起一个装有抢救药品和医疗器械的塑料急救箱,迅速飞往急救地。

图1.5 大型救护无人机"Med UAV"

图1.6 可携带医疗器械的小型无人救护直升机

荷兰的救护无人直升机(见图1.7)采用Y形6旋翼驱动的总体布局。该救护无人直升机外表着黄色涂装,不仅色彩鲜艳,而且作为一种醒目的应急救援标准色,它很容易在空中飞行时被辨识,并引起人们的关注。

图1.7 荷兰的救护无人直升机

我国同样重视无人机集群在应急救援中的作用,注重在处置突发事件时发挥其优势。

2014年7月,云南怒江州福贡县多地发生泥石流灾害,当地驻军连夜启动应急救援预案,动用无人机编队开展搜寻失踪者、地质勘查工作,第一时间为偏远灾区送去救援物资,极大提高了救援工作效率。2014年9月,强台风"海鸥"登陆广东西部,给当地造成严重灾害。广东电网首次动用无人机编队巡查故障线路。台风灾害导致道路受阻,人员无法巡检时,飞行器可以发挥代替作用,且视觉更广,能够快速定位故障点,提高抢修效率。2015年4月,尼泊尔大地震波及我国西藏地区,武警派出5架无人机作为无人机编队赶赴西藏,执行震情勘查、协助救援、物资运送等任务,为气候恶劣、地势复杂的灾区开辟一条"空中通道"。无人机航拍画面及时传回指挥中心,为抗震救灾的指挥决策提供信息支撑。

在汶川地震、玉树地震、雅安地震、鲁甸地震等近年来发生的重大地震中,由于天气因素的影响,卫星遥感系统或载人航空遥感系统难以及时获取灾区的实时地面影像。我国利用无人机获取灾区影像正在成为救灾测绘应急保障的重要手段。地震发生后,无人机迅速进入灾区,在灾情调查、灾情动态监测、房屋与道路损害情况评估、救灾效果评价、灾区恢复重建等方面得到广泛使用,取得了很好的效果,起到了其他手段无法替代的作用。

除了上述六大领域外,无人机在环境监测、电网巡检、石油管道巡检、大气取样、人工降雨、矿产资源勘测、国土资源开采、城市规划、市政管理和野生动物保护等民用领域也得到不同程度的应用。

1.4 无人机集群在军事领域的应用

1.4.1 国外军用无人机集群研究项目

近年来,美国为支持"亚太再平衡"战略和第三次"抵消战略",通过项目、计划和作战概念驱动,将无人机集群作战作为一个重要发展方向,进行了大量的相关研究、试验和演示验证。2016年5月17日,美空军发布《小型无人机系统飞行规划2016 — 2036》[58](简称《规划》),从战略层面肯定小型无人机系统的前景和价值,针对SUAS(Swarming Unmanned Aerial System)的战斗力生成进行了全领域规划,希望构建横跨航空、太空、网空三大作战疆域的小型无人机系统,明确了美国空军小型无人机系统近期、中期和远期主要发展目标。并特别提出了

"蜂群""编组""忠诚僚机"和"诱饵"4种集群作战基本运用概念,其中"编组"是人对人,"忠诚僚机"是人对机,"蜂群"是机对机。《规划》对SUAS用于压制/摧毁敌防空、打击协调与侦察、反UAS、超视距运用、栖息与凝视、传感器空投、气象探测、空中分层网络、核武器事业行动支持、信息优势等10项任务进行了说明或想定描绘。

在美国国防部的统一领导下,国防高级研究计划局(DARPA)、美国国防部战略能力办公室(SCO),以及空军、海军等针对其战略规划布局开展了大量的研究和论证工作,包括DARPA于2015年启动"小精灵"(Gremlins)项目[59],2017年启动进攻性蜂群使能战术(OFFSET)项目[60];美国国防部战略能力办公室2014年主导的"山鹑"(Perdix)微型无人机高速发射演示项目研究,并已开展超过500次飞行试验;美国海军研究办公室(ONR)开展低成本无人机集群技术(Low-Cost UAV Swarming Technology,LOCUST)项目[61]研究等,同时还有近战隐蔽自主无人一次性飞机(CICADA)项目、体系集成技术和试验(SoSITE)项目、拒止环境中协同作战(CODE)项目、对敌防空压制/摧毁蜂群作战(SEAD/DEAD)项目等。图1.8所示为美国部分无人机集群研究计划,这些项目在功能上相互独立、各有侧重,在体系上又互为补充,融合发展。

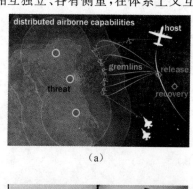

（a）

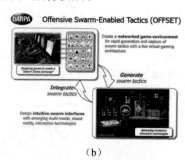

（b）

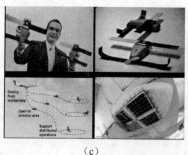

（c）

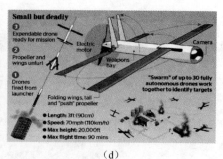

（d）

图1.8　美国无人机集群研究项目

（a）"小精灵"（Gremlins）项目；（b）进攻性蜂群使能战术（"OFFSET项目"）；

（c）"山鹑"（Perdix）项目；（d）低成本无人机集群"LOCUST"项目

2015 年美国海军研究生院 Timothy Chung 团队成功试验了 50 架固定翼飞机的集群飞行,试验过程中 50 架无人机由地面站控制,同时将控制权逐渐转移至飞行器平台使其自主决策,如图 1.9 所示。

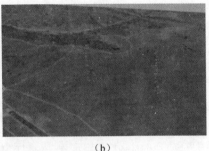

(a)　　　　　　　　　　　　　　　(b)

图 1.9　美国 50 架固定翼飞机集群飞行试验

2017 年 1 月 9 日,美国国防部披露了"无人机蜂群"项目最新一次试验情况[62]:3 架海军 F/A‐18F 战斗机投放了 103 架"灰山鹑",创下军用无人机蜂群最大规模飞行纪录。试验过程中,"灰山鹑"蜂群不是按照预编程序飞行的,而是在地面站指挥下实现自主协同,展现了集体决策、自修正和自适应编队飞行能力。试验的成功表明,美军的空射无人机蜂群正朝实战化方向稳步迈进。与此同时,美国空军首席科学家扎卡赖亚斯透露,空军研究实验室不久将推出自主程度更高的无人机编队,F‐35,F‐22 和其他战斗机很快将使用升级版人工智能来控制武装无人"僚机",以测试敌方的防空系统或在高风险地区执行侦察监视任务。

欧盟委员会信息社会技术计划(IST)资助的多异构无人机实时协同和控制项目(COMETS)[63],针对包括无人直升机和无人飞艇等多类异构平台组成的协同探测和监视系统,研究多个异构航空器平台的实时协调与控制问题,并完成了在森林防火任务中的关键技术演示验证。自 2011 年开始,欧盟委员会启动 EC‐SAFEMOBILE 项目,针对固定翼和旋翼无人机的复杂行为,开发新的估计/预测和协同控制技术,实现跟踪多个地面目标时的分布式安全可靠的协同与协调。

作为军事强国的俄罗斯也将无人机集群作战作为重点发展的方向。2016 年 7 月 13 日,俄罗斯塔斯社报道,俄罗斯下一代战斗机方案将于 2025 年公布,战机飞行速度可达 4~5 马赫,并且能够指挥控制 5~10 架装备高频电磁炮的无人机集群作战。日本自卫队制订了一项近期、中期和长期 3 个阶段关于无人机集群应用的 10 年研究计划:近期目标是开发探雷和排雷机器人;中期目标是使机器人在不平的地面行驶,并具有半自主控制能力;长期目标是推进无人集群系

统的特别研究。

此外,2014 年匈牙利罗兰大学 Vicsek 团队的一项研究被 *Nature* 报道,该团队在任务决策层利用生物集群行为机制,在室外环境实现了 10 架四旋翼的自主集群飞行,飞行过程中四旋翼通过与邻近个体进行信息交互实现自主决策,不存在中心控制节点。试验利用基于自驱动粒子的运动机制,实现了四旋翼集群在 GPS 噪声、通信时延和故障环境下的飞行,包括一定区域内的避障和聚集,队形的保持和群集目标跟踪。

1.4.2　国内军用无人机集群研究项目

2017 年 6 月,中国电子科技集团联合清华大学与泊松科技成功完成了 119 架固定翼无人机集群飞行试验[64],刷新了此前 2016 年 11 月在珠海航展 67 架固定翼无人机集群的试验纪录。试验中,119 架小型固定翼无人机成功演示了密集弹射起飞、空中集结、多目标分组、编队合围、集群行动等动作(见图 1.10)。2017 年 9 月,中国人民解放军空军装备部发布了举办"无人争锋"智能无人机集群系统挑战赛的预通知[65],旨在牵引无人机领域新技术与转换应用,探索未来智能无人机集群作战概念。这是国内首次提出以无人机集群的智能自主水平为考察对象的挑战赛。

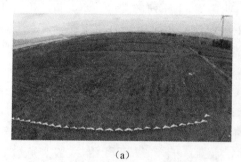

(a)　　　　　　　　　　　　　　　　(b)

图 1.10　国内固定翼无人机集群飞行试验画面

|1.5　本章小结|

本章首先对无人机集群的概念、技术优势和发展现状进行叙述,然后针对当前无人机集群发展的初级阶段即无人机编队,总结了其在农业植保、航空摄影测量、快递运输、警用领域以及应急救灾等民用领域内的应用,最后概述了无人机

集群在军事领域的应用,重点介绍了目前国内外典型的军用无人机集群研究项目,从而描绘出无人机集群在军、民用领域的大致应用图景。

|参考文献|

[1] SHIMA T, RASMUSSEN S J. UAV Cooperative Decision and Control: Challenges and Practical Approaches [M]. Philadelphia: Society for Industrial and Applied Mathematics, 2008.

[2] MURPHEY R, PARDALOS P M. Cooperative Control and Optimization [M]. Netherlands: Kluwer Academic Publishers, 2002.

[3] United States Air Force. United States Air Force Unmanned Aircraft Systems Flight Plan 2009 - 2047[R]. Washington D C: United States Air Force, 2009.

[4] Office of the Under Secretary of Defense. Unmanned Systems Integrated Roadmap: FY2013 — 2038[R]. Washington D C: Office of the Under Secretary of Defense, 2013.

[5] JERRY W, ASIF K, DAVID C, et al. Stochastic Hierarchical Adaptive Real-time Control (SHARC) of Automa-Teams for Tactical Military Operations [C]// UAV Conference 2002 American Institute of Aeronautics and Astronautics, Las Vegas. US: AIAA, 2002: 3453 - 3457.

[6] MICHAEL O. Mixed Initiative Control of Automa-teams(MICA) — a Progress Report [C]// AIAA 3rd "Unmanned Unlimited" Technical Conference, Workshop and Exhibit, American Institute of Aeronautics and Astronautics, Chicago. US: AIAA, 2004:6483 - 6487.

[7] ADAMS M B, LEPANTO J A, HANSON M L. Mixed Initiative Command and Control of Autonomous Air Vehicles [J]. Journal of Aerospace Computing, Information and Communication, 2005, 2(2): 125 - 153.

[8] SCHUMACHER C, CHANDLER P R, RASMUSSEN S R. Task Allocation for Wide Area Search Munitions Via Network Flow Optimization [C]// AIAA Guidance, Navigation and Control Conference, Montreal, Canada. US: AIAA, 2001:4130 - 4147.

[9]　OLLERO A, LACROIX S, MERINO L, et al. Multiple Eyes in the Skies: Architecture and Perception Issues in the COMETS Unmanned Air Vehicles Project[J]. Robotics & Automation Magazine, 2005, 12 (2):46 – 57.

[10]　RASMUSSEN S J, CHANDLER P R. Multi UAV: A Multiple UAV Simulation for Investigation of Coopera-tive Control[C]// Proceedings of the Winter Simulation Conference, San Diego. Piscataway, New Jersey: IEEE, 2002:869 – 877.

[11]　OLLERO A, MAZA I. Multiple Heterogeneous Unmanned Aerial Vehicles[M]. Berlin Heidelberg: Springer, 2007.

[12]　BOSKOVIC J D, PRASANTH R, MEHRA R K. A Multilayer Control Architecture for Unmanned Aerial Vehicles[C]// Proceedings of the American Control Conference, Anchorage, AK. Piscataway, New Jersey: IEEE, 2002:1825 – 1830.

[13]　BOSKOVIC J D, PRASANTH R, MEHRA R K. A Multi－Layer Autonomous Intelligent Control Architecture for Unmanned Aerial Vehicles [J]. Journal of Aerospace Computing Information and Communication, 2004, 1(12):605 – 628.

[14]　TSOURDOS A, WHITE B, SHANMUGAVEL M. Cooperative Path Planning of Unmanned Aerial Vehicles [M]. US: John Wiley & Sons, 2010.

[15]　COOK W J, CUNNINGHAM W H, PULLEYBLANK W R, et al. Combinatorial Optimization [M]. New York: John Wiley & Sons, 2011.

[16]　SCHUMACHER C, CHANDLER P, PACHTER M, et al. UAV Task Assignment With Timing Constraints via Mixed-Integer Linear Programming[C]// AIAA 3rd "Unmanned-Unlimited" Technical Conference Workshop and Exhibit, Chicago, IL, United states. US: American Institute of Aeronautics and Astronautics Inc, 2004: 6410 – 6415.

[17]　YEONJU E, HYOCHOONG B. Cooperative Task Assignment/Path Planning of Multiple Unmanned Aerial Vehicles Using Genetic Algorithms[J]. Journal of Aircraft, 2012, 46(1):338 – 343.

[18]　EDISON E, SHIMA T. Integrated Task Assignment and Path

Optimization for Cooperating Uninhabited Aerial Vehicles Using Genetic Algorithms[J]. Computers & Operations Research, 2011, 38 (1):340 - 356.

[19] SHIMA T, RASMUSSEN S J, SPARKS A G, et al. Multiple Task Assignments for Cooperating Uninhabited Aerial Vehicles Using Genetic Algorithms[J]. Computers & Operations Research, 2006, 33 (11):3252 - 3269.

[20] RASMUSSEN S J, SHIMA T. Tree Search Algorithm for Assigning Cooperating UAVs to Multiple Tasks[J]. International Journal of Robust and Nonlinear Control, 2008, 18(2):135 - 153.

[21] RASMUSSEN S, CHANDLER P, MITCHELL J W, et al. Optimal vs. Heuristic Assignment of Cooperative Autonomous Unmanned Air Vehicles[C]// AIAA Guidance Navigation and Control Conference, Austin, Texas, USA. US: AIAA, 2003:5581 - 5586.

[22] EDISON E, SHIMA T. Genetic Algorithm for Cooperative UAV Task Assignment and Path Optimization[C]// AIAA Guidance Navigation and Control Conference and Exhibit, Honolulu, United States. US: American Institute of Aeronautics and Astronautics Inc, 2008: 6317 - 6322.

[23] SHIMA T, SCHUMACHER C. Assignment of Cooperating UAVs to Simultaneous Tasks Using Genetic Algorithms[C]// Proceedings of the AIAA Guidance Navigation and Control Conference, San Francisco, CA, United States. US: American Institute of Aeronautics and Astronautics Inc, 2005:99 - 112.

[24] KARAMAN S, SHIMA T, FRAZZOLI E. A Process Algebra Genetic Algorithm[J]. IEEE Transactions on Evolutionary Computation, 2012, 16(4):489 - 503.

[25] KARAMAN S, RASMUSSEN S, KINGSTON D, et al. Specification and Planning of UAV Missions: A Process Algebra Approach[C]// Proceedings of The American Control Conference, Louis, USA. Piscataway, New Jersey: IEEE, 2009:1442 - 1447.

[26] KARAMAN S, FAIED M, FRAZZOLI E, et al. Specification and Planning of Interactive UAV Missions in Adversarial Environments [C]// AIAA Guidance Navigation and Control Conference, Chicago,

United States. US：American Institute of Aeronautics and Astronautics Inc，2009：5210 – 6215.

[27] SMITH R G. The Contract Net Protocol：High-Level Communication and Control inA Distributed Problem Solver[J]. IEEE Transactions on Computers, 1980，C-29(12)：1104 – 1113.

[28] MACKENZIE D C. Collaborative Tasking of Tightly Constrained Multi-Robot Missions［C］// Proceedings of the Second International Workshop on Multi-Robot Systems，Washington D C. Piscataway，New Jersey：IEEE, 2003：39 – 50.

[29] DIAS M B, STENTZ A. A Comparative Study Between Centralized，Market－Based，and Behavioral Multirobot Coordination Approaches ［C］// Proceedings of the IEEE/RSJ International Conference on Intelligent Robots and Systems，Las Vegas. Piscataway，New Jersey：IEEE, 2003：2279 – 2284.

[30] HSIEH F S. Analysis of Contract Net in Multi-Agent Systems[J]. Automatica, 2006，42(5)：733 – 740.

[31] MIRANDE M C, PERKUSICH A. Modeling and Analysis of A Multi-Agent System Using Colored Petri Nets［C］// Proceedings of the Workshop on Application of Petri Nets to Intelligent System Development，Williamsburg，VA. Piscataway，New Jersey：IEEE, 1999：59 – 70.

[32] 叶媛媛. 多 UCAV 协同任务规划方法研究[D]. 长沙：国防科学技术大学，2005.

[33] 龙涛. 多 UCAV 协同任务控制中分布式任务分配与任务协调技术研究 [D]. 长沙：国防科学技术大学，2006.

[34] 柳林. 多机器人系统任务分配及编队控制研究[D]. 长沙：国防科学技术大学，2006.

[35] 高晓光，符小卫，宋绍梅. 多 UCAV 航迹规划研究[J]. 系统工程理论与实践，2004，24(5)：140 – 143.

[36] 宋绍梅，张克，关世义. 基于层次分解策略的无人机多机协同航线规划方法研究[J]. 战术导弹技术，2004(1)：44 – 48.

[37] 沈延航，周洲，祝小平. 基于搜索理论的多无人机协同控制方法研究[J]. 西北工业大学学报，2006(24)：367 – 369.

[38] 宋敏，魏瑞轩，冯志明. 基于差分进化算法的异构多无人机任务分配[J].

系统仿真学报，2010，7(22):1706-1710.

[39] 杨江华.求解未知环境下多无人机任务自组织的蚁群算法研究[D].长沙:国防科学技术大学，2007.

[40] 丁琳，高晓光，王健，等.针对突发威胁的无人机多机协同路径规划的方法[J].火力与指挥控制，2005，14(7):5-10.

[41] 柳长安，王和平，李为吉.基于遗传算法的无人机协同侦察航路规划[J].飞机设计，2003，1(1):47-52.

[42] 左益宏，柳长安，罗昌行，等.多无人机监控航路规划[J].飞行力学，2004，22(3):31-34.

[43] 曹菊红，高晓光.多架无人机协同作战智能指挥控制系统[J].火力与指挥控制，2003，28(5):22-24.

[44] 郑昌文，丁明跃，周成平，等.多飞行器协调航迹规划方法[J].宇航学报，2003，24(2):115-120.

[45] 郑昌文，李磊，徐帆江，等.基于进化计算的无人飞行器多航迹规划[J].宇航学报，2005，26(2):223-227.

[46] 严平，丁明跃，周成平，等.飞行器多任务在线实时航迹规划[J].航空学报，2004，25(9):485-489.

[47] 苏菲，陈岩，沈林成.基于蚁群算法的无人机协同多任务分配[J].航空学报，2008，29(S1):184-191.

[48] 赵敏，姚敏.无人机群变航迹多任务综合规划方法研究[J].电子科技大学学报，2010，39(4):1-6.

[49] 沈林成，牛轶峰，朱华勇.多无人机自主协同控制理论与方法[M].北京:国防工业出版社，2013.

[50] 杨益军.中国植保无人机市场现状和前景分析[J].农业市场信息，2015，30(13):6-9.

[51] 李少龙.无人机摄影测量技术在输电线路工程中的应用研究[D].西安:长安大学，2012.

[52] 罗颖，张敏，刘军.鹰击长空织就"天网"——无人机及其警务应用现状[J].航空航天，2014(5):53-62.

[53] 杨斌，马瑞升，何立，等.基于颜色特征的遥感图像中烟的识别方法[J].计算机工程，2009，35(7):168-169.

[54] 袁非牛，廖光煊，张永明，等.计算机视觉火灾探测中的特征提取[J].中国科学技术大学学报，2006，36(1):39-43.

[55] ZHANG D, HAN S, ZHAO J, et al. Image Based Forest Fire

Detection Using Dynamic Characteristics with Artificial Neural Networks[C]// International Joint Conference on Artificial Intelligence IEEE Computer Society, Hainan Island, China. Piscataway, New Jersey: IEEE, 2009:290-293.

[56] 王士迪. 无人机平台火灾探测研究[D]. 广州：华南理工大学，2011.

[57] 林一平. 救死扶伤的救护无人机[J]. 航空航天，2015(3):42-45.

[58] 袁政英. 美国空军未来 20 年小型无人机发展路线图[J]. 防务视点，2016，(10)：58-59.

[59] DANIEL P. Gremlins[EB/OL]. http://www.darpa.mil/program/gremlins.

[60] DARPA Public Affairs. OFFSET Envisions Swarm Capabilities for Small Urban Ground Units [EB/OL]. http://www.darpa.mil/news-events/2016-12-07.

[61] Office of Naval Research. LOCUST: Autonomous, Swarming UAVs Fly into The Future [EB/OL]. http://www.onr.navy.mil/en/Media-Center/Press-Releases/2015/LOCUST-low-cost-UAV-swarm-ONR.aspx.

[62] 张洋. 美军空射无人机蜂群朝实战化方向迈进[EB/OL]. http://www.myzaker.com/article/58d6ade51bc 8e04708000026.

[63] 王强. UAV 集群自主协同决策控制关键技术研究[D]. 西安：西北工业大学，2015.

[64] 119 架！我国再次刷新固定翼无人机集群试验纪录-中青在线[EB/OL]. http://news.cyol.com/content /2017-06/10/content_16174643.htm.

[65] 空军将举办智能无人机集群系统挑战赛[EB/OL]. http://mini.eastday.com/a/1709290 93405165.html.

第 2 章

无人机集群体系结构

随着无人机能力优势的不断显现,运用潜力的不断挖掘,应用领域的不断拓展,无人机的任务性质也由简单、单一逐步向复杂、多样化转变,运用多架无人机协同执行任务成为一种前景极佳的工作模式,受到人们的广泛关注,得到越来越多的研究。与此相对应,无人机正逐步从目前的遥控、程控方式向人机智能融合的交互控制,甚至全自主控制方式发展,最终将具备集群协同执行任务的能力。但无人机集群也暴露出了一些单无人机系统所没有的问题,比如:

(1)如何在各无人机之间表达、描述问题,分解和分配任务;

(2)如何使各无人机在明确各自任务的基础上相互合作,高效完成整体目标任务;

(3)如何保证各无人机行为协调一致;

(4)如何识别和消解无人机之间的冲突等。

解决以上问题的前提与基础是建立高效、合理的无人机集群体系结构,对此,本章从无人机集群的功能、行为、任务过程等出发,详细介绍无人机集群的体系结构及体系结构的构建方法与重构机制。

|2.1 无人机集群系统简介|

　　无人机集群是由一定数量的同类或异类无人机组成,利用信息交互与反馈、激励与响应,实现相互间行为协同,适应动态环境,共同完成特定任务的自主式空中移动系统。当前以地面控制站为控制节点进行任务协同所构成的多无人机体系可以视为无人机集群的雏形。该体系框架下,人作为决策者,在无人机控制回路中起着中枢与大脑的角色,负责向系统提供智能,完成认知与决策。在可以预见的无人机发展蓝图中,当前起着举足轻重的人的智能将逐渐被无人机的机器智能替代,人的作用将是无人机任务进程的监督者和危险行为/能力的授权者。以智能无人机为个体构建的无人机集群将实现整体能力的"涌现",完成个体无人机无法完成的复杂任务。

2.1.1 集群功能

　　无人机集群既需要在已知环境下能够充分利用人类经验和环境知识高效率、高质量地规划目标,也需要在未知环境下能够对未预料情况迅速做出反应,并适应动态环境的变化。因此,无人机集群必须具有感知、任务分析、规划、推理、决策和动作执行等功能,基本组成包括无人机平台、任务规划/控制系统、环境感知系统、任务载荷、通讯数据链和地面/空中指挥控制中枢。面对复杂的任务环境,无人机集群必须建立合理、高效且稳定的协同机制,并且拥有自学习、自进化的能力,才能在训练或模拟条件下与环境的交互中发展和"成长",实现基于组织规则和信息交互的较高程度的自主协作。

与单无人机相比,无人机集群具有功能可组合、易裁剪,系统可扩展性高、鲁棒性强、适应性强等优点,因而更适合完成以下类型的任务:

(1)区域监测/遍历类任务。无人机集群是分布式系统,很适合用来协同感知和监测空间状态。例如,在某一区域受灾时,通过构建一群微型自主无人飞行器组成的集群系统,对地面受灾状况协同监测,同时可以为地面用户提供应急的通信网络。

(2)外界环境过于危险的任务。由于集群中个体无人机的造价成本低,而且个体的故障或坠毁不影响群体的整体行动规划,所以无人机集群适合用来执行蕴藏危险的任务,以牺牲部分个体成员的方式换取整体任务的完成。

(3)有冗余性要求的任务。无人机集群系统具有强鲁棒性,其中在部分个体失效和故障的情况下,系统能正常运作。对于安保、反恐等对任务成功率有苛刻要求的任务,针对任务窗口出现的随机性大、时间窗口短暂且一旦任务失败将导致严重后果等特点,强鲁棒性保证了无人机集群执行任务时的万无一失。

2.1.2 集群属性

无人机集群基于合作策略与协调机制,通过传感、通信、自主决策规划等方式协调各自的行为,通过一定的组织方式达成合作,完成任务。动态环境中的无人机集群具有以下属性。

1. 具有自适应、自组织特性的群体"活性"复杂系统

无人机大规模地分布或分散在高维动态环境中,它们的行为在时间上具有并行性和突发性,位置上具有冲突性。因此,无人机必须具有自适应与自主决策能力,即在不完全信息情况下,能够与环境交互,与通信范围内的无人机沟通,自主做出行为决策的能力。另外,无人机的行为可以看成是一种理性驱动行为,其中各无人机个体追求的目标是一致的或相近的,均为完成任务的效益最大,因此个体之间存在相互合作,在系统监控上形成一种有序结构。无人机集群中个体无人机本质上具有对环境的适应能力和合理的反应能力,客观上各个子系统为尽快完成任务,使整个系统效益最大,它们相互合作,自发组成不同的工作小组,即无人机集群中存在自组织现象。

2. 柔性和鲁棒的系统

柔性是指系统能适应环境变化。鲁棒是指无人机集群在某些个体无人机不

能工作的时候仍能正常运转。由于环境的复杂动态性,无人机系统自身功能的限制以及视觉信息处理引起的错误等诸多不确定性,构造一个柔性和鲁棒的系统非常重要。当发生意外事故时,个体无人机应该能对其合作伙伴做出相应的反应;联合行为出现问题时,个体无人机可以组织其局部行为,采取一定的控制模式最大限度地避免合作失败。另外,系统可以方便地增加或减少无人机数量,可以容纳各种类型的无人机,具有很强的容错能力,从而增强系统的开放性和适应动态环境的能力。

3. 具有人为监控干预的控制系统

无人机能够通过传感器感知自身状态和部分周边环境,并带有通信装置,在有障碍物的移动环境中,面向任务目标能够自主学习、决策、运动,从而完成一定工作。可见无人机是为完成多种任务而设计的,利用空域资源帮助人类完成危险的、复杂的劳动或者进入服务领域,为人类服务。从系统工程学的观点看,无人机是目标监控的,它应该按我们的希望行动。换句话说,它们只能完成规定的、满足一定约束条件的工作。另一方面,无人机毕竟是机械设备,存在行为失控、发生故障等问题,必须要人来强行控制干预。由于常识知识的局限性,遇到情况还需要人来解决。如无人机在救灾现场帮助寻找受难者,当它发现目标时还需要人来帮助进一步确认。因此,无人机系统应该是一个具有人监控干预的控制系统。

4. 人弱控制与无人机"自组织"交互作用贯穿全过程的动态系统

在无人机集群中,应该既有外来的、强制性的、人为的监控和"弱控制"等作用,又应该有在这些"弱控制"规律指导下按自身目的进行"自组织"的规律作用。传统理念把无人机称为没有智能的物体,或将无人机集群假设为一个不具任何活性的物理系统,操作者根据自己的目的,以一种特定的或者说明确的直接命令方式对无人机系统施加监控,可以把这种监控称为硬控制、直接监控或者确定控制。这种传统的集中、直接控制方法已无法适应无人机集群在复杂、动态环境下运行的要求,因为操作者不可能事先为每个无人机制订精确的行动规划,如是否会遇到障碍、变化等。无人机必须具备随任务的变化以及环境的非结构性与不确定性来进行自主决策的能力。与传统的控制方式相对应的是"弱控制",或称间接控制或者说不确定控制,即操作者——人不直接给每个无人机制订具体的行动计划,强行控制无人机的行为,而是从系统监控的角度,全面监控任务的执行。为实现目标,着重于宏观上把握无人机的运动规律,引导无人机行为运动方向的制订。例如,通过任务的划分、指派、任务优先级的动态设定等方式,不断地向无人机系统输入任务动态执行情况的信息,从而在一定程度上消减无人机运动或工作的盲目性,促使系统实现有效的自组织。另外,只有当系统中某个无人机发生故障,或者整个系统执行任务过程中发生死锁时才进行干预。例如,完成每个任务需要一定的无人机数量,当系统中同时存在多个子任务且无人机都参与了任务的执行,但完成任务所需无人机数量大于已有无人机数量时,发生死锁,此时操作者才进行干预。动态环境中的无人机根据直接或间接感知到的信息,面向任务优化选取自己的行动,自组织成不同的子群来完成任务,这可以看作是从下到上的自组织过程。在遵循系统自组织规律的前提下,弱控制引导无人机的自组织行为,可以看作是从上到下的组织过程。将人弱控制的组织和无人机的"自组织"作用统一起来,才能保证系统处于所能具有的最优或满意状态。

无人机集群协同执行非结构化和动态环境中的复杂任务,具有以下几个方面的特点:

(1)环境的自适应性。为提高任务效能,无人机集群必须时刻适应实时变化的任务环境,寻找对整个无人机集群系统的最佳控制策略,并保证较强的稳定性和鲁棒性。

(2)响应时间的敏感性。动态变化的任务环境往往需要无人机集群在线优化任务计划及航迹,而且具有较高的时效性要求。当环境和任务需求发生变化时,原有的任务计划极有可能失效,因此要求无人机集群能够对外界的突发情况及时响应,针对任务的有效时间窗口进行在线优化。

(3)信息的高度共享。集群内各无人机之间进行信息共享,才能建立群体信息优势,进而确立决策优势,最大限度地发挥各无人机的个体能力,极大支持无人机集群整体效能的提升。

(4)任务的复杂性。与单架无人机相比,无人机集群的任务更加复杂,在任务目标、时序约束和执行方式等方面均存在明显的差异,时空上的紧密协同使无人机集群执行任务的效率极大提升,但同时显著增加了集群系统工作的复杂性。

(5)决策的复杂性。无人机集群必须具备有效的协同策略,否则会导致各无人机之间发生冲突,出现碰撞,造成资源浪费或任务死锁,无法发挥集群优势。在进行协同决策时,需要考虑任务需求(任务类别、任务数量和任务优先级等)、无人机特性(任务载荷功能/性能、续航性能、机动能力等)和环境信息(天气、地形和电磁环境等),因此无人机集群协同决策是一个多参数、多约束、非确定问题,决策要素多、动态变化大且交互影响,解空间随着集群规模、任务/目标数量等因素呈现指数级增长的趋势,针对该类问题的优化计算较为困难。

2.1.3　集群行为

无人机集群及其内部各无人机有目的、有"意识"的运行/演变活动称为无人机集群行为。集群利用信息网络获取目标、环境及各无人机状态信息,并在无人

机之间进行交互,具备识别环境、适应环境、侦察目标、任务决策和自主行为的能力,这些能力的外在体现就是集群行为。按运行层次及参与无人机个数,行为可分为独立行为、交互行为、协同行为、系统行为;按对系统行为调控和自组织特性的贡献,行为可分为调控行为和自组织行为。

独立行为指未与其他无人机交互而自行发生的行为,一般存在于标志无人机(主节点),用于响应态势变化、上级指令、环境变化等,其他无人机获取相关信息后予以响应,进而产生系统行为。独立行为是行为调控发挥作用的输入点。

交互行为是集群内无人机间的交互与反馈、激励与响应等智能行为,多种形式、多种意图的交互行为的综合产生集群能力。各无人机通过信息交换及其自身有限的智能计算,形成分布式集群决策和控制,交互行为产生系统的自组织特性和集群能力特性。

协同行为是子系统层面的行为,是独立行为和交互行为共同产生作用的结果。

系统行为是集群整体层面的行为,在行为调控和自组织作用下,控制无人机集群遂行任务,是系统自组织特性的具体体现。

调控行为(他组织行为)是由环境或指令触发,根据标志无人机(主节点)的行为意图,产生调控效果。如无人机集群内长机对上级指令的执行或根据任务对集群内无人机进行的主动控制等。

自组织行为是集群内各无人机对原子任务执行、对标志无人机(主节点)的调控行为或其他无人机行为的交互、适应等行为。

无人机集群在体系支撑信息下依据预先任务规划进行任务初始化,依据事件触发驱动系统内部调控行为模型、交互行为模型、内部系统行为模型,主无人机、从无人机、协同无人机依据相应模型进行独立行为、交互行为、协同行为演变,从而系统遂行既定任务。无人机集群系统动力演化如图 2.1 所示。

无人机集群聚集、适应、协同行为的产生,需要相应的控制、约束机制和公共秩序、准则的共同作用,根据作用原理的不同,无人机集群运行的核心机制可以分为聚集机制、交互机制、标志机制、自组织与行为调控机制、内部模型集机制、积木机制等,如图 2.2 所示。其中,聚集机制、交互机制、标志机制决定了成员以什么模式和机理进行交互和响应,是形成集群自组织和行为调控的前提;成员间相互适应、相互竞争、相互促进、相互激励机制形成系统的自组织机制,标志节点(主节点)对行为调控信息或行为的响应机制则形成以体系支撑为主导的行为调控机制;内部模型机制和积木机制规定了各种模型的形成/运行机理和规范,是整个集群系统的核心。

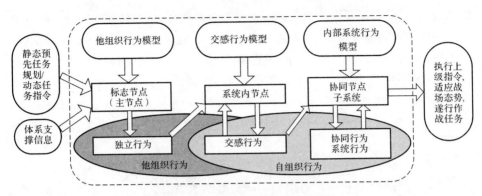

图 2.1 无人机集群系统动力演化示意图

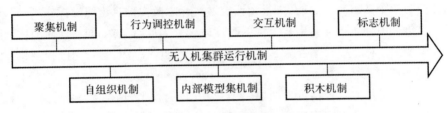

图 2.2 无人机集群运行机制

1. 聚集机制

通过行动者的聚集,形成无人机集群。无人机集群系统是非加和性整体,多个同构或异构节点的聚集具有"整体大于部分之和"或"1+1>2"特性。聚集通过系统的组分效应、规模效应、结构效应及环境效应产生能力的跃升。

2. 交互机制

无人机之间有效交互是形成无人机集群的基础,而集群内信息高效流动是节点间交互与反馈、激励与响应等交互行为的基本前提。基于信息流动的交互有其内部运行模式和相应内部模型,据之系统可感知环境态势、响应外部指令、采取应对行动。集群无人机之间的交互主要包含积累知识,收集信息,处理信息,发现规律,优化内部预测、决策、规划与控制模式;建立内部模式与态势、任务、环境相对应的映射关系,执行交互行为的决策结果;对行为后果进行信息反馈,发现知识,收集经验,对现有模式进行评价和选择,补充、修正、发现内部模式。

3. 自组织与行为调控机制

对无人机集群而言,环境态势、预定任务、指挥员指令等构成对系统的行为调控,控制系统遂行相应任务,对目标行为做出反应,执行相应调控指令等,是对系统进行行为控制的源;无人机集群自组织是以系统内在非线性相互作用为演

化动力,在时间上呈现出一个从无组织或欠组织到富有组织的动态过程,即系统的有序度随时间推移而增加,使无人机集群系统能够更好地适应环境。集群内无人机在标志无人机(主节点)控制下聚集、交互等局部规则构成集群自组织。自组织与行为调控是无人机集群系统缺一不可的内部机制,行为调控通过自组织发挥作用,自组织结合行为调控保证集群能力的可控可用,二者共同形成对系统及其内部节点的控制。从系统角度看,无人机集群是分层递阶智能复合控制系统。

4. 标志机制

标志是无人机集群可控可用的一种重要机制,标志无人机(主节点)是系统中承担指挥、控制任务的一类角色,具有对环境态势(环境刺激、环境约束)及系统外控制指令做出响应的能力,行为调控通过标志及内部自组织发挥作用,实现无人机集群中分布式与集中式控制的高度融合。因此,标志如同一面旗帜,是系统赖以把无人机单元聚集起来、生成系统边界及适应任务目标行为的控制机制。

5. 内部模型集机制

内部模型集主要包括行为调控模型、交互行为模型、内部系统行为模型,是无人机集群系统赖以识别环境、分析预测、规划决策的复杂机制。集群系统及其每个节点都有基于经验的内部模型,凭借该模型去感知环境、获取/分发和处理信息、评估态势、做出决策、采取行动等。因此,内部模型集是系统的基本元素或基因,是交互行为及系统行为形成的内部机制。

6. 积木机制

积木是生成内部模型的基本构件,使用积木构建内部模型是无人机集群的基本特征。无人机集群的内部模型既要面对不同的环境,能够解决不同问题,又应该是一种有限、精炼的样本,能够在其描述的情景中反复出现。使这个矛盾达成统一的一种方式就是找出构造模型的积木块(元模型),将感知环境、态势评估、规划决策的过程转化为组合积木的过程。基于元模型-子模型-模型路线的建模思想如图 2.3 所示。其中,元模型是实际复杂系统运行中不可再分的基本属性和行为建模,是构建整个模型的基础;子模型以元模型为基础,采用层次嵌套方式构建整个系统模型。

2.1.4　任务过程

无人机集群协同执行任务是一个复杂、连续的过程,一般可划分为离线任务预规划、巡航飞行、在线任务重规划、任务实施和返航等五个阶段。

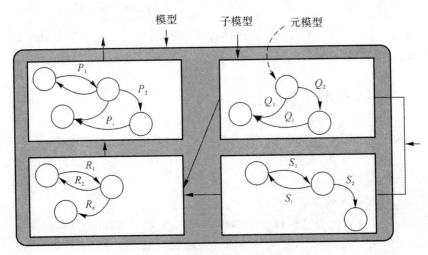

图 2.3　模型、子模型与元模型体系结构

1. 离线任务预规划

在无人机集群起飞前,指挥控制中枢根据任务计划和目标环境信息为无人机进行静态环境下的最优载荷配置、目标分配和参考航迹规划,并将任务计划装载到无人机的机载计算机。

2. 巡航飞行

无人机成员以编队的形式进行巡航飞行,指挥控制中枢上的引导操纵员根据参考航迹和无人机集群的状态信息,以一定的更新频率向无人机发送远距引导指令和目标指示信号,无人机集群进行自主控制,保持与变换队形。

3. 在线任务重规划

由于任务环境具有动态特性,所以会出现很多无法预料的情况,例如,临时改变任务计划、无人机损毁以及在巡航飞行过程中发现参考航迹上存在预先未知的突发威胁等,这些突发情况很有可能使预先配置的任务载荷、预先分配的目标和预先规划的参考航迹不再最优甚至失效。因此需要在线动态调整无人机集群的任务与航迹,实现多无人机动态协同响应不同的突发事件。在线任务重规划一方面要求规划出较为优质的行动方案,另一方面还要求快速规划,二者之间的矛盾随着无人机集群的规模和协同问题复杂性的增加而加剧,因此在线任务重规划需要在解的优劣性和求解时间之间进行折中处理。

4. 任务实施

进入目标区域后,无人机集群按照预先定义的功能角色和协同方案展开任务,实时评估任务完成的进程与质量,并在地面控制中心的指令控制下修正或更改执行计划。

5. 返航

完成既定任务后,无人机集群计算剩余可用燃油、选择最佳着陆点并规划返航航迹。

2.1.5　关键技术

无人机集群需要重点解决的关键技术包括大规模无人机管理与控制、多无人机自主编队飞行、集群感知与态势共享、集群协同任务规划、集群任务控制站技术等。

1. 大规模无人机管理与控制

无人机以集群的方式执行任务,对空域使用提出了更高的要求,必须制订精细的空域分配与使用机制,避免与其他有人机或者无人机等空中目标发生碰撞。目前,美国计划将民航领域采用的空中告警与防撞系统(Traffic alert and Collision Avoidance System,TCAS)引入无人机系统实现避碰。另外,无人机可能是由操作员遥控的,也可能是半自主的,将来还可能完全自主,需要操作员的介入程度、时机和频率各不相同。较低自主能力的无人机组成集群,需要操作员或者辅助系统管理与控制的事情较多。因此,大规模无人机管理与控制需要解决无人机集群管理与控制体系结构、空域态势评估、集群空域使用规划与调度、集群空域冲突检测与消解以及人有限干预下的无人机集群管理与控制等技术。

2. 多无人机自主编队飞行

多无人机自主编队能力是无人机集群执行多样化任务的前提,其一是实现无人机集群控制;其二是实现集群感知与规避(Sense and Avoid,SA)。

集群编队控制是指无人机集群在执行任务过程中,如何形成并保持一定的空间几何构型,以适应平台性能、任务环境、任务性质等要求,主要解决两个问题:一是编队构成/重构,包括飞行前编队生成问题,遇到障碍时编队的拆分、重建等问题,增加或减少无人机时的编队重构问题等;二是编队保持,包括飞行中编队保持问题,在不同几何形态间的编队切换问题,保持几何形态不变条件下的编队收缩、扩张、旋转控制问题等。目前,无人机集群编队控制方法主要有领航-跟随法、虚拟领航法和行为控制法。

集群感知与规避是指无人机本身要具备机间局部环境感知能力,能够对集群内其他无人机进行监视、跟踪与状态估计,保持集群编队构型,实现协同飞行。同时,集群要感知飞行过程中遇到的静态或动态障碍,为集群编队控制决策提供有效的信息输入。常用的集群避障方法有人工势场法、模型预测法等。

3. 集群感知与态势共享

集群感知与信息共享与集群编队控制所需的感知能力的作用对象和用途不同,这里主要针对集群"之外"的任务对象而言。一类感知手段是基于机载传感器,获得任务对象的雷达、光学等不同性质的目标信号;另一类感知手段是基于数据链,接收集群外部其他系统提供的关于目标的支援信息。此外,利用数据链完成集群内各机载传感器信息的传输共享,形成统一的通用操作视图(Common Operational Picture,COP)。相关技术主要包括协同目标探测、协同目标状态融合估计、协同态势理解与共享等。洛克希德·马丁公司开发的无人机通用态势感知模块,包含多个层级:第一级融合来自机载传感器、友机传感器、外部数据源等的数据,明确任务对象,消除态势数据冲突;第二级形成融合后的跟踪视图,评估集群传感器覆盖范围、通视性、潜在威胁等;第三级完成态势预估,判断可能的威胁意图、机动和未来位置;第四级判断态势感知模块产生的信息是否满足任务需求,并采取行动以感知所需信息。

4. 集群协同任务规划

无人机集群任务分配与任务规划,首先针对不同任务目标,指派最适合的无人机去执行。针对低威胁的一般性任务,通过分析集群任务过程及任务特点,建立任务规划数学模型,生成高效合理的任务计划,使无人机集群执行不同任务的费效比最佳。而在对抗、不确定以及时间敏感的环境中,需要随时应对包括突发威胁、平台毁损等恶劣条件,进行任务重新分配和重规划,快速响应外界环境的变化。

5. 集群任务控制站技术

现有大多数无人机地面控制站,每个操作员只能实时控制单架无人机,"人机比 1∶1",同时,同一型控制站控制不同种类无人机的能力有限。美国通用原子公司开发的地面站多机控制系统(Multi - Aircraft Control,MAC),已经完成了单个飞行员同时控制 4 架"捕食者"无人机的飞行试验,达到"人机比 1∶4"。对于无人机集群而言,无人机数量更多,集群内部的自组织机制更加复杂,自主运行能力更高,因此,地面任务控制站与无人机集群之间的指控关系必须被重新设计与定义,实现"人机比≪1",一名操作员将可以监督或操纵多架多任务无人机实施"更加集中、更加持续、更具规模"的集群任务,使集群完成"观察—判断—决策—行动"(Observe - Orient - Decide - Act,OODA)回路的时间大幅缩减。此外,根据任务需要,有人机、无人机可以构成混合集群,有人机作为无人机空中控制站,不仅将地面控制站的功能移植到了空中移动平台,也将无人机的自主能力定义到一个更高的标准,无人机空中控制站技术是有人机、无人机混合集群任务运行的关键。

在多样化的任务环境中,无人机集群任务系统要素相互关联、制约和影响,使得集群协同决策与控制变得十分困难,主要体现在以下几点:

(1)模型难以建立。无人机集群由许多各具特点、不同类型和不同用途的无人机构成,任务过程不仅取决于自身能力,还受自然环境和目标状态的制约,这导致集群协同决策控制的建模难度急剧增加。

(2)问题求解困难。集群协同决策控制属于多参数、多约束的非确定多项式(Non-Deterministic Polynomial,NP)问题,在多输入条件下容易导致组合爆炸,因此需要高效的求解算法。

(3)任务耦合度高。集群中各个无人机的任务通常相互关联、彼此制约,即存在复杂的约束关系和不同的任务需求,如时间、空间、载荷匹配关系和任务优先级要求等,多任务耦合极大地增加了多架无人机的协作难度。

(4)信息不完备。无人机集群多是在动态多变的环境中执行任务的,如协同搜索、灾害救援、反恐作战等,对象的时间、空间和状态均是事先未知的,使其在信息缺失或小样本数据情况下实施决策与控制变得异常困难。

2.2 无人机集群体系结构简介

2.2.1 概念

无人机集群的体系结构是指集群各无人机之间、各无人机与地面/空中控制站之间逻辑上、物理上的信息关系和控制关系,以及智能、行为、信息、控制等要素在系统中的时空分布模式。无人机集群体系结构体现了系统每个无人机之间的组织和控制关系,确定了系统中无人机之间以及无人机和系统之间的逻辑关系和交互形式,决定了无人机在执行任务时的任务分配与规划的全局运行机制,提供了无人机行为和通信交流的框架。多架无人机联合起来协作完成搜索、侦察、监视、打击等任务,环境可能是未知(或部分已知)、动态、不确定或非结构化的,也可能有运动目标、突发威胁、诱骗圈套等不利因素存在。体系结构作为无人机集群组织、协调、规划、控制、执行、学习等功能得以实现的基础,对无人机集群能力的发挥起着举足轻重的作用。根据实际条件构建适当的体系结构,是保证无人机集群系统正常运转的重点和关键所在,也是研究构建无人机集群协作所面临的首要问题。无人机协作的组织结构、无人机系统之间的通信等问题是保证无人机集群协作可靠、通畅和稳定的关键。

集群无人机属于相同或不同的类型,担负着不同的角色,具有情报侦察、中继通信、电子干扰、目标指示、火力打击、毁伤评估等一种或者几种功能,根据各自所具有的局部信息、能力以及相互之间的通信来进行决策,协同完成单架无人机不能胜任的任务。

1. 个体无人机体系结构

无人机体系结构实际就是把无人机具备的各种行为动作和技术功能作为对象,在一种合理有效的协调控制框架下,对各行为功能的整体逻辑关系进行规划设计,从而使无人机能够合理有效地完成任务。它具体表现为一种对无人机行为功能进行整体协调优化控制的结构框架,这种无人机行为功能的描述可通过图 2.4 来说明。

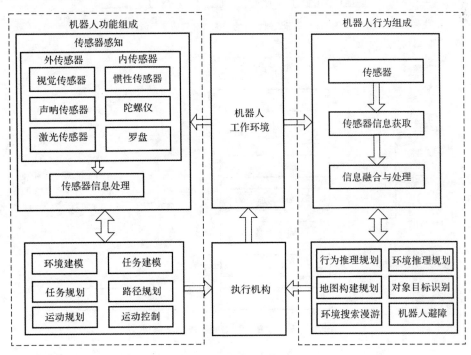

图 2.4　无人机行为功能框图

无人机集群协作的控制研究是建立在个体无人机控制基础上的,同时考虑无人机集群之间的互通信、运动协调和任务优化规划等问题。因此在体系结构研究中,实际上把无人机能实现的各种行为看作是整个协作系统的功能组成模块,而体系结构的研究就是研究各个模块之间的相互关联及功能实现,实际就是研究无人机集群协作系统的功能划分和功能层级间的逻辑结构关系,从而实现无人机集群控制系统的智能结构和逻辑关系的总体结构。这种结构提供了无人

机在整体行动中如何进行信息处理和规划控制的一种全局观。目前最具代表性的无人机体系结构研究方法总体分为两大类:基于认知能力的无人机分层式体系结构和基于行为的无人机包容式体系结构,如图 2.5 和图 2.6 所示。

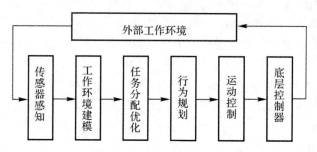

图 2.5　基于认知能力的无人机分层式体系结构

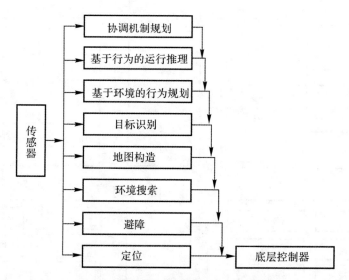

图 2.6　基于行为的无人机包容式体系结构

分层式体系结构将无人机的整体控制结构按功能从上到下分为若干层次,每个层次代表不同的功能模块。底层属于执行层,基本不具备智能,但是控制精度高;高层级通过底层级信息进行推理和规划无人机动作,高层级智能能力强,但是控制精度降低;高层和底层之间的层属于协调层级,这一层接受了高层级根据底层级信息对任务所做出的全局策略和宏观命令,对其结果进行规划设计形成子命令,并分配给底层控制器。无人机的行为被看作是一个递阶过程:感知—建模—规划—执行(Sensor – Model – Plan – Act,SMPA)[1]。在实际应用中,这种体系结构在结构化确定性环境中效果较好,但是对于变化环境、不确定环境应用困难,响应速度慢,无法实现无人机实时性的功能要求。

包容式体系结构将控制结构按无人机不同的行为动作从上到下划分为若干层次,每个层次代表不同的行为模块,也就是不同动作的控制子系统。这种结构的每一层都能够利用传感器信息产生相应的行为动作,处于顶层的行为包含了其下面层级的行为,在下层级行为的基础上顶层才能完成自身的行为;同时,处于结构中的下层并不依赖上层,也就是说上层内部控制的改变不会影响下层控制,上层的增减也不影响下层。其表现为决策取决于感知和行为,属于一种感知—动作(Sensor - Action,SA)模式。因此,基于行为的体系结构不需要对环境建模和进行知识推理,适用于动态、不确定环境任务,具有较灵活的反应能力和响应速度。但是人们通过进一步研究发现,这种结构只能完成一些局部的、简单的智能行为,缺乏行为动作的全局整体协调和规划,无法完成较复杂的任务。

在前两者基础上,针对以上情况,结合实际问题取长补短,出现了混合式体系结构,如图 2.7 所示。学者 Gat[2],Chella[3] 都提出了结合两者体系结构优点的复合式体系结构。其中 Gat 和 Chella 都提出了三层体系结构的观点,Gat 提出的三层体系结构包括控制层、慎思层和协调层。其中控制层具有包容式体系结构的特点,能够快速响应信息,是反应式行为方式;慎思层具有分层式体系结构的特点,能够处理复杂信息并进行推理;协调层相当于行为动作的逻辑顺序规划层,同时为行为规划提供信息。Chella 提出的三层体系结构包括子概念层、概念层和语言层,其分别处于体系结构的底、中、上层。其中底层的子概念层由行为模块组成,具有反应式特点;处于上层的语言层对符号语言进行信息处理,具有慎思式特点;中间层的概念层由符号语言的知识信息组成,起到一个对上层处理信息提供知识的作用。

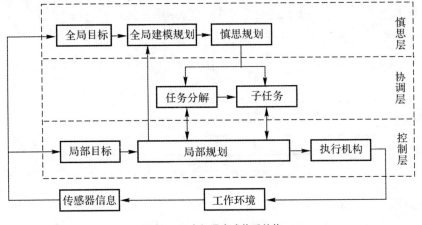

图 2.7 无人机混合式体系结构

混合式体系结构采用分层式体系慎思式特点对复杂环境进行认识和规划，并通过包容式体系结构反应式特点应对任务中环境变化和不确定性，具备了慎思推理和响应迅速的特点，同时兼顾了整体协调优化之需，因此这种体系结构成为目前研究的主要方向。

2. 面向功能层次的无人机集群体系结构

通过对个体无人机功能模块及其模块之间关系、无人机协作时功能模块之间的逻辑功能进行分析，形成面向功能层次的无人机集群协作分布式体系结构，如图 2.8 所示。

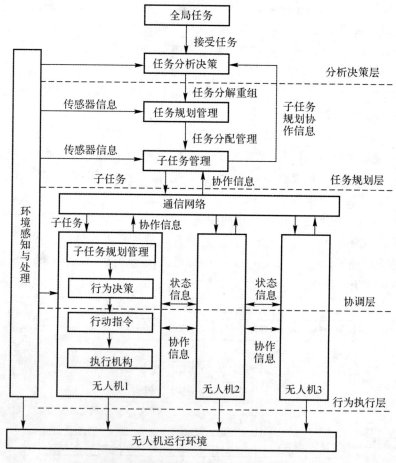

图 2.8　面向功能层次的无人机集群协作分布式体系结构

借鉴人类完成复杂任务的处理过程：接到任务—任务分工—任务分析决策—任务执行，结合无人机自身各项功能特点可以将无人机集群协作这一过程分解为四个层次:任务规划层—分析决策层—规划协调层—行为执行层。此外还有信息感知功能模块,它为决策层、规划层、协调层和执行层提供相关的传感器信息,为任务层和决策层提供实现其功能的各种信息依据,同时也为无人机内部自身行为和外部协作行为提供根本信息来源。

在以上分析基础上,结合无人机本身功能模块和任务层次分解的思想,可以考虑将无人机集群协作的控制体系结构也划分为四个层次。其中分析决策层位于整体结构的第一层,它是面对无人机全局任务的。这一层通过对无人机各种传感器信息的融合确定无人机周围工作环境,根据传感器融合信息和整体环境模型特点首先确定移动无人机自身位置;同时在任务指令基础上,对无人机集群所要完成的子任务进行协调机制的规划,并将此规划结果传送到规划协调层。决策层还应该具备可以根据实时获取的传感器信息对环境模型进行完善更新的功能,其模块功能及工作示意图如图 2.9 所示。

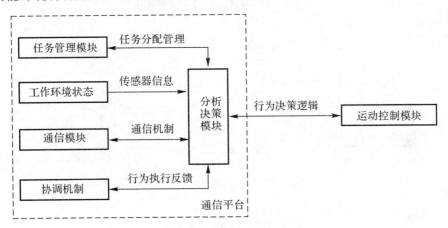

图 2.9 决策功能层及工作示意图

任务规划层位于整体结构的第二层,其主要实现的功能为,接收任务命令,并对任务进行分析,将其分解为符合无人机集群行为功能的子任务,根据工作环境模型特点及任务对子任务进行分配规划,以此规划结果对子任务进行调度安排;同时将相关子任务分配规划信息发传给分析决策层。任务规划层的模块功能及工作示意图如图 2.10 所示。

规划协调层位于整体结构的第三层,无人机集群在执行任务时为了消除无人机之间冲突的发生,规划协调层在无人机集群通信网络框架下,根据多个无人机之间的状态信息以及协作信息对无人机集群的位置和轨迹进行协调,避免冲撞的出现。规划协调层的工作模式和任务层有所相似,协调层把任务层分配的子任务分解为若干动作序列指令发送给执行层的无人机成员,其模块功能及工

作示意图如图 2.11 所示。

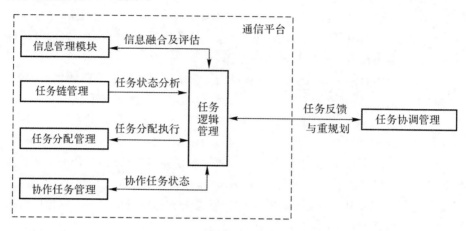

图 2.10 任务规划层功能及工作示意图

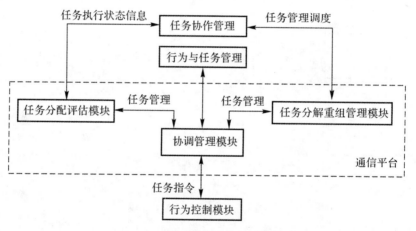

图 2.11 规划协调层功能及工作示意图

　　行为执行层处于整体结构的第四层,也是最底层,它的主要功能是接受协调层的动作指令来执行具体的任务,也就是将协调层的指令转换为无人机的运动控制来实现完成任务的自主行为,其模块功能及工作示意图如图 2.12 所示。

　　无人机集群协作技术的研究在不同的研究领域侧重点也是不尽相同的,但是有一点却是研究者们共同追求的理想目标,那就是使无人机在协作任务中能够具有高智能水平,能够实现像人类之间的合作一样去完成任务。因此,抛开无人机各种功能技术因素的考虑,首先对无人机集群协作中的个体与整体的组织关系、功能关系、控制关系和实现任务的逻辑关系进行研究,从一个宏观的角度先明确协作过程中无人机协作系统的全局与局部、局部与局部以及局部与外界任务环境之间的相互关系。其次以实际问题为基础找到切入点，按照确定的逻辑关系进行无人机集群协作的具体技术问题的研究，这样一方面可以验证之前确定的协作逻辑关系是否适合实际问题的解决，另一方面可以通过结果对之前确定的逻辑关系进行修正完善，因此两者之间的关系应该是相互完善和不断修正的。

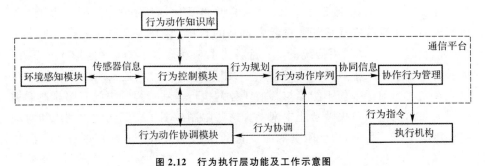

图 2.12　行为执行层功能及工作示意图

2.2.2　研究概况

1. 无人机集群体系结构特点

虽然任务类型、性质和无人机平台功能、性能不同，但无人机集群的体系结构具有以下共同特点：

（1）物理上分布，逻辑上分层递阶。物理上分布，指所有的无人机在物理上平等，任意一架或多架无人机加入或退出都不会影响其他无人机的正常运行。无人机集群的重要资源或关键功能与某一架或多架无人机是松耦合、可柔性重组的关系。逻辑上分层递阶，指集群内所有的无人机在逻辑上构成一个分层递阶结构，能够降解无人机集群由于无人机数量增长带来的系统复杂性。

（2）面向任务。任务是第一位的，无人机集群的结构、组成是根据任务进行递阶分解、逐级细化的，进而形成集群总体的组织结构。

（3）可动态重构。无人机的加入和退出、任务的动态变化，都需要无人机集群体系结构灵活的动态重构机制来支持。

2. 著名的体系结构

无人机集群体系结构与多机器人体系结构在系统组织、任务目标、工作方式等方面有诸多相似之处，因而可以将多机器人领域的建模方法、求解思路引入无人机集群研究。多机器人领域经过数十年的发展，目前为止，已经有很多研究者

提出了一些有效的多机器人体系结构并且进行了仿真和实验研究,著名的有以下几种:

(1)Caloud 等人提出"GOPHER"体系结构[4],该体系结构分为任务分解、任务分配、运动规划和执行控制四层。任务的分配过程涉及集中处理,由中心任务处理系统 CTPS(Central Task Processing System)完成。CTPS 首先与所有通信范围内的机器人进行通信,对所有机器人的运行状态和任务的完成情况进行全面了解。然后,CTPS 产生计划结构,并将其通知所有的机器人。为此,各机器人知道了系统在完成任务过程中自身的目标,它利用任务分配算法来决定自身的状态角色,并利用传统的 AI 规划技术来实现该目标。利用 GOFER 已经成功地完成了三个机器人进行推箱子、跟踪等任务。但是系统中限制任何机器人在完成当前任务前不能参与其他任务的执行。在 CTPS 中没有明显地规划机器人如何从错误及失败功能中恢复。这些限制减弱了资源的优化利用和对动态环境的反应。另外,对受限资源的优化利用和状态角色的确定没有一个明显的解释。

(2)L.E. Paker 开发的 ALLIANCE 分布式体系结构[5]是一种基于行为,具有容错和自适应能力的多机器人协调体系结构。个体机器人采用基于行为的控制器,并将行为扩展为"行为集合",这些行为集合靠动机(motivations)模型来帮助机器人自适应选择动作和行为,从而使机器人去完成其他机器人不能完成的任务或放弃自己不能完成的任务。虽然在这种体系结构中机器人系统具有容错能力和适应性,但系统不能够对动态变化的条件做出快速优化的反应。进一步,机器人没有考虑如何合理地利用受限资源并且对这些资源进行优化,并且不容许新类型的任务被动态指派。利用这种结构已经实现完成了推箱子、收集圆盘、队形前进等任务。

(3)Lueth 和 Laengle 提出一个 KAMARA 队的分布式控制结构[6],用于多机器人协调问题,进行多机器人容错行为和误差纠正的研究。这个分布式控制结构基于通用 Agent 的概念,每个 Agent 负责机器人中的一个部件,用于协调复杂机器人中的不同部件。每个 Agent 由一个通信者、头、身体组成:通信者负责通信;头负责任务的规划和行动的选取;身体处理执行。每个身体由一个或者多个执行部件构成。尽管没有能力的 Agent 因不能参与协商而不能被分派任务,但是没有提出任何一种方法来确保指派给无能力的 Agent 的任务能够完成。另外,因为资源利用没有优化,每个 Agent 要求存有每个机器人上的资源,将灾难性地增加Agents 间的协商。

(4)Tambe 提出著名的基于层次反应规划的结构 STEAM[7],它建立在联合意图和共享规划理论基础上,团队的反应能力中加入了联合意图。该模型不依赖特定领域的知识,具有很好的重用性。为了降低通信开销,设计了基于决策理论的通信选择机制,以保证联合意图的实现可以在不通信的情况下进行,适于通信资源有限的环境。目前 Tambe 等人已经在该模型基础上设计了基于协商的 CONSA 模型。

(5)Noreils 提出了一个包括规划层、控制层和功能层的三层控制结构[8]。规划层将任务分解成小的子任务单元,并将这些子任务单元分配给一个机器人网络。控制层组织机器人执行任务,而功能层提供实际的控制。Noreils 报告了这个体系结构在多个机器人合作推箱子任务上的实现。其中一个机器人充当领导,其余机器人则作为跟随者。

此外,Asmaa 等人描述了一个叫 AC - tRESS 的控制结构[9],它的协商式控制结构允许机器人在需要时召集其他机器人帮助;Cohen 提出了他们的 Fireboss 控制体系结构用以解决合作作战等问题[10]。

上述多机器人体系结构,大多是层次递阶式控制结构。采用分层式合作可以降低规划的复杂性,提高系统的效率。无人机集群体系结构可以以多机器人体系结构为基础,针对无人机平台、任务、环境等差异,设计鲁棒性、可靠性、柔性和协作性满足要求的控制结构。事实上,每种体系结构都有其优点,也有一定的局限性,主要是受无人机本身、任务、环境等诸多因素的影响。

2.2.3　功能层次

无人机集群管理、控制、决策以三层功能结构的方式组织,如图 2.13 所示。

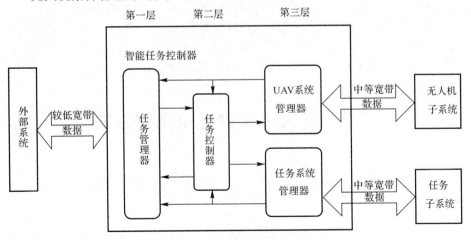

图 2.13　无人机集群三层体系结构

（1）层次Ⅰ（高层）是任务组织和管理层，规划、监视、管理无人机的操作，以实现指定的任务目标。任务管理将任务计划转换成系统可以执行的子任务。

（2）层次Ⅱ（中间层）是任务协调和任务之间的冲突消解层，确定任务执行的优先权，解决协调的问题和任务之间的可能冲突。

（3）层次Ⅲ（底层）是控制执行层，该层直接与无人机及任务系统通信。

无人机集群体系三个等级的分层结构之间存在层内进程间信息交换、层之间的信息交换以及底层的全反应式"激励-响应"循环。

最高层是由若干个任务管理器功能处理模块组成的，作用是规划、监视、管理无人机的操作，将任务计划转换成单架无人机可以执行的子任务，如"做什么——应该完成什么行为/动作"。

中间层由任务控制器组成，任务控制器由多个并发的系统计划管理器组成，每个系统计划管理器负责管理一个单独任务或常规任务。基于状态信息和系统管理器反馈的数据，修改计划片断的参数，如果需要则重新计划任务执行的计划片断，并且将修改的参数发送到系统计划协调器中。系统计划协调器确定计划执行的优先权，解决协调的问题或计划之间可能存在的冲突。系统计划调度程序将预定的和协调的系统计划片断发布到相应的系统管理器中，以利于从属的无人机子系统执行任务。

最底层是由系统管理器功能处理模块构成的，系统管理器分成两大类：无人机系统管理器和任务系统管理器。每个系统管理器管理一个特定的功能领域：特定的无人机子系统或任务子系统。每个系统管理器将分配的任务转换成它的子系统将要执行的操作指令，如"怎样执行指定的任务"。属于无人机子系统管理器组的功能处理模块包含但不限于：①飞行/机动性管理器；②导航管理器；③可生存性系统管理器；④飞行安全管理器；⑤辅助系统管理器。属于任务系统管理器组的功能处理模块包括：①传感器管理器；②通信管理器；③武器管理器；④载荷管理器。系统管理器可以随着需求增加或删减。

无人机集群任务控制器功能如图 2.14 所示。

|2.3　无人机集群系统构建方法|

2.3.1　基本思路

无人机集群的复杂性和不确定性特征是决定体系结构的两个重要因素。复杂性包括环境复杂性、任务复杂性及合作复杂性；不确定性包括信息不确定性、算法不确定性、环境不确定性和行为不确定性等。对此,无人机集群的构建思路是离线设计、在线使用。集群在设计过程中留有进化接口,在实验及训练数据收集的基础上,利用学习功能实现集群使用经验的积累及对不同激励的响应的迭代进化,从而获得更好的适应性及优化改进。无人机集群系统设计流程如图2.15所示。

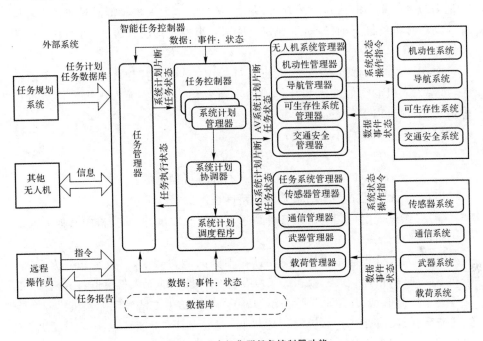

图 2.14 无人机集群任务控制器功能

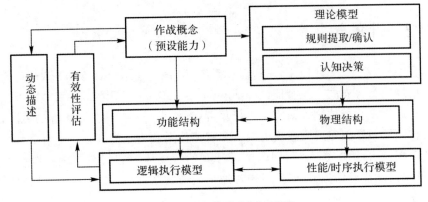

图 2.15 无人机集群系统构建流程

　　首先,以概念为驱动(预设几种能力),进行系统的静态功能和物理结构描述,综合静态结构及动态模型(基于概念的动态行为描述)得到体系结构的逻辑模型、功能模型、性能模型及执行时序模型,最后根据对可执行模型结构和仿真评估分析,实现系统性能和效能的度量。在设计过程中,根据相关行为、活动规则以及与外界环境(其他系统组件)的交互构建认知决策体系结构模型,形成基于规则与事件驱动的认知决策方法;在使用过程中,无人机集群面对非预知环境及高动态时敏条件下的任务,依据相应规则和事件驱动决策方法,可顺利遂行相关任务。

　　而在真实的运行过程中,无人机集群能源、弹药及其他任务载荷会不断消耗,每架无人机的个体能力和合作能力不断变化。因此,无人机集群协作过程中,可能呈现出以下状态:

　　(1)集群拓扑结构不断变化;

　　(2)集群中的无人机数量不确定;

　　(3)每个无人机的行为和动作是动态的和不可预测的;

　　(4)每个无人机的行为结果是无法精确预测的;

　　(5)协作过程中可能会出现各种意想不到的突发事件,而集群中其他无人机无法同步感知。

　　因此,无人机集群系统构建需要针对不同的能力需求,以设定任务为基础,建立不同规模、目标、态势、威胁等级以及任务背景下的无人机集群行为模型,以及各类飞行器的动力/运动学行为模型,引入集群仿生方法确定无人机集群个体的任务交互-反馈、激励-响应等行为机制;建立基于"智能节点实现宏观决策""非智能节点实现应急决策"混合决策模型。最终使无人机集群能够根据任务和态势,在传感器配置、任务执行等各个层面形成最优决策。

2.3.2　研究方法

　　自 20 世纪 90 年代以来,多智能体系统(Multi Agent System,MAS)理论的研究已经成为分布式人工智能(Distributed Artificial Intelligence,DAI)研究的热点。利用多智能体理论研究无人机集群,近年来受到国内外学术界的关注,已成为该领域一个很重要的发展方向。多智能体系统理论的核心是把整个系统分成若干智能、自治的子系统,即多个可计算的智能体。它们在物理和地理上分散,可独立地执行任务,同时又可通过通信交换信息,相互协调,从而共同完成整体任务。

　　将智能体概念应用于无人机集群的基本思想是依据多智能体系统的特性组

织控制无人机集群,使集群具有能合作完成人所赋予任务的能力。集群中的每架无人机都被视为一个具有智能行为的智能体,每个智能体一般只处理与自身相关的局部目标和局部信息,进行自主活动,同时又具有合作的能力。针对任务目标,集群中的各无人机可动态地规划各自的运动序列,而不是由集中规划器进行规划。各无人机可充分发挥其智能和自主行为来与其他无人机进行合作。

　　基于 MAS 的无人机集群逻辑结构模型如图 2.16 所示,模型定义个体功能属性、通信与交互机制、感知、决策、行动规则,确定了多 Agent 微观或局部之间的交互行为或机制,并进行环境的抽象与建模,设计期望的宏观全局特性。

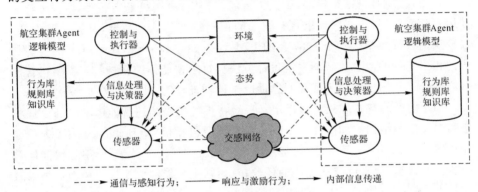

图 2.16　无人机集群逻辑结构模型

2.3.2.1　MAS 体系结构

　　目前,典型的 MAS 体系结构有以下 3 种[11]:

　　1. 慎思型(deliberative)体系结构

　　基于 Simon 和 Newell 的物理符号系统假设,Agent 维持着对世界的内部表示,具有能用一定形式的符号推理加以修正的状态。根据大多数通用的慎思方法,认知构件基本上由两部分组成:规划器和世界模型。这种方法中有一个基本的假设:对认知功能进行模块化是可能的,即可以分开来研究不同的认知功能(如感知、学习、规划和动作),然后把它们组装在一起构成智能自治 Agent。采用慎思式体系结构的智能系统具有下述控制循环:

　　(1)获得环境感知;

　　(2)将感知集成到内部环境模型;

　　(3)进行推理以获得下一步要执行的行为;

　　(4)开始执行选定的行为。

　　递阶智能系统是一种典型的慎思式系统。G.N.Saridis 等人提出的递阶智

能控制基本原理是控制精度随智能提高而降低。递阶智能系统有三个基本控制层：组织级、协调级和执行级，如图 2.17 所示。

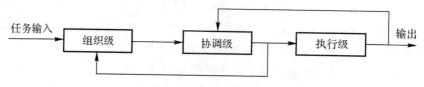

图 2.17　递阶智能系统结构示意图

其中，组织级是系统核心，由人工智能起作用；协调级是中间级，由人工智能和运筹学起作用；执行级要求具有较高的控制精度和执行速度，其智能要求低，按控制论进行控制。始于 1987 年的 BDI(Believes，Desires，Intentions)模型是一种相当流行的慎思式智能系统设计方法。每个智能体的精神状态需要包含什么样的知识和知识如何表征等问题促成了这种被称为 BDI 模型的体系结构。

BDI 模型的基本思想是依靠定义一组精神类型来描述智能体的内部处理状态和建立控制结构。如图 2.18 所示，BDI 模型包括信念（Belief）、愿望（Desire）和意图（Intention）。其中，信念是智能体对其所处环境的认识；愿望是智能体希望达到的状态，通常反映智能体的任务；意图则是智能体为实现愿望而计划采取的行为[12-13]。应用 BDI 模型思想构建智能系统主要包括两个过程：决定要追求什么目标和决定如何实现目标[14]。

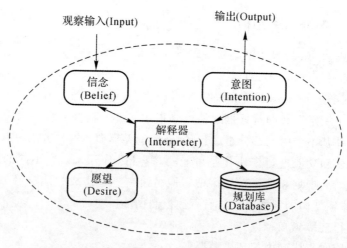

图 2.18　BDI 模型

采用慎思式体系结构的优点是机器人可具备较强的规划和推理能力，拥有较高的智能；缺点是由于"智能"需要通过大量的计算来实现，系统的实时反应能力较差。但随着计算机技术的发展和计算速度的飞速提高，慎思式体系结构实时性较差等问题将日益淡化，而其所具有的智能优势将得到更多体现。

2. 反应型（reactive）体系结构

起源于 Brooks 的思想，即 Agent 不依赖任何符号表示，直接根据感知输入产生行动。反应 Agent 只是简单地对外部刺激发生反应，没有符号表示的世界模型，并且不使用复杂的符号推理，反应结构的设计部分来自这样的假设：Agent 行为的复杂性可以是 Agent 运作环境复杂性的反应，而不是 Agent 复杂内部设计的反应。

与慎思式体系结构的思想不同，Brooks 认为"the world is its best model"，认为智能系统可以不需要维持内部的环境信息模型。Brooks 认为智能不需要存在于每个智能体之中，相反，智能可作为简单计算单元之间交互作用的结果出现。采用这种思想设计的智能体被称为反射式智能体。基于行为的反射式体系结构也被称为包容式体系结构。反射式体系结构的特点是智能体的行为直接由外部环境的传感输入和内部状态触发。在基于行为的系统中，机器人控制器包含一组能够取得或维持特定目的的行为[15]。典型的基于行为的反射式体系结构如图 2.19 所示。可见，反射式架构中各行为模块并行的接收传感数据，各行为模块根据传感数据产生输出，并由仲裁器根据一定的规则决定最终执行哪种行为。

在设计反射式智能系统时，需要特别关注两个问题：一是行为设计；二是仲裁器设计。基于行为的系统设计焦点是功能性建模，即具有鲁棒性的、可重复的和自适应的仿生行为的集成。基于行为的系统设计观点要求设计出的行为相对简单，并且不以串行方式执行。行为设计可在不同抽象层次上进行，一般地，它们应该比原子动作（如"转一个小角度"）层次高，如"回家""避障"等的相对高层次的行为。

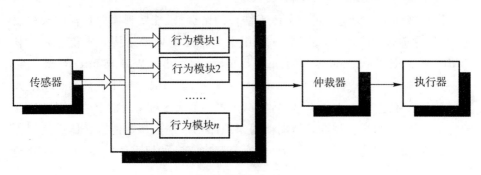

图 2.19　典型的反射式体系结构示意图

在基于行为的系统设计中,另一个关键议题是各种行为的协调(以决定执行哪种行为),即仲裁器的设计。理想的仲裁机制是基于行为的系统获得上佳性能的基础[16]。大多数系统为简单起见,用的是内在的固定的行为优先级顺序;灵活一点的设计是通过计算行为激活层的某些函数来选择行为,如应用投票法。反射式系统由多个并发的行为产生器组成,它们各自直接对环境变化做出反应,系统实时反应能力强,系统设计也比较容易,但是对动态环境的适应能力较差,预测和规划未来的能力较低。另外,对于复杂多变的环境,为每种态势情况设计行为是件极其艰难的事。反射式体系结构的一个根本缺陷是反射式智能体几乎不具备智能,这限制了它的应用。

从直观上讲,反射式体系结构和慎思式体系结构的根本区别在于两者分层方式的不同:一个是水平分层,一个是纵向分层,如图 2.20 所示。

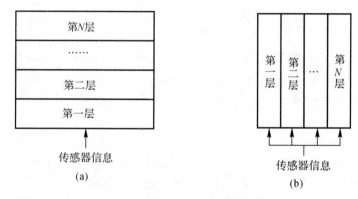

图 2.20　反射式、慎思式体系结构的区别

(a) 慎思式；　(b) 反射式

3. 混合型(hybrid)体系结构[17-21]

混合型体系结构是上述两种体系结构的结合,既能实现面向目标的长期规划,又具有实时性的特点,是 MAS 应用中最常用的体系结构。比较著名的有PRS(Procedural Reasoning System),Touring Machine,Will 及 InterRRaP。它们又可分成两类:层次型(layered)体系结构,如 PRS,Touring Machine 和InterRRap;环型(round)体系结构,如 Will。在绝大多数采用混合式体系结构的智能体设计中,分层被视为是智能体的组织原则。绝大多数混合式体系结构为三层结构:最底层处理反射性行为,中间层解决复杂的慎思性问题,第三层处理系统的社会性能力。

2.3.2.2　MAS 组织的形成方法

针对多智能体的组织与合作问题,产生了许多解决方法[22]。

1. 基于协商的合同网协议[23-24]

当一个 Agent 发现自己面临的问题难以独立求解或者合作求解更有效时,通过与其他 Agent 协商,将其部分或全部任务委托其他 Agent 来完成,在它们之间形成顾客与服务员关系型组织。

2. 基于依赖关系的社会推理[25]

通过 Agent 之间依赖关系的社会推理,发现与其目标有依赖关系的其他 Agent,并与它们形成不同形式的合作组织。

3. 基于对策论的联盟形成[26-27]

通过联盟效用的计算与分配,依据 Agent 个体、联盟和群体理性原则,在 Agent 之间形成不同的联盟。

4. 基于价格调控的市场机制[28]

Agent 根据自己的能力与喜好参与到市场的买卖中,通过市场价格的调整, Agent 之间形成供求平衡下的买卖关系。

5. 基于结构的组织形成方法[29-30]

多智能体问题求解中表现的组织形态称为组织结构。组织结构中定义各种不同的角色、角色的职责、被分配的工作和目标的期限,并以组织结构为前提进行角色的分配和调整。现在对组织结构越来越多地采用显式的表示方式,即先明确表示组织的结构,然后根据角色的要求募招智能体加入组织,并在组织的形成过程中考虑组织的需要和候选 Agent 能力及效益等问题。结构的显示表示有利于智能体进行推理、失败的监测和恢复,以及进行与多智能体联合行动有关的控制。一些学者认为,面向结构的 Agent 组织形成方法与人类社会的组织产生机制相符,是一种高级的目的明确的组织形成方法。

2.3.2.3　MAS 协作策略的生成方法

产生多 Agent 协作策略的方法主要可分为决策网络、递归建模方法、 Markov 对策、Agent 学习方法、决策树和对策树。

决策网络是一个决策问题的图知识表达,可以看作是在贝叶斯网络或信念网络中添加了决策节点和效益节点。基于 BDI 框架下的 Agent,根据对环境和其他 Agent 的观察信息和贝叶斯学习方法,来修正对其他 Agent 可能行为的信念,并预测其他 Agent 的行为[31]。

在递归建模方法中,Agent 获取关于环境的知识、其他 Agent 状态的知识和

其他 Agent 所具有的知识(这是一种嵌套的知识结构),在此基础上建立递归决策模型。在模型嵌套数有限的情况下,利用动态规划方法求解 Agent 行为策略。

Markov 对策是 MAS 中每个 Agent 决策过程的扩展。通过将 Nash 平衡点(Hash equilibrium)作为多 Agent 协作的目标,来研究多 Agent 协作过程的收敛性和稳定性[32-33]。Agent 学习方法是指每个 Agent 通过学习其他 Agent 的行动策略,来选择自己相应的最优行动。学习内容包括环境内的 Agent 个数、连接结构,Agent 间的通信类型,协调策略等。主要的学习方法包括假设回合、贝叶斯学习和强化学习[34-35]。

决策树和对策树都是以对策论为框架的多 Agent 协作方法。决策树通过将对策理论和对策过程形式化,以实现 Agent 的自动推理过程。对策树利用有限时间区间具有有限行动和状态的随机对策来表达扩展形式对策[36]。

2.3.2.4　无人机集群协作机制

无人机集群协作指的是多个无人机间协作、联合行动以确保集群以一致性(coherence)方式运作的过程[37]。一致性指的是集群中的无人机集群是作为一个整体进行运作的,个体行为的效能要通过对集群任务的有利程度来衡量。集群协作包括协作(cooperation & collaboration)和协调(coordination)。对于资源稀缺的动态环境,任务分解、任务分配、任务监控和任务评估都在无人机集群协作技术范畴内。其中,任务分配是无人机集群协作的一个最重要目标。按照 Durfee[38] 的观点,进行任务分配需要兼顾到下列要求:避免关键资源的过载;要根据智能体的能力分配任务;允许某些智能体对任务做进一步分解;最小化智能体之间的通信;等等。无人机集群的协调机制有很多,如合同网协议、多智能体规划和基于市场法的机制等。合同网协议由回合制的交互通信行为(通告、投标和授予)构成[39]。它不会过多影响系统的响应,但会忽略做出响应的智能体的战略推理能力。合同网协议主要应用于良好定义的粗粒度任务分解的场合。多智能体规划指的是各智能体都具有规划能力,每个无人机在规划的时候都要考虑到其他智能体的行为和限制。在执行实际的行为之前,单个无人机的局部规划通过通信被传递给系统中的其他节点,最终实现一个所有无人机都能接受的全局规划[40]。基于市场法的机制可增进无人机集群的自适应能力、鲁棒性和灵活性。应用基于市场法的机制,代表模块化业务和能力的智能体各自执行任务去实现各自的目标。基于市场法的协调策略通常使用拍卖协议来实现任务分配和资源分配。基于市场法的无人机集群的关键特征是每个无人机根据自身的知识和市场报价做局部决策。基于市场法的机制的一个缺点是难以把握未来的不确定性,因此应用该机制时,必须包括风险评估和管理的特征。

无人机集群协作目前主要有两类实现机制:一类是基于知识、规划的方法机制,该类方法主要通过建立联合意图来实现无人机集群协作,STEAM 模型是它的一种典型代表[41];另一类是基于行为的方法机制,它通过无人机间灵活的行为选择,产生具有容错性、灵活性和可靠性的行为,该类方法不具备规划能力,典型方法有 ALLIANCE 结构[42]。集群协作模型主要实现两个目标[43-44]:一是通过定义集群结构和集群运作过程来构建有效的集群协作;二是集群中的成员能灵活地适应不断变化的环境。其中,集群结构通过集群成员角色等来定义,集群运作过程通过完成集群目标所要求的子目标、策略和规划等描述。

1. 基于知识和规划的方法

心理学研究表明,一个高效率集群的成员常能在共享心理模型的基础上预期到其他成员的信息需求[45]。1992 年 Bratman 指出集群协作应包括[46]:一是联合行动的互相承诺,即若没有队友参与,成员不能单独放弃承诺;二是互相支持,即必须主动帮助队友;三是互相响应,即一个成员可根据需要接替队友的任务。以此为基础产生的集群协作理论包括联合意图和共享规划。

(1)联合意图框架。联合意图框架从直观上讲是集群成员共同努力去实现联合目标,若有队员发现目标已经达到,或者目标不可达,或者目标不相关的话,它负责把这一信念变成集群的共同信念。联合意图框架的形式化描述如下:

若集群成员共同承诺并相互信任去完成某项任务,则称集群 Θ 对这项任务具有联合意图。承诺被定义为联合持续目标(JPG),完成任务 p 的过程可以表示为 $JPG(\Theta, p, q)$,其中 q 是无关变量。只有在某队员发现目标已经完成、不可达或不相关,并把该信息变为集群共同信念后,各队员才能放弃联合持续目标 JPG,否则将保持:

1)所有成员都相信任务 p 没实现;

2)所有成员都知道目标是完成任务 p;

3)除非任务 p 已经处于终止状态,所有成员都相信每个成员都把任务 p 作为一个弱目标(WG)。若用 μ 来表示集群 Θ 中的一员,则 $WG(\mu, p, \Theta, q)$ 意味着队员 μ:或者不相信任务 p 已完成而尽力去完成 p;或者已发现任务 p 处于终止状态,承诺让该信念成为集群的共同信念。

(2)共享规划[47]。共享规划(shared plan)理论不以联合的心理态度为意图,而以各队员想要采取的行为为意图。集群成员共享规划、共同行动,并描述出需要帮助和监督的情况,以方便队员、子队或整个集群去执行分配的任务。共享规划分全局共享规划 FSP(Full Shared Plan)和局部共享规划 PSP(Partial Shared Plan)两种。相对而言,FSP 较难实现,PSP 较易实现。定义 SP 主要是

用分布式的方法分配集群的任务。以 FSP 为例,FSP 通过全局共享规划确定出一个行动任务 α,它表示集群成员在共同信念及完成该任务的各项子任务 R_α 等一系列细节问题都已经达成了一致。R_α 是完成行动任务 α 的一系列行为的集合。$FSP(P,GR,\alpha,T_p,T_\alpha,R_\alpha)$ 表示集群 GR 的全局规划 P 在时间 T_p 时定义的行动任务 α 由 R_α 在时间 T_α 内完成。当且仅当满足下列条件时 $FSP(P,GR,\alpha,T_p,T_\alpha,R_\alpha)$ 才有效:

1)集群 GR 内的所有成员相信 $Do(GR,\alpha,T_\alpha)$ 有效,即集群 GR 在时间段 T_α 内完成行动任务 α;

2)所有集群成员都相信 R_α 是实现 α 的子任务集;

3)对于子任务集 R_α 中的具体任务采用递归方法定义。

(3)STEAM 模型。Tambe 等人提出的 STEAM 模型是一种典型的在群体协作模型[41],它建立在联合意图和共享规划两种理论的基础之上。该模型以 Soar 结构[48]为基础构建,包括两个部分:

一是在 Soar 上附加建立的一个层次算子树,包括显式表示集群联合意图、相互信念及集群目标等。层次算子树包括个体算子(individual operators)和集群算子(team operators),集群算子表达了一个集群的联合活动。在某一刻,层次算子树中只有一条路径被激活。

二是独立于某特定领域的集群知识。该部分具有两类独立于特定领域的行为:一是源于联合意图理论的一致性保持行为(coherence preserving action),该行为要求多个成员联合激活和终止集群算子,它主要通过在初始化时建立共同信念和终止条件来实现(个体算子的执行没有共同信念)。二是维护和补救行为(maintenance and repair actions),主要用于规划失败后的重新规划和集群重组。此类行为需要以角色(role)为基础对集群成员行为上的联合意图的依赖关系进行显式描述,并且定义了 3 种元角色关系(和、或者、依赖)来表示某个集群算子(集群规划)的实现需要每一个角色的参与或至少一个角色的参与,或表示两个角色执行任务时的依赖关系。

2.基于行为的协作技术

基于行为的无人机集群协作技术建立在反射式的无人机智能系统基础上,它具有实时、鲁棒性和可扩展性等优势,是目前无人机集群协作系统普遍采用的一类结构。基于行为的无人机集群协作技术又可分为两类:群类型协作(swarm－type cooperation)方法和意图类协作(intentional cooperation)方法。

群类型无人机集群协作技术以神经生物学、动物行为学、精神物理学以及社会学等学科为基础,主要用于处理大量无人机的所谓"协作",较适合包含大量重复过程且无时间限制的领域。群类型无人机集群协作的典型特点是,集群由大量同构无人机构成,且每个无人机能力有限;"协作"是集群中众无人机集群交互作用的结果,是无人机集群交互作用后浮现出来的现象。群类型无人机集群协作是一种隐式无人机集群协作技术。意图类协作方法的特点是无人机集群往往由一群异构无人机组成,为完成任务,集群成员间需要进行有效的沟通协调。

目前有许多基于上述两种方法的模型,其中最著名的是 1998 年 Parker 等人开发的 ALLIANCE 结构[42]。它是一种意图类协作方法,具有分布式、容错性、可适应性、通信和具有结构等特点,较接近基于知识和规划方法的无人机集群协作模型,不同之处在于 ALLIANCE 结构不提供规划机制和协商机制。ALLIANCE 结构通过软件方法定义集群中无人机的控制,以确保整个集群能够协作、协调地完成给定的集群任务,其设计目的是在分布式异构无人机集群中,自动产生具有容错性、适应性、可靠性的行为。该结构有下列特点:

(1)每一个无人机都具有几组同集群任务相对应的"行为集合"(behavior sets)。行为集合实际上是由特定任务的具体实现步骤组合而成的,同一集合中的行为彼此之间相互制约或相互激活。任一时刻只有一个行为集合处于激活状态。若某无人机执行任务失败,那么其他无人机将接管此项任务。

(2)无人机通过广播式通信和自身传感器信息获取环境信息和其他无人机的当前状态。

(3)集群中的无人机利用动机行为(motivational behavior)即焦躁(impatience)和默许(acquiescence)两个数字形式的内部状态变量来进行行为选择,执行具有容错性和可靠性的行为。无人机的行为选择算法为,若其他队员执行任务没有进展时,impatience 值增加;若已有队友接管此项任务,重置 impatience 值,否则当 impatience 值达到或超过某阈值时,无人机接管该任务;在自身执行任务没有进展的情况下,acquiescence 值增加,当 acquiescence 值达到某阈值时,放弃执行该项任务。

(4)ALLIANCE 结构具有较严谨的数学模型基础,拥有群体学习和参数自动调整机制。

2.3.2.5　MAS 协调过程

在多 Agent 系统中,需要有效的合作与协调机制来产生可行的联合规划,做出恰当的行为选择,得到一致满意的最终解。解决冲突或不一致,主要有以下 3 种处理方式:

1. 任务执行前的合作与协调

任务执行前的合作与协调是指尽可能避免或消除任务执行前预期到的冲突。假设任务已经分解成一组子任务。将子任务分配给 Agent,达到合作的目

的,但合理的分配亦能起到消除或避免在执行过程中出现冲突的效果。比如在无人机集群协同搜索任务中,一方面要使合作的 Agent 能覆盖整个区域,同时尽可能减少相邻 Agent 之间的重叠区域,避免一部分冲突。人类社会中的协商、拍卖、辩论等机制能够给任务分配带来一些有益的启示。

1980 年,Smith 和 Davis[49] 提出的合同网协议(CNET)是通过任务共享实现有效合作的高级协议,亦是协商方法应用于多 Agent 系统有代表性和有影响力的合作与协调机制之一。他们从公司组织和投标人的合同产生过程引发这样的灵感:产生任务的 Agent 在协议中被称作管理者(manager),它向其他 Agent 广播任务通知。接收到任务通知的节点根据任务要求自己的能力和知识、预期收益等决定是否投标。当 Agent 发现一个合适的任务时,向管理者提交一个投标(bid)。管理者会收到许多这样的投标,基于投标的信息,对一个任务通知做出反应,选择最合适的 Agent 来完成任务,这些 Agent 就是合同人(contractor)。同样,合同人还可以作为管理者将子任务再进行分配。合同网协议通过管理者来协调各个合同人,但两个 Agent 各自任务之间存在的依赖关系无法通过任务分配得到满足。在两个 Agent 的规划之上需要通过一定的协调得到可行的联合规划,即多 Agent 规划。对于多 Agent 规划,又可以分为集中式的多 Agent 规划和分布式的规划。

集中式规划:Georgeff[50] 提出了一种算法,计划制订者先可以得到一个由一些单个 Agent 生成的计划的集合,然后分析和识别潜在的交互冲突,比如竞争有限资源引发的冲突,将不安全的交互分组形成临界域,最后在计划中插入通信命令,达到适当的同步,从而产生无冲突的(但不必是最优的)多 Agent 计划。Georgeff 和 Lansky 对集中式规划做了进一步的研究[51],比如对多 Agent 事件的替代表示等。多 Agent 系统中,不存在对整个系统和环境全知的单一节点,这使集中式规划遇到了困难,分布式规划也就应运而生。

分布式规划:由 Agent 组合作生成联合的计划。成员 Agent 是整体计划某方面的专家,并且可以完成整体计划的部分规划工作。然而,不是所有制订计划的 Agent 都参加任务的执行,它们的角色仅仅是产生有关的计划。Corkill[52] 开发了一个基于 NOAH 的分布式层次规划器,为每一个节点提供其他节点规划的模型,通过明显的动作原语来同步计划的执行。Rosenschein 等人[53] 研究了 Agent 共享统一目标但拥有不同的本地信息的规划问题,他们利用逻辑方法,目标设为要证明的命题,本地信息代表公理,规划即是对命题的证明,Agent 之间通过交换命题最后收敛到一致的规划。基于逻辑的方法能得到较优的解,但计算花费大,缺乏实时性,不适用于动态环境。多 Agent 规划另一个研究方向是建立基于队工作(teamwork)的框架模型。

2. 任务进行中的合作与协调

这一类机制主要是处理在任务执行过程中不可预期的冲突或不一致。比如在开放多 Agent 系统中，无法事先确定一个节点何时加入和退出，也就不能预料将面临何种冲突。因此，在冲突发生时，才能做出快速合理的响应。根据有无通信，这类机制存在两个发展方向。

(1) 无通信的合作与协调。在无通信的合作与协调机制中，经济学中决策论和博弈论是主要用到的理论工具。因为多 Agent 系统合作的过程可以看作是多个 Agent 之间的一场对弈，其他 Agent 行为的选择会影响自己的决策过程。因此，如果能够事先观察到其他 Agent 的动作，则 Agent 会选择一个与它们无冲突的行为。但往往 Agent 无法知道其他 Agent 选择的动作，在多个 Agent 做出决策前，就需要预测与其相遇的 Agent 可能选择什么行为。Jeffrey Rosenschein 及其同事是最早将博弈论引进多 Agent 系统的研究者，在其博士论文[54]中用博弈论分析了大量多 Agent 交互的场景，并且得出在没有通信的情况下某类场景能达成合作与协调的结论。在假设每个 Agent 是理性的前提下，博弈论为预测其他 Agent 可能选择什么动作提供了理论基础。预测 Agent 的行为是有风险的，可以利用概率论和效用理论，依据决策论中期望效益最大化的思想来决定 Agent 的行为。但经典的决策理论并没有考虑多 Agent 环境下其他 Agent 行为的影响，而只是从自身行为对环境状态的影响来做出决策的。Gmytrasiewicz 和 Durfee 将决策论与博弈论结合得到一种变体方法[55]；设有两个 Agent A 和 B，A 根据拥有的对环境和 B 的本地知识得到一个迭代的树形结构，第二层是在根节点的博弈模型下 A 预测 B 与自己的可能博弈模型和概率分布，第三层是 A 预测在第二层博弈模型下 B 预测 A 与自己博弈模型及概率分布。自下向上概率分布向量与博弈支付矩阵相乘，最终得到 A 的可能动作的概率分布。

在某些博弈中，存在多个均衡的策略组合，这种情况下无法预测其他 Agent 的行为。为了在 Agent 之间进行协调，一种方案是采用协商的办法，如在下面有通信的合作与协调机制中介绍的辩论等。另一种方案是利用 Agent 社会法律。社会法律即事先或动态形成的对 Agent 有约束力的规则[56-57]。

(2) 有通信的合作与协调。通信是当冲突发生时双方或多方进行协商，达成一致有效和常见的手段。通过交互彼此的信念和意图，了解彼此的态度，从而得到最优或者次优的解决方案。在囚徒困境的博弈中，如果两个 Agent 没有通信，按照博弈论每个 Agent 是理性的假设，则两个 Agent 会选择均衡策略（坦白、坦白）。显然，这个策略不是帕累托（Pareto）最优的，按照常理不难看出，策略（抵赖、抵赖）是最佳的选择。因此，为了得到最优的冲突解决方案，通信是有

重要意义的。这一范畴内经典的机制有部分全局规划 PGP（Partial Global Planning）[58]。其主要原理是，为了达到关于问题求解过程的共同结论，合作的 Agent 需要交换信息。规划是部分的，因为系统不能产生整个问题的计划。规划是全局的，因为 Agent 通过局部规划的交换和合作，能得到问题求解的全局视图，进而形成全局计划。详细过程包括以下 3 个迭代阶段：

　　1）每个 Agent 决定自己的目标，并且为实现目标产生短期的规划；

　　2）Agent 之间通过信息交换，确定目标和规划的交换；

　　3）为了更好地协调它们各自的动作，Agent 要修改局部的规划。

　　部分全局规划与多 Agent 规划不同之处在于，PGP 中节点只需在当前对环境和其他 Agent 的知识和认知下做出最好的规划，而不像在多 Agent 规划中，需要对整个系统有一个完全的了解。PGP 通过不断的规划、交换、修改，产生当前状态下合适的行为。此外，有研究者将部分全局规划与 FA/C 结合，以 PGP 作为元级结构来控制 Agent 在什么时候，应该与哪些 Agent 交互部分解。由于基于对策论达成一致的方法存在不能说明和改变观点等不足，因此出现了基于辩论的协商方法[59]。多 Agent 情形下辩论的基本原理是，Agent 试图使其他 Agent 确信某一情况的状态为真（或者假），其中包含 Agent 对提出的命题是支持或反对的理由，以及对这些辩论的可接受性的检验。这一协调方法中有代表性的是 Fox 等人提出的基于逻辑的辩论[60]。

　　3. 缓慢退化的合作与协调

　　前两类合作与协调机制都采用积极主动的方式来处理不一致和冲突，通过通信、同步等方法来更新和保证 Agent 具有一致的知识。而缓慢退化的合作与协调则容许 Agent 的本地信息和对目标理解存在一定程度的不一致，甚至允许某些软/硬件错误的存在，只需最终结果保持一致。该类机制的假设或出发点是，现实中有时候要求每个 Agent 的信息都是准确无误或一致的是困难的，甚至是不可能的。Lesser，Corkill 和 Erman 是研究这类合作与协调机制的先驱，他们提出了功能精确合作（Functionally Accurate/Cooperative，FA/C）方法[61-62]。FA/C 方法的灵感主要来自基于知识的人工智能领域解决由于不准确的数据输入和知识近似等引起的不确定性的研究。通过反复交换各抽象层次上部分试探性结果，不断更新 Agent 的部分解，最终构造一个一致完整的解。节点利用当前的信息尽力做所能做的，它的局部知识库不必是完整的、一致的和最新的，局部子问题的解可能仅是部分的、尝试性的和不正确的。FA/C 方法不需要通信和同步来保证 Agent 知识的一致性和完整性，节省了网络带宽；同时采用 FA/C 方法的多 Agent 系统由于能够容许一定程度的不一致而更健壮，在处理器、传感器和通信失败的情况下仍能正常运行。但其代价是部分解多次交换

和更新使本地解的计算变得更复杂。总结起来,FA/C 系统具有以下特征:

(1)问题求解不是严格地限制于特定的事件序列,求解的进展是机会主义的(即不严格遵守预先确定的次序,而是利用一切可能出现的有利机会)和渐进的(即逐渐地修补子问题,组合成解);

(2)Agent 通过交换高级的中间结果,而不是交换原始数据进行通信的;

(3)当交换部分结果,并与其他的部分解比较时,隐含解决了不确定性和不一致性,而不是在问题求解的开始或结束;

(4)解不限制于一个求解路径,这样如果一个失败,还存在其他完成同一目标的方法,从而使得系统在克服局部的失败和问题求解的瓶颈方面具有健壮性。

FA/C 方法适合于数据不能划分,需要参照其他 Agent 产生的部分解的应用。由于 FA/C 的应用领域还比较有限,因此该方法还需要进一步研究和扩展。

2.3.2.6 学习和自适应技术

学习能力是无人机是否具有智能的标志,即学习是智能系统的特点[63]。学习,作为一个常用词,因存在个人理解上的差异,不太容易给它下确切的定义。Simon 认为,如果一个系统能够通过执行某种过程而改进它的性能,这就是学习[64]。Simon 的观点侧重于传统机器学习。传统机器学习常常是为优化机器的某项性能而进行的,即设计者给出某项功能的“模式”,但“模式”的参变量初始值也许不尽合理,需要通过某个学习过程来优化参变量。大多数经典的学习算法能应用于单个智能体。传统的机器学习一般是单个无人机自己完成的,智能体进行的是孤立学习[65]。

但在未来,工作在人类社会日常生活环境中的无人机需要具有先进的智能系统,能应对复杂的动态环境,能完成众多的任务。这要求未来的无人机智能水平接近或达到人的智能水平,能灵活应对各种问题。另外,某种意义上,人也可被视为是一种自然界创造的生物机器,遵照此观点,人的智能也可被视为是一种机器智能。故而在考虑和研究机器学习时,可着眼于人的学习技术,将机器学习与人的学习在概念上等同起来。学习可以被视为是一种获得和创造知识的过程。人类个体通过学习获得绝大部分知识。对于人类社会文明发展而言,获取已有知识是关键一环,知识传播(一种非创造性的获得知识的方式,实际上学校教育所进行的工作就是进行知识传播)是社会文明得以延续和发展的关键基础。而传统的某些机器学习技术如遗传进化学习、神经网络学习等则可说是一种创造知识的过程。

1. 学习分类

就学习方式和算法而言,有多种分类准则,如学习策略、知识表示方式、应用

领域、在线与否、学习算法中使用的"反馈"类型等等。根据各种分类准则,学习方式和算法可被分成许多种。例如,按学习策略可分为强记和填鸭式学习、示教学习、类比学习、通过大批实例学习、通过观察和发现学习等;按在线与否可分为离线学习和在线学习;等等。按所使用的"反馈"的类型,学习算法可分为监视学习、无监视学习和强化学习等。在监视学习中,"反馈"描述了学习者的期望行为,学习的目标是尽可能匹配期望的行为;在无监视学习中,不提供明确的"反馈",它通过一个试错过程寻找有用的和期望的行为;在强化学习中,"反馈"只描述了学习者实际行为的效用,学习的目的是效用最大化。其中,强化学习是目前机器学习领域最流行的一种方法。它指的是无人机必须根据来自环境的报酬和惩罚改进自身行为。强化学习的概念最初由 Minsky 在 20 世纪 60 年代提出,到了 80 年代,它成了无人机学习的研究重点[66]。强化学习的基本原理是,若智能体的某个行为策略导致环境正的报酬,那么智能体产生该行为策略的趋势将得到加强;若某个行为策略导致环境负的报酬,则智能体产生该行为策略的趋势将减弱,直至执行该行为策略的趋势消亡。强化学习作为一种在线学习方法,目前在无人机实时运作中得到很多应用研究。强化学习的缺点是学习过程一般较长。

Carbonell 在 1989 年的一篇文章中把机器学习的学习策略归纳为四种风范:基于归纳的学习风范、基于分析的学习风范、基于遗传原理的学习风范和基于海量并行(神经网络学习)的学习风范。下面对这几种学习风范作简要阐述。

(1)归纳式学习。归纳式学习有盲目式搜索示例学习、启发式搜索学习、学习判定树等许多种方法。归纳式学习的基本特点是需要一个庞大的实例空间,通过对实例的学习,获得一定的规则,如某个概念等。

(2)基于分析的学习。基于分析的学习有基于类比的学习、基于案例的学习、基于解释的学习等等。基于类比的学习是指通过类比来获得新知识的过程。在基于类比的学习中,类比的是事物的属性,要注意用于类比的属性的选择和处理,要尽量选择最重要、最能反映事物本质的属性来进行类比。进行类比的时候,还要注意类比的重点,不同的重点会有不同的类比结果。基于案例的学习是基于类比的学习的发展,它注重组织和管理案例库,在需要进行推理时检索案例库,找到合适的案例来进行类比推理。基于案例的学习与归纳式学习算法的主要区别是它直接保存案例而不是保存从案例中学到的规则,并且直接用与已有案例的类比来解决新问题,而不是通过规则推导来解决问题。基于解释的学习需要一个大的知识库,学习时,针对输入的实例,力图用知识库中的知识去证明该实例属于某个概念。该证明过程被称为解释过程。解释过程被作为一种知识记录下来,然后进行适度推广,使推广以后的知识能覆盖该实例和更多的情形。

（3）基于遗传原理的学习。基于遗传原理的学习有两个基本原理：一是生存竞争；二是知识更新的随机性。基于遗传原理的学习，是通过引入达尔文发现的"物种竞争，适者生存"的生物进化规律而发明的。遗传算法模拟自然界生物的进化规律。在学习中，可把知识库中的知识单元看作自然界的生物，知识单元的各个组成部分看成是生物体中的基因。知识单元之间进行基因重组，生成新的知识单元，同时，还有一部分知识单元的基因发生突变产生新的知识单元。根据知识单元的环境适应度选择存活的知识单元，去除不适应的知识单元，如此一代代进行，直到获得满意的知识单元。基于遗传原理的学习由于其往往需要大量的知识单元经过几十代乃至更多代的遗传变异和选择，计算量一般较大，且到底经过多少代遗传学习方能获得满意的结果很难预先确定，所以基于遗传算法的学习实时性较差。故而，基于遗传算法的学习一般用于无实时性要求的离线学习。

（4）神经网络学习。自美国的 McCulloch 和 Pitts 在 1943 年提出了第一个神经网络数学模型以来，曾经掀起过两次人工神经网络研究热潮。1957 年 Rosenblatt 引进感知机的概念，试图用神经网络模拟人脑的学习功能，激起了人们的研究兴趣，引发了第一次高潮。1982 年 Hopfield 提出了一种新的神经网络模型，引发了第二次神经网络研究高潮。人们在人工神经网络科学方面付出了很多努力，取得了很多成果，产生了多种模型和进行了很多应用尝试。一般而言，神经网络学习的特点是需要足够多的样本来构成一个典型的样本学习空间，该样本空间应能代表所要面对的问题域；若不然，训练学习出来的神经网络将无法正确地应对整个问题域。神经网络使用并行的运行机制，理论上有良好的实时性。

2. 无人机集群学习

传统的机器学习由单个智能体独自完成，智能体进行的是孤立学习。随着机器人技术的发展，多智能体系统成了研究热点。在这种背景下，人们开始研究多智能体系统中的学习，目前的议题主要有交互学习等。交互学习依赖于多个智能体之间的交互。交互学习有两种定义：一是多个智能体学习如何完成共同的目标；二是单个智能体学习完成自身目标，但学习受其他智能体的影响。

多智能体系统经常面对的是动态变化的环境，且系统中各智能体成员常动态地加入和退出。由于希望多智能体系统中智能体学习的结果能在该智能体退出系统时仍能保留在系统中，人们想到了知识传播。知识传播是人类社会一种非常重要的学习方式。它将智能体的行为封装成一个个"基本操作"，且这些"基本操作"在整个多智能体系统中具有公共的标识符；文献还定义了宏操作，它的功能由一组应并行或串行执行的其他操作（可以是宏操作，也可以是基本操作）

表征。智能体学习的结果是获得"宏操作",文献阐述了管理员与其他智能体之间的宏操作的传播。除了前述宏操作的传播外,目前还有一些简单的知识传播,如多智能体系统中,智能体为进行协调协作相互传播获得的传感信息、对传感信息进行处理获得的环境信息、自身将执行的行为等。

2.3.3　集群规则抽象与归纳

无人机集群执行不同任务过程中,态势的多变性、信息的局部性和不对称性、决策目标的多重性、集群个体能力的有限性、决策时间的随机性以及决策状态的不确定性等,使得集群决策问题异常复杂。对此,可采用分层决策策略,分别依据全局决策、局部决策和个体决策,并形成决策反馈、优化与修正,最终做出最优的行为决策。通常规则可以描述为一组或多组 IF…THEN 语句组成的集合,但对于无人机集群这种规则集还不全面,应结合系统分层系统组织,按系统原子任务运行状态迁移模型、交互和优先级进行规则执行。

无人机集群规则抽象与归纳由规则提取、认知决策反馈确认两部分组成。规则提取通过概念建模、实验数据、仿真数据建立模糊决策形式背景,找出基本概念集(基集),构建形式背景矩阵,进而表示的完整的概念格,区分条件属性、决策属性,通过信任度值和支持度值最终确定规则,或者直接由专家赋予规则进行确定。

规则认知反馈过程由环境认知、态势评估和行动计划制订构成。对外界环境的认知一般通过各种潜在的可获得线索与数据库等先验知识比对,采用基于记忆的认识响应的方式来实现对现实环境的态势评估,通过评估值、目标和行动的知识结构对态势评估模型进行认知,制订行动计划。在识别认知中,随着外界环境的不断变化,知识结构会做出相应的调整,从而引起对态势评估的动态变化;通过知识结构对态势进行评价,指导行动方案的制订;而行动执行反过来又会作用于外界环境,对其产生影响,这是一个不断交互的循环过程,同时要快速对决策进行判断、查错和纠正,形成最终确定的规则。无人机集群规则提取/确认流程如图 2.21 所示。

2.3.4　基于 Multi - Agent 的无人机集群体系结构

无人机集群体系结构主要考虑系统的宏观表现、微观执行、内部信号/信息交互三个层面。集群行为控制的宏观表现为态势、预定任务、上级实时指令等对系统行为调控,控制系统遂行相应任务、对目标行为做出反应、执行相应指令等,即集群面向任务的聚集、变化、分解机制;集群任务的微观执行具体体现为在自组织机制的作用下,不同角色无人机对原子任务做出正确响应;系统内部信号/信息的交互主要体现为个体间信号/信息的高效传输、节点的激励与响应,是集群能力的基本支撑。

基于上述三方面考虑,采用自顶向下和自底向上相结合的方法,将无人机集群系统体系结构划分为系统层、任务层和自组织层[67],如图 2.22 所示。

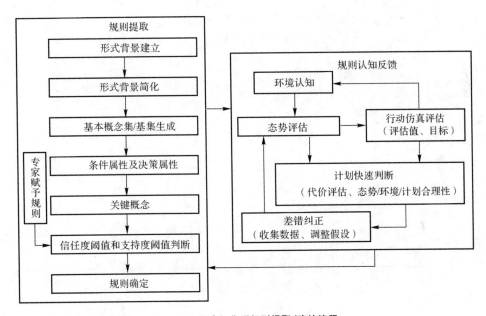

图 2.21 无人机集群规则提取/确认流程

系统层是集群任务的主控层,负责根据态势和动态向各无人机发布指令,结合预置的任务模式对无人机集群任务进行分解,实时掌握集群任务进程,产生原子任务激活信号,维持系统级任务按时序关系向前推进。

任务层负责管理原子任务激活时序,监控原子任务分配与运行状态,评估任务完成效果。任务层对上负责完成原子任务的组织和管理,对下负责原子任务的发布和完成度评估。

自组织层是集群功能层,各无人机之间通过信息网络进行信息/信号传输,基于相互间的协同机制、激励机制、反馈机制,实现基于任务时序的集群自组织。当无人机个体资源与集群原子任务存在冲突时,利用合作博弈策略完成冲突的消解,保证集群的正常运行。

依据系统的分层机制,无人机集群的任务协作时序过程分为 8 个环节,如图 2.23 所示。

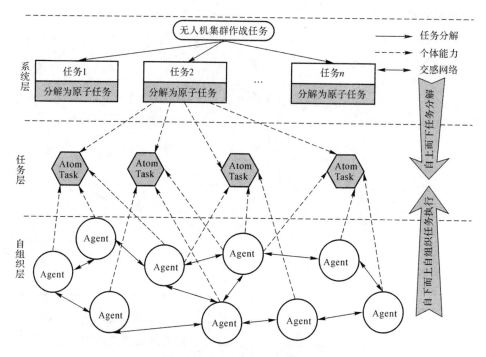

图 2.22　无人机集群系统分层模型

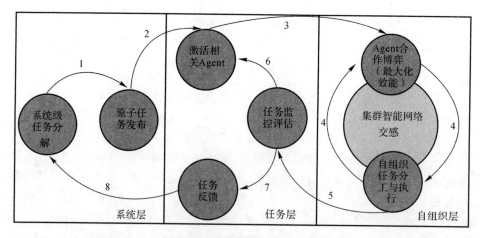

图 2.23　无人机集群系统协作时序

　　1)在系统接受新的指令后或无人机集群系统感知态势变化,根据预置的系统模式将新的任务分解为一系列具有特定时序的原子任务;

　　2)将原子任务发布到任务层,加入任务层中原子任务的调度管理队列;

3)任务层根据任务之间的前驱、后继关系建立并行和串行的原子任务调度队列,并按时序激活相应原子任务,对自组织层个体产生激励信号;

4)自组织层 Agent 依据集群智能算法和个体间的信息网络对激活的原子任务进行竞标,以最大化任务完成效能,最小化任务执行代价为目标,进行自主协同任务执行,并按 Agent 内部认知和能力模型的计算结果确定任务执行方式;

5)自组织层各 Agent 通过不断接收原子任务,并以自组织执行的方式予以完成,一旦达成任务完成状态则向上层反馈完成信号;

6)任务层在原子任务执行过程中始终进行监控,一旦下层反馈任务完成信号,任务层对其效能进行评估,以此决定是激活新的原子任务还是将该原子任务重新激活,重新执行;

7)当评估结果显示原子任务均顺利完成时,产生任务完成的反馈信号;

8)在任务调度队列中针对某项集群任务的全部原子任务均反馈完成信号后,任务层向系统层回送完成信号,从而使整个系统按时序推进到下一任务集。

在无人机集群分层运行结构中,自组织层是系统运行的核心层,该层主要包含原子任务、个体能力以及信息网络三种要素。

原子任务(Atom Task)为无人机集群活动中不可再分的任务类型。原子任务可由四元组 $T_A = <D, I, A, R>$ 描述,D 为原子任务属性描述,包括任务类型、任务时限以及任务信息保障要求等;I 为原子任务的初始条件,包括当前已经具备的任务启动条件、尚未获得的启动条件、任务后继节点等;A 为原子任务对应的个体能力 Agent 集合,当原子任务发布时,将通过信息网络向集合中相应的 Agent 发布任务信息,从而激活各 Agent 的任务协调功能;R 为任务完成度的度量标准,用于指示原子任务的结束条件、终止条件以及任务输出集。当底层 Agent 的任务执行程度达到 R 所规定的范围时,原子任务结束或终止。

个体能力(Single Ability)为无人机集群中的独立单元(个体 Agent)与原子任务之间的映射关系。一个原子任务主要由多个平台及任务系统共同聚集完成,一个平台也可参与多个原子任务。个体能力可由六元组 A 表示,$A = <C, T, U, O, R, S>$,其中,C 为前提条件,表征个体 Agent 执行该项原子任务所必需的输入信息;T 为时间区间,表示完成原子任务所需的时长;U 为规则集合,表示个体在执行任务过程中必须遵循的行为规则,通常规则可以描述为一组或多组 IF…THEN 语句组成的集合;O 为执行代价,表示个体执行该任务所付出的资源以及风险;R 为能力效能,表示对任务完成程度的贡献;S 为能力状态,标志个体当前状态(空闲、执行以及故障等)。

图 2.24 是集群系统个体 Agent 与原子任务间的拓扑结构图。图中黑色虚

线表示个体 Agent 所具备的能力,当同一个体 Agent 可以完成不同的原子任务时,存在个体 Agent 至相应原子任务的能力连线。虚线上的数值表示个体完成相应原子任务的能力度量,数值越大表明能力越强,当原子任务所要求的能力度量值高于单个个体所能输出的能力值时,就需要多个个体协同完成该任务。图中 Agent 个体和实线箭头表示当前激活的任务分配方案。无人机集群依据个体能力和原子任务属性动态,自主地实现不同个体的任务分配和任务协作,使集群整体能力超出个体能力的简单叠加。

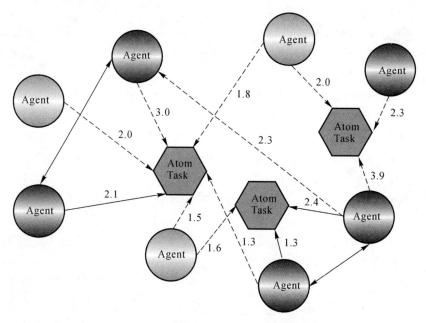

图 2.24　个体 Agent 与原子任务间的拓非结构图

信息网络是采用专用协议连接无人机平台间任务系统与任务系统的网络。根据集群个体间基于任务的交互行为对信息的需求方式,将无人机行为模式定义为以下六种方式:

(1)发布:管理 Agent 或个体 Agent 将感知、计算或获取的信息在集群有限个体间广播,使相关个体同时获得信息。

(2)服务:集群个体 Agent 向集群内部相应的管理 Agent 或其他个体 Agent 通告其信息需求,当其所需信息生成时,其他个体主动将其所需信息推送至需求个体的接收单元。

(3)激励:类似于发布过程,但激励行为事先设置触发条件,当信息到达时往往伴随着信息接收个体某一动作行为的改变(响应)。

（4）共享：以固定的频率在集群所有个体中发布用以维持集群运动和协同工作的周期性信息，使所有集群个体在同一时间知晓信息。

（5）协商：两个或多个集群个体之间突发性、高动态、高频度的信息交互，一般用于原子任务分配过程中。

（6）观察：由集群个体自身传感器获取周围态势信息，不产生通信行为。

|2.4　无人机集群系统重构机制|

无人机集群灵活、高效的系统重构机制是为了满足未来对抗性、动态性的环境，适应多样化任务组合，保证系统可扩展性、安全性、可控性，增强系统的健壮性，提高遭受攻击时的自修复性，提升无人机集群的生存能力和任务执行能力。

无人机集群系统重构（见图 2.25）以获得最佳的系统适应性和生存能力为目标，以执行预设任务和攻击激励响应为两条主线，总体思路和技术路线如图 2.26 所示。

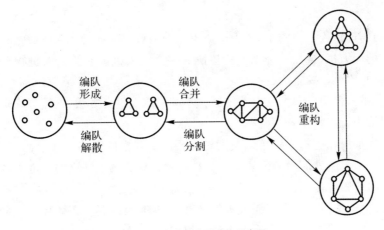

图 2.25　无人机集群重构示意图

2.4.1　重构理论[68]

1. 定义

无人机集群系统重构指为实现对环境和任务的最佳响应或在无人机集群遭受攻击时的关键能力（按能力层级）得以快速恢复，以最小重构代价重建集群系

统的结构及重新组合系统的功能的过程。

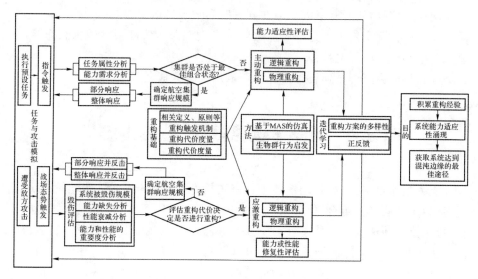

图 2.26 无人机集群系统重构机制技术路线图

2. 类型

（1）物理重构。重构中，无人机集群系统需要引入新的无人机或从系统中移出已有的无人机，或用一个无人机替换另一个无人机等涉及无人机物理变换的系统重构，称为物理重构。

（2）逻辑重构。保持已有系统结构不变而改变组合方法、连接方式等的无人机集群重构，称为逻辑重构。

物理重构和逻辑重构是无人机集群系统最基本的重构形式。同时，根据无人机集群系统所处的激励形式可分为执行预设任务的主动重构和遭受敌方攻击时进行的应激重构。

（3）主动重构。为实现无人机集群对任务的最佳响应，在综合考虑重构代价和重构效能的情况下，对无人机集群系统进行的以标志节点为主导的功能重新组合、连接方式改变等一系列的系统重构动作称为主动重构。

（4）应激重构。当无人机集群系统遭受攻击时，无人机集群系统会受到一定程度的损毁，为保证系统关键能力和最大化修复相关性能，从而对系统进行的一系列重构动作称为应激重构。

同时依据系统重构的层次对象和规模，无人机集群系统重构还可分为整体重构和子系统重构。

（5）整体重构。整体重构特征影响全局的、整体性的重构，通常涉及系统中绝大多数的无人机。

（6）子系统重构。无人机集群系统有时无须进行整体全局响应并进行整体重构，而只需进行涉及部分无人机的局域的子系统重构。

3. 可重构目标

无论是主动重构还是应激重构，无人机集群系统都应具有可重构目标。可重构目标（Reconfiguration Goal，RG）是指在需求发生变化时系统中各个体希望通过重构而进入的状态。可重构目标包括功能目标和性能目标两部分。

（1）能力单元。重构某种能力所需的最小系统组成单元称为能力单元。

（2）功能目标。无人机集群系统具有何种功能，重构过程结束后各能力单元应完成何种工作，能力单元或系统整体应达到何种状态。

（3）性能目标。功能实体（即无人机）应在特定的性能指标下合作完成工作，如实体必须在特定性能限制下实现功能目标。

无论是物理/逻辑重构还是主动/应激重构，都必须满足一定的重构前提：即相对于要满足的可重构目标而言，系统中的能力单元具有一定的冗余性。

4. 触发机制

无人机集群系统重构的触发机制以执行预设任务和激励响应分为两条主线，分触发行为和触发事件两个层面。

触发行为包括任务指令触发和态势触发，指令触发主要是依据上级意图及指令；态势触发则是根据态势变化、具体模式产生的适应性触发行为。一般而言，预设任务属指令触发行为，遭受攻击属态势触发行为。

确定触发行为后，即进入相应的触发事件判断，对于预设任务的指令触发行为，主要依据任务属性分析（包括任务类型、规模、难度等）和能力需求分析（需要的能力类型、具体能力性能等）确定无人机集群系统的响应规模（全系统、部分子系统或单个子系统响应等），而后判断相应的系统是否处于最佳组合状态，即是否需重构，若需要则进行重构代价评估，而后依据评估结果进入系统或子系统的主动重构，这就是面向任务执行的无人机集群系统重构的触发事件；对于遭受攻击的态势触发行为，首先从系统被毁伤规模、能力缺失分析、性能衰减分析、能力和性能的重要度分析等方面进行无人机集群毁伤评估，并重构代价评估，进而确定无人机集群系统的响应规模，而后进行系统或子系统的应激重构，这就是面向敌方攻击的重构触发事件。无人机集群系统重构的触发机制示意图如图 2.27 所示[69]。

5. 重构原则

（1）松耦合。无人机集群系统中任务和系统能力关系是松耦合：集群系统构建与重构不再依据特定任务需求提供系统结构，而是依据重构后的能力来执行

相应任务。

（2）兼容融合原则。可重构集群系统体现了多功能无人机、多种交互通信机制、多种行为方式相互融合的发展趋势，其目标是实现各种开放、异构资源支持下的能力融合、子系统互连和优势互补。

（3）可扩展性原则。在兼顾了现有集群系统体系结构的基础上对未知系统也具有较强的可扩展性，对于传统集群系统中的信息传播途径和标志节点进行相应的改造，将其中各能力单元进行组合并预留扩展通道。

（4）隔离原则。由于防止对不同任务或遭受敌方攻击时，集群系统重构时产生能力单元交叉干涉，所以，应在重构中选用适宜的技术、方法和机制来分隔各能力单元，尽量保证将不同能力单元的功能、适应执行的任务从逻辑上进行分离，从实现上做到解耦。

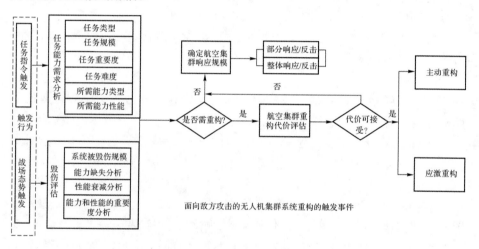
面向敌方攻击的无人机集群系统重构的触发事件

图 2.27　无人机集群系统重构的触发机制示意图

6. 重构代价评估

无人机集群系统重构不是一蹴而就的，需要一定的响应时间、消耗一定的系统资源，因此，需对无人机集群系统重构的代价进行评估。具体地，从时间代价、资源代价、威胁代价三个方面进行评估。

（1）时间代价。无人机集群系统重构过程中会增加遭受攻击和损毁的概率，重构所需时间越多，对集群系统越不利，因此，重构所需时间是系统构建与重构代价的重要部分。

（2）资源代价。在实现无人机集群系统重构目标的过程中各能力单元会消耗一定的系统资源（如动力能源资源、通信信道资源等）。

（3）威胁代价。无人机集群系统重构中有时也会涉及部分无人机的长距离飞行(如重构方案中需从基地或另一空域调无人机加入集群时)也许会途经威胁区,或在无人机加入/分离或编队调整等情况时增加无人机集群系统所受攻击的可能性,需考虑无人机集群系统构建与重构的威胁代价。

7. 重构目标

(1)不断积累重构经验。通过预设不同属性的任务和不同攻击情况下的无人机集群系统重构仿真,不断积累系统重构经验,以提升无人机集群的适应和生存能力。

(2)强适应性的系统能力。基于系统重构经验,进而可促进系统对任务和敌方攻击的快速响应,触发更具适应性的能力。

(3)获取系统达到混沌边缘的最佳途径。依据著名学者 Mitchell 的理论:混沌的就是系统有足够的稳定性来支撑其存在,又有足够的创造性使得系统充满生命力的那种状态,是复杂性系统能够自发地调整和具有较好适应性的地方。处于混沌边缘的系统具有很好的稳健性和适应性,能够应对环境的复杂的变化而又不完全受制于环境。

简而言之,无人机集群对任务、敌方攻击的最佳理想响应后所达到的状态即是混沌边缘,因为,此时系统的稳健性、适应性和活力且内部并非高度有序而是复杂的组合,而对抗中,己方的复杂将增加敌方对我方的情况探知难度,也是一种自我保护。同时,处于混沌边缘的无人机集群系统也可方便进行多种重构和变换,可进行更多能力的适应性。因此,通过不断的重构和迭代学习,破解无人机集群系统到达混沌边缘的最佳途径,以实现系统的稳健性、适应性和灵活性的高效统一。

2.4.2 重构方法

1. 基于博弈论和 MAS 的系统重构方法

结合博弈论,在多智能体(Multi Agent)架构的基础上构建无人机集群博弈重构模型。将具有不同能力和属性的无人机个体作为 Agent,各 Agent 视为博弈参与者,将无人机集群系统分布式重构问题转化为各 Agent 之间的合作-竞争问题,从而在无人机集群系统遭受攻击时获得最佳的整体适应性和生存能力。

可首先判断博弈模式的合作与非合作属性,之后通过 Agent 或 Agent 联盟之间的博弈过程,计算各 Agent 所属的转移策略。

拟采用分布式重构方法,此问题中,不同 Agent 之间的共同目的是使整个无人机集群系统在遭受攻击时获得最佳的生存能力或在执行任务时获得最佳的整体性能。通过 Agent 之间的动态合作与协调实现系统重构,但同时又存在着

竞争关系。这是因为系统资源都是有限的,故当系统资源因重构而不足时,每个 Agent 都要尽可能地保证自己的资源需求。特别地,在系统通信线路损坏的情况下,Agent 不能获得全局信息,则必然优先保证自身目标。此时,Agent 之间即表现为竞争关系,所谓竞争的就是无人机集群系统的资源。综上所述,由 Agent 主导的系统重构问题属于一类典型的多人决策问题,可以通过博弈论求解系统重构策略。

2. 重构过程中的冲突消解

无人机集群个体的基本行为规则是集群个体无人机行动的基本依据,构建与重构也不例外,需基于如避碰、聚集、速度匹配、任务负荷均匀等行为规则。但无人机集群系统主动重构,特别在应激重构中,为获得最好的系统重构效果也许会出现行为规则的冲突,此时应依据行为规则的优先级来决定此规则是否可违反,并及时调整系统重构策略。

3. 集群系统重构的迭代学习

学习的目的在于适应和优化,适应是为了生存,优化是为了更好的发展。在不断地引入预设任务和敌方攻击的情况下,抽取出无人机集群系统构建与重构的一般原则,实现重构经验的积累和系统对不同激励的响应的迭代学习,最终实现系统进化。当然进化的实现有其前提条件,最重要的是多样性和正反馈,只有不断保持群体自身的多样性,使系统有了多种选择,才有实现进化的可能;同样,只有实现了对有利条件的正反馈,形成了一个吸引子,进化才能够总是向着有利于提升集群系统生存能力和适应性的方向发展。

2.4.3　任务子系统重构过程

任务子系统(Mission Subsystem, MSS)是一个周期性的依任务而建立的概念,它随着任务的到来而产生,随着任务的完成而解体。因此,依据不同的任务可重构不同的任务子系统,从这个意义上讲,MSS 是动态的,其生成的完整过程可分为三个阶段:MSS 形成准备阶段、MSS 形成阶段、MSS 动态调整阶段,如图 2.28 所示。

步骤 1:MSS 重构的触发行为。通过前述的触发行为,触发 MSS 重构。可由系统中的标志节点或首先感知攻击/受领任务的 UAV 作为 MSS 发起者。具体地,一般可由长机发起,若无长机,则在编队中任一平台 P_i 探测到目标后,若没有收到其他平台发起 MSS 的消息,则提升自己为 MSS 发起者 Alert Agent (AA)。

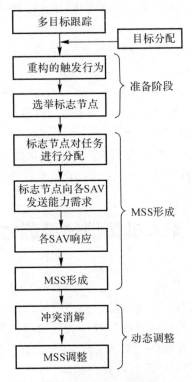

图 2.28 MSS 生成流程图

步骤 2：选择 Manage Agent（MA）。MA 应选择编队内平台能力较强的 UAV 来担任。编队内其他平台接收到 MSS 发起消息后，将自身能力信息发送给 AA，AA 根据各平台的能力信息，选择能力最强的作为 MA，即控制智能体，之后 AA 将选择的结果发送给编队内参与 MSS 形成的其他 UAV。

控制智能体负责 MSS 生成，与其他 Agent 协商，以及 MSS 值的计算等。MA 选出之后，先前 AA 即转化为一般 Agent。

步骤 3：MA 对 MSS 任务分解。MA 生成后，开始进行 MSS 的形成，首先对 MSS 任务分解，将待完成的任务分解为一系列单个 Agent 可以完成的任务单元（未必是原子任务），其次计算出完成各任务的能力需求。

步骤 4：MA 向编队内其他 UAV 公布完成各任务的能力需求。

步骤 5：编队内其他 UAV 接收到 MSS 形成消息后，响应 MSS 能力需求。将自身的参数发送给 MA，包括自身对各目标的探测能力、攻击能力，以及所受到的各目标对自身的威胁。

步骤 6：初始 MSS 形成。MA 根据各任务的能力需求及各平台自身所具备

的能力,完成 MSS 的生成工作,计算各 MSS 值,得到最优的 MSS,作为初始 MSS。

步骤 7:初始任务分配。MA 将初始 MSS 通报给各 UAV,即完成任务的初始分配。MA 转化为一般 Agent。

步骤 8:MSS 任务动态调整。各 Agent 收到初始任务分配方案后,按照分配的任务执行。但如果受环境随机因素的影响,当某个 Agent 不再适合完成某任务时,该 UAV 可与其他 Agent 协商完成任务的动态调整。

MSS 生成关键在于对 MSS 任务的分解,并提出能力需求,之后各 Agent 响应能力需求并由 MA 生成最优 MSS,这是 MSS 生成的主体。

2.5 无人机集群体系能力评估

无人机集群体系能力评估是对能力的定量评价,是评价集群能力与使命环境匹配程度的依据,涉及两个关键步骤:一是"用什么测",二是"如何测"。"用什么测"就是如何选取合适的性能测度参数作为评价集群能力的客观依据,"如何测"就是如何通过正确的性能测度方法实现集群能力的评价,不同的性能测度参数和性能测度方法将导致截然不同的评判结果。

1. 集群能力结构设计中任务-平台分配关系性能测度

任务-平台分配关系设计问题的性能测度一般包括作战任务的完成时间、平台的平均移动距离和平台在任务上的平均协作量等。

(1)作战任务的完成时间。任务-平台分配关系设计问题最常用的性能测度就是作战使命的完成时间,即平台完成整个任务序列图的时间。任务的完成时间越小,任务的完成效率越高,因此,在优化设计任务-平台分配关系时,应该尽可能减小整个作战任务的完成时间。

(2)平台的平均运动距离。根据自动目标识别领域的经验,如果一个目标处于运动状态,其被发现的概率会比处于静止状态时增加百分之九十以上,因此,在优化设计任务-平台分配关系时,应该尽可能减少平台在整个任务完成过程中的运动距离,减少平台移动距离就是降低被发现的可能性,进而保证平台安全、顺利到达任务所需位置。

(3)平台在任务上的平均协作量。平台之间交互协作过多会降低完成任务的效能,不必要的交互甚至会导致任务处理出错。因此,在优化设计任务-平台分配关系时,希望减少平台在任务执行上不必要的协作,从而降低平台的协作代价,即能满足某一任务的资源能力需求时就不用选择更多个平台协作来完成这个任务。

2. 集群能力结构设计中决策实体——平台控制关系性能测度

决策实体——平台控制关系设计问题的性能测度包括决策实体的最大工作负载和全部决策实体工作负载的均衡度。

(1)决策实体的最大工作负载。通常情况下,对于单个决策实体,该决策实体所承受的工作负载越小,它的信息处理就越精确,决策过程就越及时,得出的决策结果的质量也越高,因此,在优化设计决策实体——平台控制关系时,应该极小化决策实体的最大工作负载。

(2)决策实体工作负载的均衡度。在设计决策实体——平台控制关系时,既期望无人机集群中的每个决策实体的工作负载尽可能小,又期望决策实体的工作负载尽可能平衡,这样使该集群个体在动态不确定的环境中能够具有较强的适应性。因此,可以定义决策实体工作负载的均衡度作为决策实体——平台控制关系设计问题的性能测度。

3. 集群能力结构设计中决策实体间关系性能测度

决策实体间关系设计问题的性能测度包括决策实体间指挥控制关系设计问题的性能测度和决策实体间信息交互关系设计问题的性能测度。其中,决策实体间指挥控制关系设计问题的性能测度包括附加协作负载之和以及层次结构中决策实体的最大工作负载。

(1)附加协作负载之和。在生成决策实体之间的层次关系的过程中,会引入决策实体之间附加的协作负载,因此,在优化设计决策实体间指挥控制关系时,期望最小化全部决策实体的附加协作负载之和,以降低无人机之间的协作代价,从而提高集群协作效率。

(2)层次结构中决策实体的最大工作负载。在生成决策实体之间的层次关系的过程中,由于引入了决策实体之间附加的协作负载,从而会导致某些决策实体工作负载增加,因此,在优化设计决策实体间指挥控制关系时,期望无人机集群层次结构中决策实体间的工作负载尽可能平衡,在平衡的基础上使层次结构中决策实体的最大工作负载最小化。

4. 决策实体间信号/信息交互关系性能测度

决策实体间信号/信息交互关系设计问题的性能测度包括信号/信息交互网络的平均传输时延、信号/信息交互网络的构建成本和交互网络的可靠性。

(1)整个信号/信息交互网络的平均传输时延。设计决策实体间的信号/信息交互关系,得到整个无人机集群的信号/信息交互网络,需要考虑构建的信号/信息交互网络的信号/信息服务质量,信号/信息服务质量中一个重要的指标就是网络的平均传输时延,时延越小,服务的质量越高。因此,在优化设计决策实

体间的信号/信息交互关系时,需要极小化信号/信息交互网络的平均传输时延。

(2)整个信号/信息交互网络的构建成本。在很多情况下,由于集群内各无人机所拥有的信号/信息交互资源的有限性,决策实体间信号/信息交互关系的设计都应该考虑总的网络构建成本,因此,在优化设计决策实体间的信号/信息交互关系时,应该在满足传输的最大允许平均时延的基础上,通过优化分配信号/信息链路容量,极小化整个信号/信息交互网络的构建成本。

(3)信号/信息交互网络的可靠性。由于使命环境的动态不确定性,整个信号/信息交互网络难免会遭受一定程度的外界攻击,因此,设计决策实体间信号/信息交互关系时,需要保证整个信号/信息交互网络在网络中某一个链路或某一个节点(即决策实体)被摧毁或失效时,整个网络的信号/信息交互不至于完全瘫痪,即应该考虑整个信号/信息交互网络的可靠性。但是,信号/信息交互网络的可靠性值一般不是越大越好(因为全连通的交互网络肯定是最可靠的),而是要保证信息交互网络的可靠性值不小于某一下限阈值。

2.6 本章小结

无人机集群通过其内在的分布特性可以提高完成任务的效率;通过共享资源(信息、知识、物理资源等)可以弥补单架无人机能力的不足,扩大完成任务的能力范围;利用系统内无人机资源的冗余性可以提高完成任务的可能性,增强集群的整体性能,上述优势的发挥建立在无人机集群拥有根据任务性质而灵活多变的体系结构的基础之上。考虑到无人机集群与多机器人系统、Multi - Agent系统等在系统特性、组织结构等方面的内在相似之处,在构建无人机集群体系结构时充分借鉴相关技术与方法,一方面可以提升无人机集群体系结构的灵活性、柔性、鲁棒性等,另一方面也会对 Multi - Agent 系统技术的应用与发展起到积极有益的作用。

参考文献

[1] NILSSON J. Principles of Artificial Intelligence[M]. Berlin:Springer - verlag,1982.

[2] GAT E. Robust Low-Computation Sensor-Driven Control for Task-

Directed Navigation[C]// IEEE International Conference on Robotics and Automation, Sacramento, USA. Piscataway, New Jersey: IEEE, 1991:2484 - 2489.

[3] CHELLA A, FRIXIONE M, GAGLIO S. An Architecture for Autonomous Agents Exploiting Conceptual Representation[J]. Robotics and Autonomous Systems, 1998, 25(3):231 - 240.

[4] CALOUD P, CHOI W, LATOMBE J C, et al. Indoor Automation with Many Mobile Robots[C]// Proceeding of IEEE International Workshop on Intelligent Robotic System, Tsuchiura, Japan. Piscataway, New Jersey: IEEE, 1990:67 - 72.

[5] PARKER L E. ALLIANCE: An Architecture of Fault Tolerant Multi-Robot Cooperation[J]. IEEE Transactions on Robotics and Automation, 1998, 14(2):220 - 240.

[6] LAENGLE T, LUETH T C, REMBOLD U, et al. A Distributed Control Architecture for Autonomous Mobile Robots Implementation of the Karlsruhe Multi-agent Robot Architecture[J]. Advanced Robotics, 1998, 12(4):411 - 431.

[7] TAMBE M. Towards Flexible Teamwork [J]. Journal of Artificial Intelligence Research. 1997, 7:83 - 124.

[8] NOREILS F R. Toward a Robot Architecture Integrating Cooperation Between Mobile Robots: Application to Indoor Environment[J]. The International Journal of Robotics Research, 1993, 12(1):79 - 98.

[9] HABIB M K, ASAMA H, ISHIDA Y. Simulation Environment for An Autonomous and Decentralized Multi-Agent Robotic System [C]// International Conference on Intelligent Robots and Systems, Raleigh, USA. Piscataway, New Jersey: IEEE, 1992:1550 - 1557.

[10] COHEN P, GREENBERG M, HART D, et al. Real Time Problem Solving in the Phoenix Environment[R]. University of Massachusetts, Amherst, 1990.

[11] WOOLDRIDGE M, JENNINGS N R. Agent Theories Architectures and Languages: A Survey in Agents Lecture Notes in Artificial Intelligence[R]// Amsterdam: Springer Verlay, 1994.

[12] 高志军，颜国正，丁国清. 多机器人协调与合作系统的研究现状和发展[J]. 光学精密工程，2001，9(2):99 - 103.

[13] XU X M, LI S, YE Z, et al. A Survey: RoboCup and the Research [C]// Proceedings of the 3rd World Congress on Intelligent Control and Automation, Hefei, China. Piscataway, New Jersey: IEEE, 2000: 154 – 170.

[14] CIPRIAN C, HUOSHENG H, LUCA I, et al. Coordination in Multi-agent RoboCup Teams[J]. Robotics and Autonomous Systems, 2001, 36(2):67 – 86.

[15] MAJA J, MATARIC. Behavior-Based Robotics as a Tool for Synthesis of Artificial Behavior and Analysis of Natural Behavior[J]. Trends in Cognitive Science, 1998, 2(3):82 – 86.

[16] ENRICO P, ANTONIO D, FEDERICO M, et al. Cooperative Behaviors in Multi-Robot Systems through Implicit Communication[J]. Robotics and Autonomous Systems, 1999, 29:65 – 77.

[17] MULLER J P. The Design of Intelligent Agents: A Layered Approach [M]. Berlin: Springer Verlag, 1996.

[18] GEORGEFF M P, LANSKY A L. Reactive Reasoning and Planning [C]// Proceedings of 5th National Conference of Artificial Intelligence, Boston, USA. Boston: MIT Press, 1987:258 – 267.

[19] FERGUSON I A. Integrated Control and Coordinated Behavior: A Case for Agent Models [C]// Lecture Notes in Intelligent Agents, Heidelberg. New York: Springer Verlag, 1995:358 – 369.

[20] MOFFAT D, FRIJDA H. Where There's Will There's an Agent[C]// Lecture Notes in Intelligent Agents, Berlin, German. New York: Springer Verlag, 1995:1102 – 1114.

[21] MULLER J P, PISCHEL M, THIEL M. Modeling Reactive Behavior in Vertically Layered Agent Architectures [C]// Lecture Notes in Intelligent Agents, Heidelberg. New York: Springer Verlag, 1995: 149 – 161.

[22] 张伟. Agent 组织理论与方法研究[D]. 北京: 清华大学, 2002.

[23] HOLGER F, OLIVER R, RUDIGER D. Communication and Propagation of Action Knowledge in Multi-Agent Systems[J]. Robotics and Autonomous Systems, 1999, 29:41 – 50.

[24] JENNINGS N R. Controlling Cooperative Problem Solving in Industrial Multi-Agent Systems Using Joint Intentions[J]. Artificial Intelligence,

1995，75(2):195 - 240.

[25] ALONSO E. How Individuals Negotiate Societies[C]// International Conference on Multi Agent Systems，Paris，France. Piscataway，New Jersey：IEEE，1998:188 - 201.

[26] SHEHORY O, KRAUS S. Method for Task Allocation via Agent Coalition Formation[J]. Artificial Intelligence，1998，101:165 - 200.

[27] SANDHOLM T, LESSER V. Coalitions of Computationally Bounded Agents[J]. Artificial Intelligence，1997，94(1):99 - 137.

[28] MALONE T W. Modeling Coordination in Organizations and Markets [J]. Management Science，1987，33(10):1317 - 1332.

[29] XU J H, ZHANG W, SHI C·Y. A Structure-Oriented Method for Agent Organization Formation[C]// Proceedings of Conference on Intelligence Information Processing，Xiamen，China. Piscataway，New Jersey：IEEE，2000:1258 - 1264.

[30] HANNOUN M, SICHMAN J S, BOISSIER O, et al. Dependence Relations between Roles in a Multi-Agent System：towards the Detection of Inconsistence in Organization [C]// International Workshop on Multi-Agent Systems and Agent — Based Simulation, Paris，France. Piscataway，New Jersey：IEEE，1998:558 - 569.

[31] SURYADI DICKY, GMYTRASIEWICZ PIOTR. J. Learning Models of Other Agents Using Influence Diagrams[C]// In：Proceedings of the International Conference on User Modeling，New York，USA. New York：Springer，1999:146 - 157.

[32] LITTMAN MICHAEL L. Markov Games as Framework for Multiagent Reinforcement Learning [C]// In Proceeding of the Eleventh International Conference on Machine Learning，New Brunswick，USA. Piscataway，New Jersey：IEEE，1994:587 - 597.

[33] HU J, WELLMAN, et al. Multi-Agent Reinforcement Learning：Theoretical Framework and an Algorithm[C]// In Proceedings of the Fifteenth International Conference on Machine Learning. Durham, USA. Durham：Duke press，1998:423 - 432.

[34] FREUND Y, SCHAPIRE. Game Theory, Online Prediction and Boosting[C]// In Proceedings of the 9th Annual Conference on Computational Learning Theory，Miami，USA. New York：ACM，

1996:128 - 141.

[35] HARSANYI J C, SELTEN R. A General Theory of Equilibrium Selection in Games[M]. Boston: The MIT Press, 1998.

[36] THUSIJSMAN F. Optimality and Equilibriain in Stochastic Games[J]. THUIJSMAN F. Optimality and Equilibria in Stochastic Games[J]. Journal of the Operational Research Society, 1989, 45(1): 116 - 117.

[37] 李静, 陈兆乾, 陈世福. 多 Agent Teamwork 研究综述[J]. 计算机研究与发展, 2003, 40(3):422 - 429.

[38] DURFEE E. Coordination of Distributed Problem Solvers[M], Boston: Kluwer Academic Publishers, 1988.

[39] DAVIS R, SMITH R G. Negotiation as A Metaphor for Distributed Problem Solving[J], Artificial Intelligence, 1983, 20:63 - 109.

[40] DURFEE E, LESSER V. Using Partial Global Plans to Coordinate Problem Solvers [C]// in Proceedings of the International Joint Conferences on Artificial Intelligence, Los Angeles, USA. Piscataway, New Jersey: IEEE, 1985:285 - 287.

[41] TAMBE M. Towards Flexible Teamwork [J]. Journal of Artificial Intelligence Research, 1997, 7:83 - 124.

[42] PARKER L E. ALLIANCE: An Architecture for Fault Tolerant Multi-Robot Cooperation [J]. IEEE Transactions on Robotics and Automation, 1998, 14(2):220 - 240.

[43] YEN J, YIN J, IOERGER T R, et al. CAST: Collaborative Agents for Simulating Teamwork[C]// The Seventeenth Int'1 Joint Conference on Artificial Intelligence (IJCAI - 01), Seattle, USA. Piscataway, New Jersey: IEEE, 2001:458 - 468.

[44] YIN J, MILLER M S, IOERGER T R, et al. A Knowledge-Based Approach for Designing Intelligent Team Training Systems[C]// The Fourth Int'1 Conference on Autonomous Agents, Barcelona, Spain. Piscataway, New Jersey: IEEE, 2000:2257 - 2264.

[45] LANGAN F J, WIRTH A, CODE S, et al. Analyzing Shared and Team Mental Models [J]. International Journal of Industrial Ergonomics, 2001, 28(2):99 - 112.

[46] KAMINKA G A, TAMBE M. Robust Agent Teams via Socially - Attentive Monitoring[J]. Journal of Artificial Intelligence Research,

2002，12:105 - 147.

[47] GROSZ B，KRAUS S. Collaborative Plans for Complex Group Actions [J]. Artificial Intelligence，1996，86:269 - 358.

[48] LAIRD J E. Building Intelligent Synthetic Characters for Computer Games[D]. Michigan: University of Michigan，2001.

[49] SMITH R G，DAVIS R. Frameworks for Cooperation in Distributed Problem Solving[J]. IEEE Transactions on Systems，1981，11(1): 61 - 70.

[50] GEORGEFF M. Communication and Interaction in Multi-Agent Planning[J]. Readings in Distributed Artificial Intelligence，1988，49 (4):1458 - 1467.

[51] GEORGEFF M. A Theory of Action for Multi-Agent Planning[J]. Readings in Distributed Artificial Intelligence，1988,14:205 - 209.

[52] CORKILL D D. Hierarchical Planning in a Distributed Environment [C]// International Joint Conference on Artificial Intelligence，Tokyo，Japan. Massachusetts: Morgan Kaufmann Press，1979:2264 - 2281.

[53] ROSENSCHEIN J S，GENESERETH M R. Communication and Cooperation among Logic-Based Agents [C]// The IEEE Phoenix Conference on Computers and Communication，Phoenix，USA. Piscataway，New Jersey: IEEE，1987:356 - 361.

[54] ROSENSCHEIN J S. Rational Interaction: Cooperation among Intelligent Agents[D]. Palo Alto: Stanford University，1985.

[55] GMYTRASIEWICZ P J，DURFEE E H. Rational Coordination in Multi-agent Environments[J]. Autonomous Agents and Multi-Agent Systems，2000，3:319 - 350.

[56] SHOHAM Y，TENNENHOLTZ M. Emergent Conventions in Multi-Agent Systems[C]// In Proceedings of Knowledge Representation and Reasoning，Sydney，Australia. Piscataway，New Jersey: IEEE，1992: 958 - 965.

[57] SHOHAM Y，TENNENHOLTZ M. On Social Laws for Artificial Agent Societies: Offline Design[C]// In Proceedings of Knowledge Representation and Reasoning，Sydney，Australia. Piscataway，New Jersey: IEEE，1992:966 - 975.

[58] PARSONS S，SIERRA C A，JENNINGS N R. Agents that Reason and

Negotiate by Arguing[J]. Journal of Logic and Computation，1998，8 (3)：261-292.

[59]　FOX J，KRAUSE P，AMBLER S. Arguments Contradictions and Practical Reasoning［C］// In Proceedings of the 10th European Conference on Artificial Intelligence，Paris，France. New York：ACM，1992：597-608.

[60]　LESSER V R. A Retrospective View of FA/C Distributed Problem Solving［J］. IEEE Transaction on Systems，Man and Cybernetics，1991，21(6)：1347-1362.

[61]　LESSER V R，CORKILL D D. Functionally Accurate Cooperative Distributed Systems［J］. IEEE Transaction on Systems，Man and Cybernetics，1981，SMC-11：81-96.

[62]　MAJA J. MATARIC. Behavior-Based Robotics as A Tool for Synthesis of Artificial Behavior and Analysis of Natural Behavior[J]. Trends in Cognitive Science，1998，2(3)：82-86.

[63]　陆汝铃. 人工智能(下)[M]. 北京：科学技术出版社，2000.

[64]　EUGÉNIO O，KLAUS F，OLGA S. Multi-Agent Systems：which Research for which Applications［J］. Robotics and Autonomous Systems，1999，27：91-106.

[65]　王醒策，张汝波，顾国昌. 基于强化学习的多机器人编队方法研究[J]. 计算机工程，2002，28(6)：15-16.

[66]　MINSKY M L. Theory of Neural Analog Rein forcement Systems and Its Application to the Brain Model Problem[D]. New Jensey，USA：Princeton University，1954.

[67]　胡利平，梁晓龙，张佳强. 基于 Multi-Agent 的航空集群系统重构机理研究[J]. 火力与指挥控制，2016，41(11)：80-84.

[68]　胡利平. 航空集群空间构型的构建方法研究[D]. 西安：空军工程大学，2016.

[69]　HULP，LIANG X L，ZHANG J Q. Research on the Reanstruction Mechanism of Aircraft Swarms System［C］// 2016 International Conference on Computer Science and Information Security，Nanjing，China. Pennsylvchia，USA：Dlstech，2016：325-330.

第 3 章

无人机集群任务分配

任务是一个很难定义的概念。从一定意义上讲,任务可以被看作是主体对环境和对象的一种作用。现今无人机应用越来越广泛,无人机集群任务分配问题的研究得到了高度重视。本章主要从无人机集群任务分配的基本理论出发,总结任务分配的模型以及控制结构,介绍任务分配的算法,最后进行应用实例的仿真验证。

|3.1　无人机集群的任务|

无人机集群任务是指需要由多架无人机共同完成的任务,该任务拥有足够的时间资源,允许多架无人机顺序工作或者拥有充足的空间资源容纳多架无人机同时配合工作。面对不同的任务,无人机需要选取不同的策略。根据任务的耦合关系,将无人机集群任务分为紧耦合任务和松耦合任务两类。

(1)紧耦合任务是指任务在时间或空间上存在相互依赖、相互嵌套的关系。紧耦合任务又分两种:时间紧耦合任务与空间紧耦合任务。时间紧耦合是指任务内部存在着执行次序的关联,突出表现为时间上的耦合关系,任务可以分为多个环节,各个环节必须按照严格的顺序依次执行,执行任务的多架无人机之间存在分工。空间紧耦合是指任务密不可分,必须由多架无人机相互配合同时执行,突出表现为空间上的耦合关系。各单架无人机间作用相同,均不可替代,缺少任一无人机均导致任务失败。

(2)松耦合任务是指任务没有时间或空间上的约束,往往由多项可分割的子任务组成。松耦合任务也分两种:顺序松耦合任务与无序松耦合任务。顺序松耦合任务指任务分为多项子任务,各项子任务间存在一定的顺序要求,某项子任务达到一定的进度,其他子任务即可执行,对进度的程度没有严格要求。无序松耦合任务指任务分为多项子任务,各项子任务间相互独立、没有次序要求,每项子任务均是全局任务的比例缩小。

根据任务的内容，无人机集群的任务可以分为下述三大类：

1. 协调控制类

多架无人机在运动时，尽量避免产生碰撞现象，该类任务实际上是一种时间、空间资源的调度问题，合理地加入运动规则或者运用通信来解决这类问题，必须考虑无人机所处的环境因素，考虑局部或全局信息。

2. 协同工作类

面对空间紧耦合类任务，如无人机执行反恐任务，多架无人机需要同时配合才可完成。众多学者在系统任务分配、容错、硬件以及通信等方面进行了研究。

3. 搜索侦察类

由无人机搜寻分散在空间中的物体，如搜救、放哨、侦察等。这类任务可由单无人机完成，也可由无人机集群完成，因此可以很好地检验无人机集群的性能与效率。

而无人机集群是多个单无人机联合协作能够自主完成任务的复杂智能系统。联合协作是无人机集群的主要特征之一，依据系统协作执行任务时单无人机之间的关系，可以将无人机集群分为竞争关系与合作关系两种。

竞争关系是指无人机集群中两个或两个以上单架无人机（或无人机组），在特定的机制、规则下，为达到同一目标而进行较量，产生不同无人机获得不同利益结果的一种无人机之间的互动形式。处于竞争关系的多架无人机，必须具有单独完成任务的能力，竞争关系使无人机在选取任务的过程中相互较量，能力强的无人机会优先选择适合自己的任务。在一定的规则中，适度的竞争可以提高无人机集群执行任务的效率。但过度的竞争关系会造成无人机集群选取不恰当的任务，降低系统的效率。

合作关系是指无人机集群中两个或两个以上单架无人机（或无人机组），在特定的机制、规则下，为达到共同的目标而相互配合，实现共同目标的一种无人机之间的互动形式。合作是 1＋1＞2 的效应，能够产生显著的优势。多架无人机相互合作不仅可以更加高效地完成单无人机可以完成的任务，也可以完成单架无人机无法完成的任务。合作关系要求各架无人机相互配合，在一定的规则下迸发出巨大的能量。多无人机合作比单架无人机运行复杂得多，因此，过度的合作会使简单的问题复杂化，降低系统的性能。竞争关系考虑的是一种局部最优策略，竞争关系能充分发挥单架无人机的能力，单架无人机能够获得最大自身效益。合作关系考虑的是一种全局最优策略，能够充分发挥多架无人机的潜力，发挥各架无人机的优势，形成更为强大的工作能力。

|3.2 无人机集群任务分配问题描述|

结合无人机任务分配的实际情况,可以把 UAV 任务分配问题定义为,在已经完成 UAV 集群分组的基础上,基于一定的环境和任务要求,为集群中的 UAV 分配一个或多个有序任务,以便在完成最大可能任务的同时,使 UAV 集群的整体效率最高。

结合图 3.1 来直观地了解任务分配问题的具体含义。首先设置了任务集和无人机集:其中包含了四个待执行任务,无人机集群由两架无人机组成。然后设计具体的路径和任务执行顺序来完成所设定的四个任务。图中每个带箭头直线上的数字表示无人机在该段航路上所花费的时间,四个任务用四个圆圈表示。圆圈中上半部分的数字表示的无人机任务集中任务的序号,下半部分的数字表示完成这个任务需要的具体时间。虚实线表示的是任务分配的具体的方案。无人机分别沿着制订的虚线完成四个设定的任务,通过这种方法,花费时间要明显小于单架无人机。

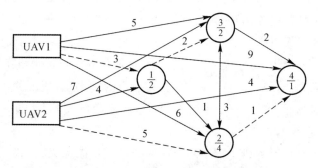

图 3.1 一个典型的任务分配问题

对于无人机任务分配的描述,本节主要借鉴文献[1,2]的思想,给出一个比较泛化通用的描述方法,其具体描述如下:

给定一个 UAV 集群 U,它包含数目为 N_U 的无人机,$U = \{U_1, U_2, \cdots, U_{NU}\}$。为简化问题,假设UAV集群在一个二维空间执行任务,在任意时刻 t,无人机 U_i 的位置为 $(x_i^U(t), y_i^U(t))$。每个 UAV 假设为具有恒定速度的质点,即不考虑无人机的动力学特性,只考虑运动学特性。无人机的属性可以用七元素组来表述:$< ID^U, Pos^U, S^U, V^U, \Theta, P^U, Q^U >$,分别表示无人机的编号、位置、健康状况、价值、任务集合、顺利完成任务的概率和最大完成任务的数量。同时,在任务区域内包含有限数目的待执行任务,组成一个任务集 $T = \{T_1, T_2, \cdots, T_{NT}\}$,$N_T$ 为任务的数量,其属性可以用六元素组来表述:$< ID^T, Pos^T, S^T, V^T, R^T, P^T >$,分别表示目标编号、位置、状态、价值、威胁半径和被无人机顺利完成的概率。其对应水平位置为 (x_i^T, y_i^T),但不同的任务允许有相同的水平位置。在任务分配前,以上的信息都是已知的。UAV 任务分配的结果是为集群中的任一无人机 U_i 分配一条任务执行路线 P_i,有

$$P_i = \{(x_i^U(0), y_i^U(0)), (x_{i1}^M, y_{i1}^M), \cdots, (x_{ini}^T, y_{ini}^T)\}$$

其中,$(x_i^U(0), y_i^U(0))$ 表示无人机 U_i 的出发位置,也就是说,对应无人机 U_i,需要制定一个有序任务集 $\Theta_i = \{T_{i1}, T_{i2}, \cdots, T_{ini}\}$。

3.2.1 无人机集群任务分配特点及原则

无人机集群任务分配具有以下几个主要特点:

1. 复杂性

无人机所需处理的一般为相互耦合的复杂任务系统。例如,在执行搜救任务时,需要先搜索目标,并对当前态势进行评估,才能进一步确定救援方案和实施救援。当多架无人机共同执行任务时,需要考虑时序、任务执行能力、外界环境感知等多方面因素。

2. 准确性

现代武器装备日趋多样,目标的种类和任务的类型也多种多样,不同目标之间又有重要性的区别。如何保证优先执行目标价值高的任务,如何在短的时间或损耗概率下,尽可能多地执行任务,都是任务分配过程中需要考虑的问题。

3. 实时性

当多机协同执行任务时,无人机集群需要从控制中心接收高级指令任务集,对该指令进行解析之后,将任务分配至各架无人机。无人机的任务分配是根据无人机的任务需求和已知环境信息,如任务环境的地形高度、威胁源分布、威胁半径、无人机自身状况、任务目标位置等多方面因素,为集群中的每一架无人机规划出各个需要执行的任务,比如将不同的目标点分配给不同的无人机。但任务环境中存在不确定性和无人机预先探测信息的不完备性,会使预先任务分配方案变得不再可行,此时就需要进行动态的在线任务分配,这就要求任务分配算法具有较小的计算复杂度,能够保证实时性要求。

无人机任务分配的一般原则:

(1)无人机的利益最大化,最有利于任务完成的无人机,将优先分配到任务目标;

(2)尽量缩短任务的执行时间或者缩短无人机的总航程;

（3）目标的优先级，那些具有较高价值的目标应该首先被分配执行；

（4）要考虑不同无人机之间的任务均衡性。

3.2.2　无人机集群任务分配中的约束条件

无人机任务分配是一个复杂的组合优化问题，对求解算法提出了包括任务执行完整性、协同要求、时间约束、路径可行性等多种要求。任务的完整性是求解算法所得任务分配方案中，每一个目标的每一项任务都必须得到执行，且只能执行一次，不能针对同一目标多次执行同一任务。另外，每个目标的不同任务执行次序必须严格遵守。时间约束是指特定任务必须在规定的时间范围内完成，以符合不同任务之间的协同要求。路径可行性是指所得路径应能满足无人机的机动性能约束，且不同无人机之间不能存在时空上的冲突。在无人机的任务分配中，通常需要考虑的约束条件包括以下几点[3]：

1. 最大执行能力

无人机只有有限的任务能力，比如在反恐中，攻击无人机的载弹数目受到无人机的载重量限制，在实际的攻击过程中，机载弹药不断消耗。对于其他类型的无人机，也都有各自的任务执行能力定义，但均存在着一个执行能力的上限。假设无人机 U_i 的任务执行集合为 P_i，则该任务集合的总能力消耗 $Q(P_i)$ 应小于该无人机的最大任务执行能力 $Q_i^{\max}$，此约束可表示为

$$Q(P_i) \leqslant Q_i^{\max} \qquad (\forall U_i \in U)$$

2. 最大航程

受机载燃油的限制，无人机只能进行有限距离的连续飞行。与航迹规划问题一样，该约束在任务分配问题中同样存在。假设无人机 U_i 的任务执行集合为 Θ_i，Θ_i 对应的无人机 U_i 的飞行总距离为 L_i，应小于无人机的最大航程 $L_i^{\max}$，此约束可表示为

$$L_i \leqslant L_i^{\max} \qquad (\forall U_i \in U)$$

3. 每个任务都能被分配到

所有的任务都需要被分配执行，此约束可表示为

$$\bigcup_{i=1}^{N_U} \Theta_i = T$$

4. 同一个任务不能分配给多架无人机

同一个任务只能分配给一架无人机，这可以避免任务的重复执行，对于需要多架无人机共同执行的任务，也将其分解为多个子任务，将每个子任务分配给一架无人机。此约束可表示为

$$\Theta_i \bigcap \Theta_j = \varnothing \qquad (\forall i \neq j, i, j \in \{1, 2, \cdots, N_U\})$$

通过上述描述可知，多无人机协同任务分配也是具有诸多约束条件的复杂多目标优化问题。不同约束条件之间还存在着耦合关系，这也增加了无人机任务分配的难度。

3.2.3　解决无人机集群任务分配问题的步骤

无人机任务分配方法的求解主要分为两方面：任务分配模型的建立以及具体的任务分配算法的设计。

1. UAV 任务分配的数学模型的建立

要对无人机进行数学建模，首先要对无人机所处的空间环境进行描述和表达。通常首先以一个二维或者三维的变量来定义一个无人机和目标点的位置，为简便起见，一般采用二维变量。得到无人机和目标点的位置，就能得到任一无人机的任务执行路线。然后设计一个二值决策变量，如果无人机完成某个任务，二值变量就为 1，如果没完成那个任务，二值变量就为 0。最后要设定无人机任务分配的约束条件，如无人机最大航程、任务时间窗约束、任务执行的先后顺序、无人机的载荷等。

2. UAV 任务分配算法的设计

完成了对无人机任务分配的数学建模，就要来设计具体的算法。设计算法首先要根据以往的算法和基本概念提出算法得出的理论依据，然后决定算法的搜索策略，以较快较好为准则，确定算法的搜索策略。因为无人机分配问题要用计算机进行运算仿真，必须对算法进行编码，所以得设计算法的编码和解码方式。还应设计一个评价函数，来评价任务分配方案的好坏，称其为适应度函数。适应度函数要考虑的实际因素主要包括任务完成的时间最短，任务分配方案得到的收益最高以及无人机消耗能力最小。最后，还要对算法进行性能分析，包括算法能否得到最优任务分配方案、算法的效率以及算法的实时性。

|3.3　无人机集群任务分配模型及控制结构|

3.3.1　无人机集群任务分配模型分类

在任务分配与协调建模方面，通常采用的方法是对问题进行适当简化后通过经典优化问题进行建模。根据任务分配建模分类，现阶段的模型主要有多旅

行商问题(Multiple Traveling Salesman Problem，MTSP)模型，通用分配问题(Generalized Assignment Problem，GAP)模型，车辆路径问题(Vehicle Routing Problem，VRP)模型，混合整数线性规划(Mixed Integer Linear Programming，MILP)模型，多无人机协同任务分配问题(Cooperative Multiple Task Assignment Problem，CMTAP)模型以及随机博弈论任务分配模型。

1. 多旅行商问题(MTSP)模型

一般来讲，泛化的 MTSP 定义如下：给定 n 个节点(城市)集合，让 m 个旅行商各自从一个城市出发，每位旅行商访问其中一定数量的城市，最后回到其出发城市，要求每个城市至少被一位旅行商访问一次并且只能访问一次，问题的目标是求得访问 m 条环路代价最小访问次序，其中代价可以是距离、时间、费用等。问题中旅行商出发的城市称为中心城市，其他城市称为访问城市。

一般情况下，MTSP 分为四种类型：

第一种：m 个旅行商从同一个城市出发访问其中一定数量的城市，即只有一个中心城市，使每个城市必须被某一个旅行商访问而且只能访问一次，最后回到出发城市。

第二种：m 个旅行商从 m 个不同城市出发访问其中一定数量的城市，使每个城市必须被某一个旅行商访问而且只能访问一次，最后回到各自的出发城市。

第三种：m 个旅行商从同一个城市出发访问其中一定数量的城市，使每个城市必须被某一个旅行商访问而且只能访问一次，最后到达 m 个不同的城市。

第四种：m 个旅行商从 m 个不同城市出发访问其中一定数量的城市，使每个城市必须被某一个旅行商访问而且只能访问一次，最后到达同一个城市。

通常，我们所说的旅行商问题是一个 NP 完全问题，具体定义如下：假设有 a 个旅行商，b 个城市，每个旅行商都要沿着城市之间的道路访问其中的一些城市，最后所有的旅行商都要返回初始的城市，限制每个城市都要被访问并且有且仅有一次，问题所要达到的目的是在完成对所有城市访问的同时，总距离最短、完成任务时间最短、消耗最小、收益最大等。把旅行商问题模型应用到无人机任务分配中去，假设有一个 m 架无人机的无人机集群，有 n 个目标任务的任务集，无人机集群从同一个基地出发，沿着预先设定的飞行航路，完成所有的任务，每个任务只能被完成一次，最后考虑无人机的总航程、无人机完成任务的时间、无人机消耗的能力，完成任务的价值利益等。该模型适用于多无人机单任务分配情形。

2. 通用分配问题(GAP)模型

通用分配问题属于背包问题的一种，描述为将 N 个物品分配到 M 个背包中去。每个背包的容量固定,表示为 $C_i(i=1,2,\cdots,M)$。每个物品的属性包括质量 w_{ij} 和收益 u_{ij},分别表示当物品 j 分配到背包 i 中占用背包 i 的质量和对背包 i 带来的收益。分配目标是找到一种分配方式,使所有背包整体收益达到最大。该模型考虑将 m 个任务分配给 n 个单体,每个任务只能给一个单体并且单体的资源受到限制。相当于 m 个任务分配给 n 个无人机,每个任务只能给一个无人机执行并且无人机的资源,如最大任务数、最大航程受到限制。

3. 车辆路径问题(VRP)模型

车辆路径问题是一类具有重要实用价值的组合优化问题,对车辆路径模型进行如下描述:假设有 m 辆货车,每辆车的负载能力不同,它们从同一个基地出发,为 n 个目标点输送货物,每个目标点需要送达的货物数量不同,最后,所有货车回到出发点。车辆路径问题模型要考虑送达的时间,货物送达的消耗,完成输送的价值等,并保证所有的货物安全送达。VRP 模型分为静态 VRP 模型和动态 VRP 模型,其中静态 VRP 模型指在车辆、时间、人员、顾客需求等信息都确定的情况下安排车辆路径;而动态 VRP 模型指车辆、时间、人员、顾客需求等信息都不确定,同时,有些信息还会处在不断变动的状态,需要根据不断更新的系统信息动态地安排车辆路径。该模型适用于多无人机单任务分配情形。

4. 混合整数线性规划(MILP)模型

混合整数线性规划利用线性化函数建立模型,模型描述简洁、直接,有助于提高无人机任务执行效率和生存能力,不但达到了任务分配的目的和初衷,而且可以通过对约束条件的修正来满足实际问题的需要。其中国外的 Marjorie A. Darrah 等人[4]将多无人机对地面目标执行攻击任务问题建立了对应的 MILP 问题模型,此模型对每个目标必须要按序执行确认、打击和评估三项任务,并且定义了这些任务之间存在使能约束、时序约束等多种约束条件;国内的叶媛媛[5]从目标优化的角度出发,考虑各种约束条件建立了多无人机协同任务分配的多目标 MILP 模型。但是,MILP 模型规模不能过大,因为问题规模过大将导致计算量呈指数型增长,任务分配的实时性得不到保证,同时,该模型适用于多无人机多任务分配情形。

5. 多无人机协同任务分配问题(CMTAP)模型

随着无人机能力不断增强,无人机执行任务的复杂程度也随之增大,不同任务之间存在着复杂的时序以及时间约束。对于这一类复杂的任务集合,目前大多数任务分配模型无法对其进行有效的描述,正是在这种背景下,CMTAP 模型被引出。该模型充分考虑一组无人机完成一系列针对地面目标的连贯任务,包括任务目标的识别、攻击、毁伤评估等。国外的 Tal Shima 等人[6]建立的 CMTAP 模型对不同类型任务之间的约束考虑得更多,通过优化无人机完成任

务的总时间或者飞行的总距离实现 UCAV 的任务分配;而国内的霍霄华等人[7]首先分别建立了 UCAV 损耗最小化模型、目标价值毁伤最大化模型及无人机消耗时间最短模型的目标函数,然后通过加权求和将多目标优化问题转化成了单目标优化问题建立任务分配模型。CMTAP 适用于多无人机多任务分配情形。

随着研究工作的深入,在上述经典问题模型的基础上结合各种特定约束和要求的扩展模型不断出现。美国空军研究实验室以多 UAV 执行侦察任务为背景,基于 MTSP 和 VRP 模型研究多 UAV 的任务指派和路由问题,通过引入 UAV 任务的时间窗约束,建立了带时间窗的不同能力车辆路径问题 (Capacitated Vehicle Routing Problem with Time Windows,CVRPTW) 模型[8-10],并将其应用于"全球鹰"无人机和"捕食者"无人机侦察任务规划问题的建模;国外学者 C. Schumacher[11] 和 K. E. Nygard 等人针对一类低成本 UCAV 的对地攻击问题,在网络流优化模型的基础上进行扩展,建立了多 UCAV 任务分配的动态网络流优化(Dynamic Network Flow Optimization,DNFO)模型,该模型将多 UCAV 任务分配看作一个商业供需网络物流优化问题,以 UCAV 为供应商,任务为供需网络上的物流,任务分配计划则作为需求,UCAV 执行任务的代价或收益即为任务在网络中的流量代价,由此建立相应的供需网络模型,通过对网络流量的最小化实现多 UCAV 的任务分配;而 M. Alighanbari 等人[12] 则在此基础上,进一步考虑任务执行过程中的动态变化因素,提出了多平台任务分配的动态规划(Dynamic Planning,DP)模型;美国麻省理工学院针对 UAV 机群的任务分配问题,将 UAV 能力、障碍以及任务时间信息等离散和连续决策变量集成到统一的 MILP 模型中,并通过商业软件 CPLEX 对模型进行求解[14];在多 UAV 分布式任务分配建模中,M. Alighanbari 和 J. P. How[15] 以背包问题模型为基础,结合多 UAV 任务分配问题的特点进行扩展,将其描述为多维多选择背包问题(Multidimensional Multiple - choice Knapsack Problem,MMKP)进行求解。

6. 随机博弈论任务分配模型

每个时间段的任务分配过程中,无人机与其他无人机对任务选择构成一个博弈局势。在每个博弈局势中,参与博弈的每个无人机会根据自身状态和对其他 Agent 决策的预测,选择能使自身效用最大同时使系统收益最大的任务。在任务分配完毕后,系统将会从当前状态随机转移到下一个状态,并获得回报进入下一个时间段的任务分配,然后下一个任务分配时间重复执行这样的过程。这样使任务分配博弈随着时间段不断地向前推进,最终得到长期累计的随机博弈折扣报酬。

3.3.2 无人机集群任务分配控制体系结构

由于无人机执行任务环境是动态的,不是固定不变的,所以无人机的任务分配控制体系也应该根据不同的任务环境而区别对待。无人机任务分配控制体系的选取与无人机执行任务的效率和质量有很大关系。任务分配控制体系的选取应该考虑以下几个因素:①任务完成的快速性;②任务的实时性;③任务分配的计算时间;④计算复杂度;⑤抗干扰能力等。多无人机任务分配控制结构主要可以分为集中式控制(Centralized Control)以及分布式控制(Distributed Control)两种类型。

3.3.2.1 集中式控制体系结构

在集中式控制体系中,由地面控制站中的操作人员制订任务分配方案和无人机具体的飞行航路,无人机本身不具备决策能力,完全按照地面控制站发出的任务指令和航路执行任务。其优点是分配算法实现简单且具备产生全局最优解的潜力。该种控制体系结构适用于已知确定的环境,规模较小的系统。图 3.2表示集中式控制体系结构图。

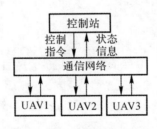

图 3.2 集中式控制体系结构图

同时,在集中式控制方式下,各无人机之间的协同控制也存在以下问题:

1. 实时性差

因为无人机本身不具备决策能力,所以地面控制站中的操作人员要根据无人机集群通过数据传输返回的无人机状态信息、任务状态信息以及所处的环境信息等,对任务分配问题进行具体的决策。无人机集群与地面控制站保持着联系,当返回的数据量很大时,有可能地面控制站收到的信息是不全的或者是错误的,导致决策错误。地面控制站综合这些信息的速度较慢,导致决策较慢,实时性差。

2. 计算时间长,算法复杂度高

对于集中式控制方法,地面控制站对所有的无人机传来的数据信息进行总

结和分析,信息都集中在任务控制站中,解决问题的具体计算过程复杂,计算信息多,导致完成任务分配的计算时间很长。对于多类型任务的无人机集群,例如无人机集群中无人机能够执行任务种类的不同,无人机执行任务能力不同,此时更凸显了这个问题的严重性。

3. 抗干扰能力较差

由于地面控制站往往只有一个,如果在具体任务执行过程中,地面控制站因为某些特定因素遭到毁坏甚至瘫痪,造成的损失将是巨大的。同时,无人机集群中的无人机失效或者发现新的任务目标,在原有基础上的再分配也是相当复杂的。

3.3.2.2 分布式控制体系结构

区别于集中式控制体系,分布式控制体系中无人机集群中的无人机是具有独自决策能力的智能体,它们具有很强的协同能力和自治性。无人机之间以数据链技术为支撑,对无人机所处环境、任务目标集信息、无人机状态信息进行交互,综合考虑各种因素,提出具体的解决任务分配问题的方案和具体步骤。较之于集中式控制体系,无人机个体在分布式控制体系下具有较强的实时性、抗干扰能力、计算量小、计算复杂度小等优点,且其主要适用于动态环境,中等至大规模系统中。当前,分布式控制体系结构主要可以分为两种:完全分布式控制体系结构和部分分布式控制体系结构。

1. 完全分布式控制体系结构

完全分布式控制体系是一种依靠无人机的自主性和相互协作的一种体系结构,由于无人机任务分配问题的复杂性,该方法相当于将复杂的问题分解成一个个相对简单的小问题,对每架无人机进行任务分配,接着就是将各个无人机的信息进行交互,对任务进行整体求解。如图3.3所示,在完全分布式控制体系中,把无人机看成具有决策能力的智能体,这样无人机任务分配问题就转化成为各个智能体之间任务的分配和决策问题。在这种体系结构中,无人机相对于集中式控制体系有很强的自主性,能够对任务集信息和自身的信息进行采集和分析,并进行决策,在特定的情况下通过数据链与其他无人机进行数据交互,协作完成所需执行的任务。

在分布式控制体系中,无人机集群内各个无人机对所得到的信息进行共享,得到所有的关于任务执行的信息,最后整理分析所得到的信息对无人机集群中的每一架任务分配任务集。由于无人机集群中有多架无人机,在执行任务中可能发生交叉冲突,即碰撞冲突,所以需要考虑此问题并消除。同时在这种控制体系中,无人机之间是通过数据链技术进行任务集数据的传输和共享的,为的是更好地具有任务决策的实时性,因此数据量是相当大的,将随着编队内无人机的数量呈指数增长。因此应用这种控制体系,编队内无人机的个数受到了很大的限制。在该体系结构下,其往往只能控制 3～5 架无人机,例如美国 Proxy Aviation 公司研制的"Skyforce"分布式多类型无人机任务管理系统仅在 4 架无人机之间进行协调控制。

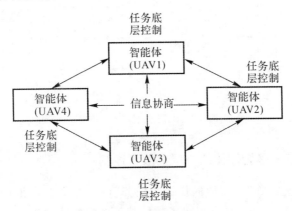

图 3.3　完全分布式控制结构

2. 部分分布式控制体系结构

部分分布式控制体系吸取了无人机任务分配控制体系结构中集中式控制和完全分布式控制体系各自的优势,对于解决多类型无人机集群任务分配问题更为合理。经过对集中式控制体系和分布式控制体系的比较,得出分布式控制体系结构是一种实时性较强的体系结构,能够快速地对任务信息进行采集和分析,得到解决任务分配问题的具体方案,获得的方案往往是局部最优的,但不能得到全局最优方案。而集中式控制体系结构恰恰相反,由于所有信息都要返回地面控制站进行汇总,所以能够进行全面而详细的规划,从而获得的方案一般都是全局最优方案,但是实时性较差。当前,国内外很多院校和科研机构对集中式控制和分布式控制体系结合的问题进行了理论分析和实际验证,对两种方法进行了整合,得到了部分分布式控制体系结构,结构图如图 3.4 所示。

在部分分布式控制体系结构中,地面控制站中的操作人员对无人机返回的信息进行归纳和分析,在静态环境下给无人机集群中的每架无人机都设计了初始任务分配方案。在动态环境下,例如无人机状态的改变或任务的改变将导致任务的再分配。此时,无人机集群中的无人机发挥自己的自主性,重新对任务目标信息采集并分析,在编队中与其他无人机进行信息的共享和交互。地面控制站中的操作人员在某些特定的时候对无人机集群发送任务指令,大部分时候依靠的是无人机集群自身的协同分配。这样既提高了实时性,又大大减小了地面工作站的任务量,得到的任务分配方案也是相对合理的。部分分布式控制体系

对集中式控制体系和分布式控制体系进行取长补短,体现了人们的智慧,具有较大的实际应用意义。

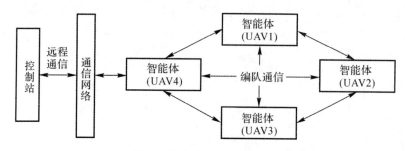

图 3.4   部分分布式控制结构图

3.3.2.3   基于多智能体的分层集散式控制

针对多类型无人机系统协同作战的任务特点,在集中式和分布式控制的基础上,南京理工大学的赵敏[23]提出了一种基于多智能体的集散式任务分配控制方法。该方法主要是借鉴多智能体系统(MAS)的思想,将任务控制站中具有人机界面的控制系统和各无人机内部的自主控制系统结合,建立一个分层多智能体系统,用于描述多类型无人机系统的集散式控制体系结构。在这种结构中,集中式控制体现在任务控制站中,指挥员可以通过与控制系统交互,体现对整个无人机系统的集中式任务分配,以及对其执行任务过程的监视和干预;而分布式控制体现在两个方面:一是在预分配阶段,各无人机接受任务控制站传来的任务分配信息后,采用协作方式完成指定任务;二是在任务执行阶段,发生突发情况时,无人机系统采用分布式协商方式,及时调整分配方案,以最大效能应对战场态势的变化。

下面通过对任务控制站中的控制系统和各无人机内的自主控制系统进行功能模块的划分,利用分层多智能体方法来描述多类型无人机集散式控制体系结构,如图 3.5 所示。

从图 3.5 所示的控制体系结构中可以看出,无人机集群包含以下两个部分:

1. 集中控制部分

该功能实现的是任务控制站中控制系统的集中控制功能。指挥员根据已知的各个目标信息,通过人机界面,向控制系统输入当前多类型无人机系统所要完成的任务集,任务决策 Agent 根据无人机系统内的资源信息和其中无人机状态等综合多个性能指标,依次为不同的无人机组分配不同的任务集。任务决策Agent 实现了多类型无人机系统的集中任务分配功能。

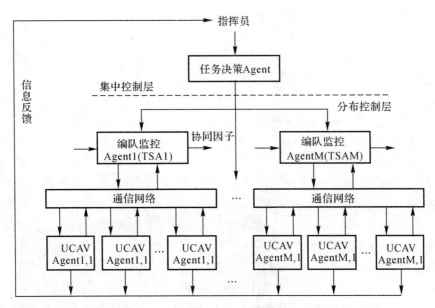

图 3.5 基于多智能体的多类型无人机系统分层集散式控制体系结构

2. 分布式控制部分

无人机组间的通信、协调是通过各个编队的编队监控 Agent(TSA)实现的。在战场态势发生变化时,各无人机组之间要进行通信通过 TSA 实现,进行任务的重新分配。在一个编队内(也称为组内)包含多个 UCAV Agent,TSA 和编队内成员 UCAV Agent 之间的关系表现为组内中心节点对组内成员的指挥作用,中心节点对目标进行分解,在组内进行目标分配,指定组内成员的任务目标。

在机构中还存在 UCAV Agent 向指挥员的信息反馈,这有利于指挥员及时了解任务分配的情况以及任务执行的情况等。

|3.4 无人机集群任务分配算法|

3.4.1 静态任务分配算法

在静态环境中,无人机和任务都是确定的,不发生改变。在这样的条件下,多无人机任务分配的算法主要有群算法、市场机制算法和进化算法。

3.4.1.1 群算法(Swarms & Flocks)

群算法主要模仿自然界中各种生物的群体化行为,例如虫群和羊群。通过对虫群群体化行为进行具体的研究分析,简单说明群算法的具体特点:昆虫群的群体行动指的是昆虫个体根据一些规律进行个别的运动,从而导致整个群体显现出一种运动规则,在运动中昆虫主要遵循三个准则:第一,实时监测与邻近个体距离,防止产生交叉冲突,即防止和其他个体产生碰撞;第二,采集邻近个体的信息,如速度、位置等;第三,保证和其他昆虫的距离,不能太远,而脱离群体。昆虫以上这些行为都是个体的行为,不是群体的运动,不过所有的个体都执行这些准则,就会产生整体的运动趋势。群算法中目前为止最为经典的是蚁群算法(Ant Colony Optimization)。1991 年,意大利科学家 Marco Dorigo 首先在其发表的研究成果中提到了蚁群算法。蚁群算法遵循的基本规则是,模仿生物界中蚂蚁群体寻找食物的行为,蚂蚁在寻找食物的时候,一般都能够在经过的路径上分泌并留下特定的激素。蚂蚁个体往复地在路径上留下激素,激素的浓度在较好的路径上积累,浓度变大,从而使后来的蚂蚁能快速地找到食物所在的位置。图 3.6 可简单说明蚁群算法的基本原理。

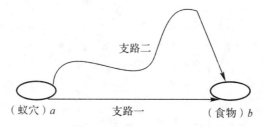

图 3.6 蚁群算法原理图

如图 3.6 所示,a 点表示蚂蚁的巢穴位置,b 点表示食物的位置,有两条路径在巢穴和食物之间。假定有两组数目相同的蚂蚁同时由 a 点出发,沿着两条路径分别向着 b 点前进,刚开始沿着两条路径的概率是相等的,均为 1/2,设定蚂蚁爬行的速度相同,蚂蚁单位时间分泌的激素量相同。蚂蚁就这样往复地在这两条路径上来回搬运食物,但是由于路径二明显长于路径一,所以路径二上的激素的浓度将会明显小于路径一上的激素的浓度。由于路径一上的激素浓度较大,蚂蚁就会越来越偏向于向路径一前进,这样在路径一上留下来的激素也越来越多,激素的浓度不断增加,直到最后,几乎所有蚂蚁都会沿着路径一前进去寻找食物,这样就大大提高了蚂蚁搬运食物的效率。

除了蚁群算法,常见的群算法还有 Kennedy 和 Eberhart 提出的粒子群算法

(Particle Swarm Optimization,PSO),其最初是模仿鸟群觅食而设计的,在 PSO 算法中,每个任务分配方案都是"粒子",所有的粒子都有适应值函数决定的适应值。

PSO 算法的基本流程:

1)初始化一群大小为 m 的粒子,包括它的位置和速度。

2)设计适应度函数并评价每个粒子的适应度大小。

3)对每个粒子将其适应度大小与历史极值 P 作比较,如果比历史极值好,便将它作为新的 P。

4)对每个粒子,将适应值与 P 作比较,如果较好,将它作为新的 P。

5)根据迭代公式,改变粒子的位置和速度。

6)如达到结束条件(有足够好的适应值或者达到预设的迭代次数),则结束;否则,返回步骤 2)。

7)算法结束。

群算法作为一类典型的解决静态任务分配的方法,有其自身独特的地方。相对于其他任务分配算法,有很多的优点,但是万事都有利有弊,群算法在存在优势的同时还存在许多不足之处。我们对先前研究的蚁群算法和粒子群算法进行分析,结合国内外对群算法在无人机任务分配中的应用实例和理论研究,总结归纳出群算法具体有以下四个优势:

1)随机性强。

2)可以对较大规模的实际问题进行求解。

3)逻辑简单,适用于简单的任务判断。

4)在搜索过程中消耗的能力少。

四个缺点:

1)实时性差,很难确定具体时间。

2)理论依据不够充分。

3)得到的解不一定是最优的。

4)对于多类型的无人机不适用。

群类算法基于每个单体的行动,而每个单体的结构和功能是完全一样的,或称为同质的(Homogenous),因此其具有天然的分布性,而目前多无人机协同系统结构的发展方向正是分布式系统,从这点来说群类算法是有优势的,但同时一个编队中的不同无人机往往有不同的装备和功能,故群类算法由于其同质性可能不方便直接应用。群算法虽然基于单体行动,但是其最终解却是由总体趋势决定的,因此多一些单体或少一些单体对该算法没有明显的影响,即群算法对问题规模的变化不敏感,这是其一个优势。此外,群类算法是一种随机性的搜索算

法,以蚁群算法为例,其搜索不需要关于搜索空间的过多知识,但同时正是由于其不是确定性方法,导致我们虽然知道蚂蚁群正在向可能有食物的地方移动,但没有一个明确的理论依据让我们准确得知它们何时找到或是否能找到食物,这是排斥该类算法的研究者最不满的缺点,而且随机搜索一般只能得到局部最优而得不到全局最优解。

3.4.1.2　自由市场类算法(Free Market Economies)

自由市场类算法是另一大类静态任务分配算法。它来源于资本主义社会市场经济体制。市场经济能够利用自由的市场行为,进行自主的资源调配与流动。市场中有许多客户,每个客户依据自己的投资能力和预期效益对市场中的项目进行投资,个别客户个体无法改变整个市场的走势,但是把所有的客户看作一个统一的大集合,就可以通过投资对整个市场的走势产生决定性的作用,即市场的发展或者市场的消退。无人机的任务分配问题与市场机制中的资源分配有一定的相似性。P. B. Sujit[16]等人介绍了一种包含谈判机制的市场类算法,无人机通过数据链技术相互传递信息,协商得出任务分配方案。在该类算法中,每架无人机完成一个任务都会产生收益,但是执行时会消耗无人机的能力。得到与损失的差额就是无人机完成任务的利益,每架无人机都为了利益最大化而执行任务。

通过对大量市场类算法在无人机任务分配方法求解的理论研究和实际应用中,我们总结归纳了市场类算法的主要优点:

1)确保了每架无人机收获的利益和消耗的能力相差不大。

2)无人机的类型可以不同。

3)大大减少了无人机在空间内搜索的时间。

因为市场中每个单体所追求的是个体的利益,所以对于个体而言,不仅要考虑完成任务获得的收益,还要考虑自身的执行能力,也就是所谓的本钱。在任务分配过程中,首先要考虑无人机本身执行任务的能力,包括航程、航速和负载载荷等,这就保证了资源的均衡。其次考虑到市场中各个客户的不同,符合无人机任务分配的实际问题,因为往往无人机的类型都是不一样的。最后,由于市场类方法,只考虑个体的收益最大,而不考虑整体的收益最大,不需要对所有的情况进行全面的考虑,从而减少了空间中搜索的时间。但是由于市场中的盲目性,往往不能得到最佳的分配方案。

3.4.1.3　进化理论算法(Evolutionary Algorithm)

最后一大类静态任务分配算法是进化理论算法,该算法的理论依据是仿照自然界中生物种群进化,以优胜劣汰的进化原则,将相对优秀的生物个体保留下来,而将相对差点的个体剔除出种群。遗传算法是这一大类算法中使用最多、最为有名的算法。1975 年,美国密歇根大学的 J. Holland 教授首次在研究成果中提到了遗传算法,之后,全世界很多国家的科研工作者对遗传算法进行了理论研究和实际应用。遗传算法仿照生物进化理论,采用染色体编码方式进行任务分配方法的最优化选择。遗传算法以决策变量的编码作为运算对象,传统的优化算法往往直接采用决策变量的实际值,这是它的一个很大的特点。基于 UAV 多任务协同分配问题特定染色体编码方式,遗传算法采用两种进化操作:选择操作和交叉操作。有研究者在传统的遗传算法中使用邻域搜索算法。基于邻域搜索原理,运用对称群结构描述 UAV 任务分配的搜索空间,运用右乘运算构造搜索邻域,结禁忌搜索。相对于传统遗传算法、爬山能力强和全局迭代寻优,易找到全局最优点,实现基于对称群计算的 UAV 任务分配算法。

算法基本步骤:

(1)设置演化代数 N_{gen},种群规模 N_{pop},繁殖池子大小 S,交叉概率 P_c,变异概率 P_m;

(2)随机生成大小为 N_{pop} 的种群;

(3)评价 UAV 任务分配种群中的每一个个体;

(4)如果满足终止,转到第(12)步,否则,进入第(5)步;

(5)利用选择轮盘种群中选取 S 个个体组成繁殖池子;

(6)按交叉概率 P_c,采用 PMX 交叉方式进行交叉操作;

(7)按照变异概率 P_m,进行变异操作;

(8)将新生成的个体加入种群中;

(9)计算新个体的适应值;

(10)将扩展的种群最差的 S 个个体删除,使其恢复原来种群的大小;

(11)转到第(4)步;

(12)从种群中选出最好的个体作为所求航迹,进化过程结束。

算法染色体编码方法:染色体表现形式与问题越接近,进化算法越能够生成更好的解,对于最基本的任务分配方法,采用了如下染色体编码方案:进化种群中每个个体用一个长度为 l 的任务点排列表示,这里 l 表示所有的任务点的数目。染色体的每个基因座上随机设定一个任务点的顶点。同时对于 UAV 集中的所有 $UAV_i (i = 1, \cdots, N_U)$,此染色体还对应一个随机产生的非负整数 N_i 的集合,集合中的元素表示该 UAV 分配到的任务点的数目,并保证

$$\sum_i N_i \leqslant l$$

图 3.7 给出了任务分配种群中某染色体的示意图。该染色体表示：2 个 UAV 组成的飞行编队，其中 UAV1 的航路为 UAV1−2−3−UAV1，$N_1 = 2$；UAV2 的航路为 UAV2−1−4−5−UAV2，$N_2 = 5$。

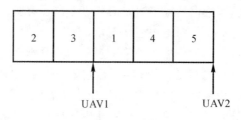

图 3.7　染色体编码

基于 UAV 集群任务分配问题特定的染色体编码方式和适应度函数，本节采用如下的进化操作：

1. 选择操作

进化算法的选择是建立在对个体适应度的评价基础之上的，本节采用经典的比例选择算子来实现该操作。

比例选择是一种有退还的随机采样方法，其基本思想是，每个个体被选中的概率与其适应度大小成正比，其具体的执行过程如下：

（1）计算出种群中每一个个体的评价函数的值，得到它们的总和；

（2）分别计算种群子个体评价函数值的相对值，即各个体被选中作为父代遗传到下一子代的概率；

（3）再使用类似赌博轮盘的操作（即产生 0−1 之间的随机数），从而分别确定每个个体被选中遗传到下一代的概率。

2. 交叉操作

本节采用的交叉操作使用的是 EA−PMX 算法中的 PMX 交叉算子。UAV 任务分配问题对交叉算子的设计要求是，对任意两条染色体进行交叉操作后，能得到两条新的且具有实际意义的染色体序列。部分交叉映射（Partially Mapped Crossover，PMX）算子是一种常见的交叉算子。

PMX 算子的主要思想是，整个交叉过程分两步完成：首先对个体编码进行常规的双点交叉操作，然后根据交叉区域内各基因值的映射关系来修改交叉区域之外的各基因座的基因值，按照染色体的编码，种群中的任一染色体表示为 $T = (t_1, t_2, \cdots, t_n)$。

由父代染色体 T_x, T_y 按照 PMX 方法产生两个新子代染色体算法步骤：

（1）随机选取两个基因插入点 i 和 j 后的位置为交叉点，即将第 $i+1$ 个基因插入点和第 j 个基因插入点之间的各个基因点定义为相交区域。

(2) 相交区域内的各个基因插入点 $p(p=i+1, i+2, \cdots, j)$，在个体 T_x 中求出 $t_q^x = t_p^y$ 的基因座 q，在个体 T_y 中求出 $t_r^y = t_p^x$ 的基因座 r，然后互换基因值 t_q^x 和 t_p^x, t_r^y 和 t_p^y，所得结果为 T_x' 和 T_y'。

3. 变异操作

在 UAV 任务分配的混合搜索算法中，将细菌觅食算法中的迁徙操作作为改进进化算法中的变异算子使用，称之为迁徙变异算子。迁徙变异算子首先进行迁徙操作，以概率 P_e 随机选择种群中评价函数值较差的染色体，作为变异的初始染色体，然后以概率 P_m 随机抽取初始染色体中的一位进行变异操作。

进化理论算法的优点主要有如下三点：

(1) 以评价函数值为依据进行判断，不需要引入其他数学方法对数据进行处理。

(2) 因为有多个基因插入点，所以具有很强的随机性。

(3) 存在变异概率，可以跳出局部最优。

遗传算法的算法速度快，通常很快就能得到比较好的局部最优解，因为遗传算法中变异的概率很小，所以很难跳出局部最优解而得到全局最优解，这是其主要缺点。同时，遗传算法由于其本质上的随机性，求解过程中存在较多劣质搜索过程，导致其在大规模组合优化问题的求解中效率和精度不高。

3.4.2 动态环境中多任务重分配算法

在具体环境中，环境的动态性和不确定性以及协同控制的复杂性，使任务开始后会出现许多无法预料的情况，因此，必须根据战场态势和编队状态的变化快速调整 UAV 集群的任务计划，通过动态重调度实现 UAV 之间的任务重分配，以真正适应复杂的作战环境。因此，我们更多的使用到的是动态分配算法。UAV 任务再分配的一般策略是整个编队在局部调整分组基础上的完全再分配。动态任务分配算法主要有合同网算法、拍卖算法和聚类算法。

1. 合同网算法

为了更好地解释合同网的概念，首先简要介绍下 Agent(智能体)。通常认为：Agent 主要应用于动态环境中，它具有先进的设备，如传感器、高性能机载电脑和先进的导航系统等，实时获取自身的状态信息，如形态、位置、负载等；任务集信息，如目标位置、目标数量、任务目标价值以及周围的环境信息。通过对这些信息的总结、分析，与其他无人机进行信息共享交互，制订出任务分配方案并执行。它具有高度的自治性和行动力，在分布式控制中被广泛地应用。

下面着重介绍 MAS(Multi - Agent System)，即通常所说的多智能体系统，

MAS一般由多个具有运算能力的智能体组成,在该系统中,每一个智能体都是真实存在的实际任务执行者,可对周围环境进行监测和分析,并将得到的信息通过数据链技术与其他智能体进行通信。多智能体系统在分布式控制中既是相互独立的,又是相互作用的。智能体之间通过发送请求和提供信息,是一种具有相互作用的分布式控制。

合同网协议是多智能体系统中的核心问题,系统中的智能体都依照合同网协议来调整各自的行为,从而使得目标任务完全分配。合同网协议主要应用在分布式控制方法中,智能体通过建立信息数据链,进行信息交互。现实中合同网的关键是合同协议的制定,从而设计具体的任务分配方案,保证任务的正常执行。

合同网一般有三大类任务执行角色:招标者、投标者、中标者。

对合同网的一般理解为,首先是任务招标者有任务需要其他任务执行者的能力来完成,因此招标者就会向投标者通过信息交互发布任务请求,即所谓的招标行为;接着收到任务信息的投标者们先是评估自己的执行能力和想要得到的收益,给出自己的投标值,即所谓的投标行为;最后招标者整理分析投标者给出的投标值,遴选出最适合完成任务的投标者作为中标者。图3.8为一个合同网方法的简单框图。

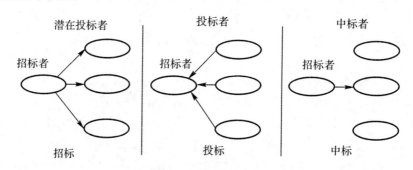

图3.8　合同网方法示意图

将合同网算法的具体步骤总结如下:

(1)招标者传送任务信息给投标者,包括任务数量、任务完成期限等;

(2)投标者对招标者传送的任务信息实时监测,并对自己感兴趣的任务进行投标成为投标者;

(3)管理 Agent 在一定的时间段内对所收集的应标进行评估,根据评估结果向其满意的投标者分配任务;

(4)任务执行 Agent 确认该任务分配者提出的合同完成分配,形成承诺监督关系。

关于合同网算法如何应用在无人机多任务动态分配中,借鉴文献[18]的思想,总结如下:当无人机集群中的某一个单体有了一个新的情况,如侦察有了新发现,则将启动一个任务拍卖,在启动拍卖前该无人机首先通过自己下层的路径规划系统计算出自己执行该任务的损失,生成一个带权重的损失向量,向量元素包括与目标的接近程度、任务的危险性、武器和油的存储量,以及该任务的优先级等,权重由当时该机的实际情况动态设定,然后这个损失向量被广播给所有无人机作为参考,其他无人机检索自己的预定路线,也计算出一个自己的损失函数,作为叫价发还给拍卖者,拍卖者设定一个时间期限,在截止后评估当前各叫价,选出一个最优者并通知其接受任务,如果在给定时间内最优者由于种种原因没有回应,则发给次优者,以此类推。一旦某个被选中的买家回应了拍卖者,则该任务的执行权就由拍卖者交给了买家,任何获得任务执行权的无人机有责任完成该任务。通过持续地将任务分配给损失最小的无人机,虽然每一次可能不是全局最优的,但可以想象,整体解将逐步由局部最优趋向于全局最优,每个智能体的利益追求形成的正反馈即是寻找最优解的动力。

合同网算法中,由于各个投标者的机会是相同的,招标者根据投标者给出的投标值,依据市场经济中的一般规律对投标者进行遴选,选出中标者。虽然用合同网算法能够快速实现对目标任务的全部分配,但是合同网算法也存在很多不足之处,如招标者投标信息过大,投标过程中没有建立合同,可能中标者会将任务转给别的投标者,有时候有很多招标者等。

2. 拍卖算法

拍卖算法是在动态环境中分布式控制方法分配任务方法的又一种重要方法。拍卖算法模拟具体的拍卖过程,在拍卖过程中各个智能体计算每一个任务的收益、消耗的能力、评价函数等。拍卖算法首先给出一个拍卖的具体先后次序,各个智能体按照次序去完成自己拍卖得到的任务集,最后得到整体的任务分配方案。在智能体能力范围和约束条件之内,拍卖法重新给出一个拍卖次序进行又一次拍卖,根据评价函数评价新方案和旧方案,将较优的方案留下来,如此周而往复,得到较好的解。

对于动态环境无人机任务分配方法,我们主要关心的还是算法的实时性,算法的实时性不是说完成任务的时间越短越好,而是当任务环境改变(包括任务集的改变和无人机集的改变)的时候,能够快速地给出新的分配方案。拍卖算法恰恰具有这种能力。

拍卖算法首先要解决的是竞拍机制的制订,在解决动态环境下无人机任务分配问题时,竞拍机制相对于传统的有很大的不同,传统的竞拍机制都只是对一个目标任务进行拍卖,有一个拍卖决策者,按照特定的规则将任务分配给出价最

高的个体,各个个体天生存在着相互竞争的关系。在无人机任务分配的实际问题中,由地面控制站生成无人机完成任务的次序,并且同时对所有任务分配,在次序确定后,各架无人机不存在竞争关系。为方便描述,假定某无人机完成任务方案可以表示为 $P_j = (P_{j1}, P_{j2}, \cdots, P_{jl})$, P_j 为一个有序集,l 表示有序集 P_j 中元素的个数。竞拍中,主要考虑下面的预期效益函数:

$$\text{Value}_i(P_j) = \sum_{k=1}^{l} \rho_{i,jk} \sigma_{jk} \qquad (3-1)$$

其中,$\rho_{i,jk}$ 表示无人机 U_i 完成任务 P_{jk} 的概率;σ_{jk} 表示任务 P_{jk} 的重要程度。

拍卖方法虽然不是确定性算法,不能得到最优解,但是在动态环境中的任务重分配中,具有较好的实时性,能够较快地得出新的分配方案。

3. 聚类算法

聚类算法主要研究的是如何根据目标位置、功能等属性值将其分为若干类别,以揭示目标之间的相互关系和差别,使一个类别中的对象样本有较高的相似度,而不同类别中对象样本的属性值差别较大。

聚类的定义如下:

给定一组数据 D,把它划分为若干聚类或者称为簇,

$$\{C_1, C_2, \cdots, C_k \mid C_i \subseteq D\} \qquad (3-2)$$

使不同聚类中的数据尽可能地不相似而同一聚类中的数据尽可能地相似。K 均值算法(也称 K - means 算法)是一种最常用的动态聚类算法,它是一种基于划分的迭代算法,在求解过程中,通过反复修改分类来达到最满意的聚类结果。该算法的基本思想是,首先以一些初始点为聚类中心,对样本集进行初始分类;判定分类结果是否能使一个确定的准则函数取得极值:如能,聚类算法结束;如不能,改变聚类中心,重新进行分类,并重复判定,所使用的准则一般是误差平方和准则。另外一种动态聚类算法是 ISODATA 算法(Iterative Self - Organizing Data Analysis Techniques Algorithm)。ISODATA 算法是动态聚类的一种。动态聚类的特点在于,聚类过程通过不断地迭代来完成,且在迭代中通常允许样本从一个聚类中转移到另一个聚类中。该算法的基本思想是,假定样本集中的全体样本分为 m 类,并选定 K 为初始聚类中心,然后根据最小距离原则将每个样本分配到某一类中,之后不断迭代,计算各类的聚类中心,并以新的聚类中心调整聚类情况,并在迭代过程中,根据聚类情况自动地进行类的合并和分裂。下面对经典 K 均值算法介绍如下:

误差平方和准则如下:

设有 k 个分类,每个聚类中心为 $n_i(i = 1, 2, \cdots, k)$,常用的准则函数是使每个类中的各个样本到该类中心的距离的平方和取得极小值,即

$$E_{\min} = \sum_{i=1}^{k} \sum_{x \in w_j} \| x_i - n_i \| \tag{3-3}$$

下面通过一个简单的例子简要介绍 K 均值聚类算法的一般步骤。

首先,确定初始聚点(见图 3.9(a)),初始聚点的坐标为 $(2,4)$,$(7,5)$;根据聚点将图中的 10 个对象划分为两组(见图 3.9(b)),然后计算每组的中心点(见图 3.9(c)),可见中心点发生改变;再由新的中心重新划分对象(见图 3.9(d)),由图可见,聚类中心点发生了改变。

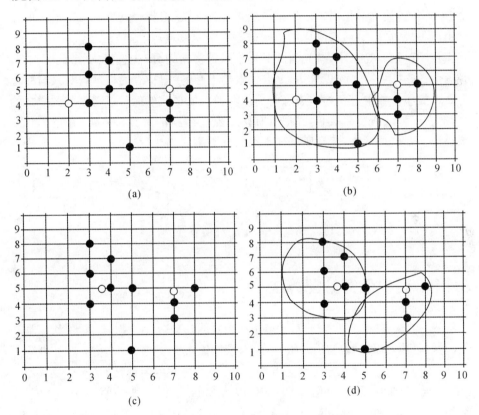

图 3.9 聚类算法示例

(a) 初始聚点;(b) 初始划分;(c) 修改聚点;(d) 重新划分

划分算法的基本流程如图 3.10 所示,其中前三个步骤都有各种方法,通过组合可以得到不同划分算法。

初始聚类中心生成方法:在 K 均值算法的基础上,许多改进算法在如何选择初始聚点以及如何修改聚点等方面提出不同的方法。初始聚点的选择决定了初始划分,对最终的划分有很大的影响,选择的初始聚点不同,算法求解的结果

也不同。一般情况下,初始聚类中心的选择有如下几种途径:

(1)经验选择法。根据以往经验大体知道对象应如何划分,分为几类,选择每一类中有代表性的对象作为聚点。

(2)随机选择法。将对象随机地分成几组,取每组的中心作为聚点。

(3)抽样法。当对象数量很大时,先随机抽取一部分对其进行聚类,然后取每组的中心作为聚点。

(4)最小最大法。先选择所有对象中相距最远的两个对象为聚点,然后选择第三个聚点,使它与已经确定的聚点的最小距离是其余对象与前两个聚点的较小距离中最大的,然后按同样的原则选择以后的聚点。

在经典聚类算法中,首先需要对样本进行初始划分,先选择 K 个代表点,K 为剩余任务的数目。先以这 K 个点位聚类中心,并把所有的样本点归入与其距离最近的那一类中。初始代表点为简便而随机取得。然后计算每一类的样本均值,把它作为该新类的核心,并把所有样本点按照新的聚类核心重新进行划分。该过程一直重复下去,直到所有样本点的分类不变为止。

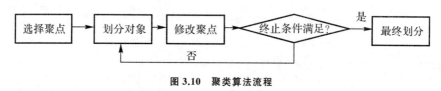

图 3.10　聚类算法流程

3.4.3　其他任务分配算法

除了前述常见方法之外,对于多 UAV 协同任务分配问题,还有许多其他方法,例如一种可以在线应用的 BFS 算法,最好优先贪婪与 A * 算法,基于神经网络的方法、模拟退火算法、决策论方法、人工势场法和细菌觅食算法等。

下面以细菌觅食优化算法为例进行研究分析。细菌觅食优化算法(Bacterial Foraging Optimization algorithm,BFO)是由 K. M. Passino 于 2002 年基于大肠杆菌在人体肠道内的觅食行为提出来的一种仿生随机搜索算法,在搜索过程中通过营养分布函数来判断搜索算法的优劣。BFO 的算法包括趋化、复制和迁徙三个步骤。

1. 趋化行为

大肠杆菌在觅食过程中有两种基本运动:游动和旋转。通常,细菌在环境差的区域会较频繁地旋转,在环境好的区域会较多地游动。大肠杆菌的整个生命周期就是在游动和旋转这两种基本运动之间进行变换的,游动和旋转的目的是寻找食物并避开有毒物质。

趋化运动中,第 i 个细菌根据下式更新位置:

$$\theta^i(j+1,k,l)=\theta^i(j,k,l)+C\angle\phi \qquad (3-4)$$

式中,$\theta^i(j,k,l)$ 是第 i 个细菌在第 j 次趋化,第 k 次复制和第 l 次迁徙操作中的位置;C 是趋化步长;$\angle\phi$ 是翻转运动中的随机产生的角度,范围为 $[0\sim2\pi)$。

2. 繁殖行为

所有细菌完成趋化后,进入复制阶段。采用健康度作为评定各细菌优劣的准则,计算公式为

$$J^i_{\text{health}}=\sum_{j=1}^{N_c+1}J^i(j,k,l) \qquad (3-5)$$

式中,J^i_{health} 表示第 i 个细菌的健康度;N_c 表示趋化步骤的最大次数。将全部 S 个细菌根据健康度进行升序排序。淘汰健康度较差的 S_r($S_r=S/2$) 个细菌,保留健康度较好的 S_r 个细菌。将存活的 S_r 个细菌以一分为二的方式繁殖,子细菌保留母细菌的生物特性,即具有和母细菌相同的位置和趋化步长。为计算方便,S 设为 2 的整数倍。

3. 迁徙行为

细菌在 N 次复制结束后,进行迁徙操作。以概率 P 选取部分细菌,将其随机驱散到其他位置,剩余细菌的位置保持不变。迁徙操作增加了细菌群体跳出局部最优的可能性。然而,该事件有可能驱散位置已经接近全局最优的细菌,延缓优化进程。

基本细菌觅食算法优点是能够较好地找到全局最优解,缺点是收敛速度慢;而基本粒子群算法的优点是算法实现简单,收敛速度快,缺点是易早熟,陷入局部最优值。为此,杨尚君等人结合两种算法的优点,提出了一种混合细菌觅食优化算法(PBFO),该算法的核心思想是,用粒子群来代替细菌觅食的趋向操作,趋向操作替换为粒子群寻优的迭代过程,并将复制操作与迁徙操作合并为以适应度作为判断条件的迁徙操作,对执行迁徙操作的细菌个体,进行初始化操作,并借鉴粒子群寻优思想,保留迁徙细菌个体的历史极值,以便迁徙后的细菌个体在下一次搜索中依然朝着最优的方向寻找,这样设计既保持了粒子群能够快速收敛的优点,又保持了细菌觅食能够找到全局最优值的优点。

PBFO 算法的基本步骤:

(1)初始化算法参数(菌群数量 n、趋向操作次数 L、迁徙次数 S);

(2)随机产生 n 个细菌;

(3)计算细菌个体的适应度并记录细菌个体极值和组织极值;

(4)应用粒子群算法进行趋化操作,将菌群中每个细菌个体与个体极值和组

织极值进行交叉、变异操作;

(5)如果达到指定迭代次数,算法继续,否则转向第(4)步;

(6)对菌群进行迁徙操作,根据迁徙条件,对满足条件的细菌个体进行初始化操作,保留个体极值,不满足的细菌个体保留;

(7)如果达到最大迭代次数或找到满足精度要求的解,算法停止并输出结果,否则转向第(3)步。

其流程图如图 3.11 所示。

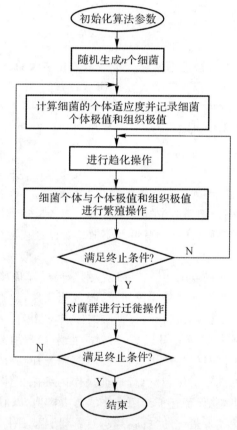

图 3.11　细菌觅食算法流程

3.4.4　算法研究存在的不足

当前对多无人机协同任务分配问题的研究出现了很多方法,在问题建模、搜索策略和算法方面取得了很多研究成果,但是对于多无人机协同任务分配问题,当前的研究还存在以下问题：

(1)任务分配问题模型中,缺乏对任务和无人机异构属性的考虑。现有无人机任务分配问题模型通常假设无人机和任务的属性是单一的。而更为实际的应用场景中,不同任务对于资源具有异构类型要求,往往需要将各种不同类型的无人机搭配组合才能完成任务处理。加之任务本身又具有突发性和变化性,因此现有模型无法支持无人机集群处理较为复杂任务的情况。

(2)任务分配问题的求解方法实时性不强。目前求解任务分配问题的方法,多属于预先规划阶段的离线方法。因此,建模过程中研究重点是如何提高对于任务场景和任务类型的准确描述,而在求解过程中则重点关注如何提高任务分配算法的整体任务处理效果。但在实际应用中,需要实时的任务分配方法以应对变化的任务场景,算法的时效性与准确性同样重要。在某些情况下,应用场景甚至需要立即给出分配方案,否则算法的效果将大幅度下降。

(3)缺乏结合预先任务分配的动态任务分配研究。现有研究大多假设目标的属性和位置已知,而在真实环境中,目标的属性信息通常难以预知,并且存在突发事件,需要进行实时任务分配或调整。同时,为了无人机群可以具备应对动态环境的自适应和自组织能力,也需要有效的动态任务分配算法支持其应对任务执行过程中出现的意外情况。但是,目前对多无人机动态任务规划问题的研究,往往忽略了多机协同时存在的一些问题,例如,实时任务分配过程中,异构属性任务对于多机时空约束的要求;预先任务分配的结果对于动态任务分配的影响;如何利用预先任务分配的时空间隙,提高实时任务分配的效果。因此,基于预先任务规划的结果,并结合当前任务环境及需求,研究动态任务规划算法有更大的实际意义。

3.5 集中式无人机集群任务分配

对于给定任务和现有的无人机资源,确定参与执行任务的侦察无人机、灭火无人机的数量,组成无人机集群。无人机的任务分配可以定义为,基于一定的环境知识(如任务目标位置、威胁区域位置等)和任务要求,为编队中的各架无人机分配一个或一组有序的任务集(或目标、空间位置),以便在完成最大任务的同时,使无人机集群的整体效率达到最优。无人机任务分配问题的解是任务区域各任务(或目标位置)的一个排列。由于其明显的优化组合特征,求解无人机任务分配的有效方法是设计出能在合理的计算时间内找到最优或近似最优解的启发式算法。

3.5.1 静态环境下无人机集群任务分配

静态环境指的是无人机集,任务目标集以及任务环境都保持不变。在这种情况下,我们对无人机任务分配问题进行研究。

3.5.1.1 任务分配场景和限制条件

1. 任务分配的场景

由于无人机在自然灾害中的应用越来越广泛,本节设定的任务分配场景就是多无人机协同森林灭火。在一个二维空间平面中,含有 N_1 架侦察机和 N_2 架灭火机的无人机(每架无人机只能执行一种任务,侦察或灭火)编队对 M 处静止目标(假定目标对无人机无威胁),进行"侦察—灭火—灭火评估"。

2. 任务分配限制条件

在前文无人机任务分配的场景下,并考虑实际情况,设定了以下限制条件:

(1)每架无人机只能执行单一任务,任务包括侦察(监视)或灭火;

(2)无人机与地面控制站通过无线数据链路进行信息交互,无人机之间无通信联系;

(3)各架无人机的任务分配和再分配由地面控制站执行,有人参与方式;

(4)各架无人机的航线规划由地面控制站执行,并将含有时间信息、任务信息等的各航线点坐标发送给无人机,无人机严格按此航线飞行和执行任务;

(5)所有无人机的起飞、着陆地点相同或近似相同;

(6)多无人机之间的同步协调通过地面控制站操作人员进行。

3.5.1.2 多无人机任务分配的数学模型

1. 无人机任务集描述

无人机任务集 TS 可以用以下一个 6 元组来描述:

$$TS=\{ID, Act, Location, Min, Max/duration, State\}$$

在以上任务集当中:ID 表示无人机的标识符,采用前缀＋数字方式来标识编队中的每一架无人机。前缀 R 表示侦察机,F 表示灭火机,数字表示序号。例如,R1 表示 1 号侦察机,F2 表示 2 号灭火机,依此类推。

Act 表示无人机执行的动作,包括:

(1)起飞(Take‐off):无人机在时间窗口[Min, Max]起飞并到达指定位置 Location;

(2)着陆(Land):无人机在时间窗口[Min, Max]返航至指定位置 Location

并着陆；

（3）按指定航线飞往目标位置（Go‐to）：无人机应在时间窗口［Min，Max］到达指定位置 Location，在飞行过程中并不打开侦察设备；

（4）侦察（Reconnaissance）：无人机应在时间窗口［Min，Max］到达指定位置 Location 并打开侦察设备，主要用于沿航线的侦察，结果可用于实时修改网格平面坐标系中网格的状态；

（5）监视（Surveillance）：无人机在指定位置 Location 打开侦察设备做盘旋运动监视目标，以便进行毁伤评估，并持续一段时间 duration 结束；毁伤评估的结果或是将该任务从网格平面坐标系中去除目标（目标位置改为空格）或是保留；

（6）灭火（Outfire）：无人机应在时间窗口［Min，Max］到达指定位置 Location 并对目标进行灭火；

（7）无动作（Ignore）：无人机应在时间窗口［Min，Max］到达指定位置 Location 并关闭侦察设备，Reconnaissance 与 Ignore 相配合可完成对特定航段的侦察任务；

（8）等待（Wait）：无人机在指定位置 Location 做盘旋运动等待，并持续一段时间 duration 后结束；

Location 依 Act 不同分别表示该架无人机应到达的目标位置或在该位置的停留时间；Arrival time 表示无人机到达目标位置 Location 的时间窗口的开始时间；

Away time 依 Act 不同分别表示该架无人机到达目标位置 Location 的时间窗口的结束时间或离开目标位置 Location 的时间；

State 表示无人机任务分配或任务执行中的状态，包括正常（Normal）和异常（Abnormal）两种状态。在任务分配时，Normal 表示任务分配成功，Abnormal 表示任务分配失败（可能的原因包括续航时间不够等）；在任务执行中，Normal 表示可以继续执行已分配的任务，Abnormal 表示出现异常情况无人机不能继续执行任务（可能的原因包括无人机故障、续航时间不够等）。

2. 平面网格坐标系

设置一个 $L_x \times L_y$ 尺寸的平面网格，其中包含无人机集群的整个飞行区域和待灭火的目标。并假设：

（1）在任意的时刻 t，如果某个网格被填空，表示无人机可以安全地飞临其位置。

（2）在任意的时刻 t，如果某个网格被填黑，表示无人机在其位置受到威胁，无人机规划航线应避免穿过该网格。例如，如图 3.12 所示，网格（2，4）被填黑，网格（2，4）位置是一个危险位置。

（3）在任意的时刻 t，如果某个网格被填入 $T+$ 数字的字符，表示该网格是某个目标所在位置网格。例如，如图 3.12 所示，网格 $(9,5)$ 中显示一个 T1，表示目标 1 的位置在网格 $(9,5)$。假设一个特定的目标只能占据一个网格位置。

（4）在任意的时刻 t，如果某个网格被填入一个加黑的字母＋数字，表示该网格位置此时被一架无人机占据。例如，如图 3.12 所示，在某时刻 t，网格 $(3,6)$ 中显示一个加黑的 R1，表示 1 号侦察机的当前位置在网格 $(3,6)$。

（5）如果某个网格被填入一个符号"○"，表示该网格被某架无人机的航线规划。例如，如图 3.12 所示，网格 $(5,8)$ 中显示一个符号"○"，表示网格 $(5,8)$ 是某架无人机所规划航线的一部分。符号"○"下表示了一个序偶的集合，序偶的第一个元素表示某个种类的某个编号的无人机，序偶的第二个元素是时间，表示该架无人机在此时间将占据该网格。例如，○＝{＜R1，100，110＞，＜F2，200，210＞}，其中，＜R1，100，110＞表示 1 号侦察机在第 100～110 s 时将经过网格 $(5,8)$，而＜F2，200，210＞表示 2 号灭火机将在第 200～210 s 经过网格 $(5,8)$，如果两个时间相等或太接近，则表示所规划的航线有交叉，可以从时间和空间两个角度去考虑解决航线交叉问题。

（6）S 表示起飞、着陆位置。

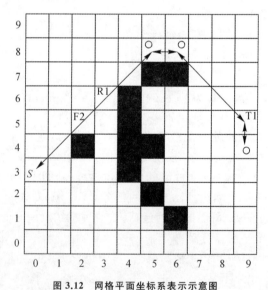

图 3.12　网格平面坐标系表示示意图

3.5.1.3　多无人机任务分配算法

1. 算法基本步骤

（1）确定任务目标数为 M，任务目标序号 $j＝1$；

（2）为任务目标 j 组织一个多无人机集群小组；

（3）为编队小组中的每一架无人机生成初始任务集；

（4）为编队小组中的每一架无人机规划航线并将航线点编入该架无人机的任务集；

（5）if $j < M$, then j ++, go to (2)；

（6）判断已规划航线是否存在交叉冲突，若有，则在空间或时间上对相关航线进行调整，直至无交叉冲突；

（7）任务分配结束。

2. 算法示例

如图 3.12 所示，任务描述如下（省略时间窗口信息）：

（1）无人机 R1 起飞至 S 点；

（2）无人机 F2 起飞至 S 点；

（3）无人机 R1 飞至 T1 点进行侦察；

（4）无人机 R1 飞至位置（9，4）等待，以便灭火机对位置（9，5）的目标灭火；

（5）无人机 F2 飞至 T1 点进行灭火，灭火立即返航至 S 点着陆；

（6）无人机 R1 随后飞至 T1 点进行观察以便进行灭火评估，结束后返航至 S 点着陆。

根据以上任务要求，任务静态分配算法过程如下：

（1）任务目标数 $M = 1$，任务目标序号 $j = 1$；

（2）为任务目标 1 组织一个无人机集群小组：地面控制站操作任务根据任务性质决定编队小组由一架侦察机（编号 R1）和一架灭火机（编号 F1）组成；

（3）为编队小组中的每一架无人机生成初始任务集，其中：

为 R1 生成初始任务集：

$TS_{R1} = \{$

  <R1，TakeOff，S，×，×，Normal>，// 起飞

  <R1，Reconnaissance，T1，×，×，Normal>，// 飞至 T1 点侦察

  <R1，Ignore，T1，×，×，Normal>，// 关闭侦察设备

  <R1，Goto，(9,4)，×，×，Normal>，// 飞至(9,4)处

  <R1，Wait，(9,4)，×，×，Normal>，// 在(9,4)处等灭火结束

  <R1，Surveillance，T1，×，×，Normal>，// 飞至 T1 进行观察

  <R1，Land，S，×，×，Normal>，// 返航至 S 点着陆

$\}$

为 F1 生成初始任务集：

$TS_{F1} = \{$

　　　　<F1, TakeOff, S, ×, ×, Normal>// 起飞

　　　　<F1, Outfire, T1, ×, ×, Normal> // 在 T1 处对目标进行灭火

　　　　<F1, Land, S, ×, ×, Normal>// 返航至 S 点着陆

　　}

　　(4)为编队小组中的每一架无人机规划航线并将航线点编入该架无人机的任务集,由图3.12,对 R1 生成的航线点有(5,8),(6,8)和(9,4);对 F1 生成的航线点有(5,8)和(6,8),插入相应的任务集,有:

　　为 R1 生成任务集:

　　$TS_{R1}=\{$

　　　　<R1, TakeOff, S, ×, ×, Normal>, // 起飞

　　　　<R1, Goto, (5,8), ×, ×, Normal>, // 飞至(5,8)

　　　　<R1, Goto, (6,8), ×, ×, Normal>, // 飞至(6,8)

　　　　<R1, Reconnaissance, T1, ×, ×, Normal>, // 飞至 T1 点侦察

　　　　<R1, Ignore, T1, ×, ×, Normal>, // 关闭侦察设备

　　　　<R1, Goto, (9,4), ×, ×, Normal>, // 飞至(9,4)处

　　　　<R1, Wait, (9,4), ×, ×, Normal>, // 在(9,4)处等灭火结束

　　　　<R1, Surveillance, T1, ×, ×, Normal>, // 飞至 T1 进行观察

　　　　<R1, Goto, (6,8), ×, ×, Normal>, // 飞至(6,8)

　　　　<R1, Goto, (5,8), ×, ×, Normal>, // 飞至(5,8)

　　　　<R1, Land, S, ×, ×, Normal>, // 返航至 S 点着陆

　　}

　　为 F1 生成初始任务集为:

　　$TS_{F1}=\{$

　　　　<F1, TakeOff, S, ×, ×, Normal>, // 起飞

　　　　<F1, Goto, (5,8), ×, ×, Normal>, // 飞至(5,8)

　　　　<F1, Goto, (6,8), ×, ×, Normal>, // 飞至(6,8)

　　　　<F1, Outfire, T1, ×, ×, Normal>, // 在 T1 处对目标进行灭火

　　　　<F1, Goto, (6,8), ×, ×, Normal>, // 飞至(6,8)

　　　　<F1, Goto, (5,8), ×, ×, Normal>, // 飞至(5,8)

　　　　<F1, Land, S, ×, ×, Normal>, // 返航至 S 点着陆

　　}

　　(5)只有一个任务,编队完成;

　　(6)航线交叉冲突检查,无冲突;

　　(7)任务分配完成。

3.5.1.4 无人机任务分配具体实施步骤

1. 初始环境建立

以多无人机协同森林灭火为例对无人机进行任务分配,假定有 20 个任务目标(人工设定),3 个 UAV 飞行编队,每个 UAV 集群的数目不定(由人工给定)。任务分配开始后,需要对所有任务目标进行侦察、灭火、灭火评估。为简化仿真验证过程,这里假定飞行路线为直线。

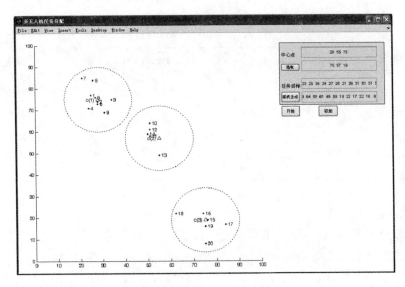

图 3.13 多无人机任务分配初始点

图 3.13 是利用 MATLAB 设计的多无人机任务分配界面,图中具体含义如下:

(1)界面左半部分是 100 km×100 km 的二维平面,是用来绘制任务分配示意图的。

(2)界面右半部分中心点,点击选取,可在左半部分任意选取任务中心点,因为初始设置为 3 个无人机集群,所以选取 3 个中心点,并记录中心点的二维坐标;点击下面随机生成的按钮,通过设定聚类半径(本仿真采用的半径为 15),随机生成任意个任务目标点(本仿真是 20 个随机任务目标点);点击开始按钮运行程序,得出各个无人机集群先后经过的任务点,结合上文的数学模型和有人参与的多无人机任务静态分配算法,得到无人机任务分配方案。

2. 无人机设定

(1)无人机的数目:由人工指定或者自动生成,本节采用人工指定。

（2）起飞位置设定：为方便任务分配仿真，假设无人机的起飞位置都为坐标原点(0,0)。

（3）巡航速度：为方便运算，假设无人机的速度均为 100 m/s，且无人机的飞行航路为直线。

（4）任务能力：无人机分为侦察机和灭火机，为简化问题，设定侦察机的任务能力为 5，即一架侦察机能够最多侦察和监控 5 个任务目标；设定灭火机的能力为 1，表示灭火机均装备了 1 箱水。假设无人机集群 1 中有 2 架侦察机，2 架灭火机，则无人机性能参数见表 3.1。

表 3.1 UAV 初始设定

UAV 编号	起飞位置	航速/(m·s⁻¹)	最大航程/km	任务能力	水箱数/个
R1	(0,0)	100	1 000	侦察	0
R2	(0,0)	100	1 000	侦察	0
F1	(0,0)	100	1 000	灭火	1
F2	(0,0)	100	1 000	灭火	1

3. 任务目标设定

（1）任务目标数目：由人工指定或者自动生成，本节采用人工指定；

（2）任务目标位置设定：由任务分配系统自动生成；

（3）任务目标所消耗能力：即各个任务目标灭火所需要的水量，设定每个任务目标灭火所消耗的水量为 1 箱；

（4）任务执行时间：指的是侦察、灭火所消耗的时间；为简化问题描述，省略时间窗口信息；

（5）任务中心的分类：根据任务中心的不同，以及范围半径的设定对任务目标进行划分；

根据图 3.13，则任务目标参数见表 3.2。

表 3.2 任务目标初始值

任务目标编号	目标位置/km	消耗能力/箱	任务执行时间/s	任务中心
T1	(25,77)	1	2	1
T2	(28,74)	1	3	1
T3	(34,75)	1	2	1
T4	(24,71)	1	2	1

任务目标编号	目标位置/km	消耗能力/箱	任务执行时间/s	任务中心
T5	(27,76)	1	3	1
T6	(28,73)	1	1	1
T7	(21,85)	1	1	1
T8	(26,84)	1	2	1
T9	(31,69)	1	3	1
T10	(51,64)	1	2	2
T11	(51,58)	1	2	2
T12	(51,61)	1	3	2
T13	(55,49)	1	3	2
T14	(50,59)	1	3	2
T15	(79,19)	1	3	3
T16	(74,22)	1	3	3
T17	(84,17)	1	3	3
T18	(62,22)	1	1	3
T19	(75,16)	1	1	3
T20	(75,8)	1	2	3

4. 仿真结果与具体步骤

仿真结果如图 3.14 所示。具体的仿真步骤如下:

(1)首先人工指定 3 个中心,以这 3 个中心设定半径大小,划分 3 个圆形区域,在这 3 个圆形区域中随机生成 20 个任务目标。

(2)通过分析任务目标区域的划分,地面工作站派遣 3 个无人机集群去完成任务,根据任务目标和无人机的本身能力,如未命中目标情况或无人机失效的情况,必须在无人机集群中多分配一些侦察机和灭火机。

因为侦察机的能力设定 5,所以当任务目标数目大于等于 5,就得分配两架侦察机;灭火机灭火是有命中概率的,假定灭火机的灭火成功概率为 0.9,则需要将需求的灭火机数量除以 0.9,并向上取整。

根据以上无人机分配的情况,在第 1 个无人机集群中分配了 2 架侦察机,11 架灭火机,完成任务 T1~T9;在第 2 个无人机集群中分配了 2 架侦察机,6 架灭

火机;在第 3 个无人机集群中分配了 2 架侦察机,7 架灭火机。

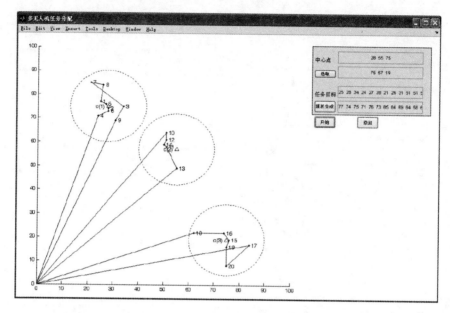

图 3.14   无人机静态任务分配仿真

对无人机集群按顺序编号,则编队 1 中侦察机编号是 R1～R2,灭火机编号为 F1～F11;编队 2 中侦察机编号是 R3～R4,灭火机编号为 F12～F17;编队 3 中侦察机编号是 R5～R6,灭火机编号是 F18～F24。

(3)从原点出发,按照 D_{ij} 算法的原则进行任务顺序的安排。所谓的 D_{ij} 算法对任务目标进行搜索,首先以原点为起点,搜索离原点最近的点,然后以该最近点为起点,去除已路过的点,到剩下点最近的点为无人机集群所要经过的下一个点。

(4)完成所有任务后,无人机集群返回原点,也就是无人机基地。

3.5.2   动态环境下无人机集群任务分配

由于实际的环境是动态的,无人机、任务目标和周围环境都会发生改变,所以在无人机静态任务分配的基础上,需要对动态环境下无人机任务重新分配进行研究,无人机任务重分配,主要考虑的是任务重分配的"实时性"。

3.5.2.1   动态任务重分配

无人机任务重分配也称为任务协调,是指在无人机执行任务的过程中,出现无人机损毁、环境变化、敌方目标变化以及总体任务变化等情况时,无人机任务规划系统对这些不确定性事件做出应对措施,包括重新编排飞行队列、调整任务次序、重新指派各无人机任务等。

1. 动态任务重分配的触发条件

任务分配使编队中的每架无人机分配到一个有序任务集,它们通过在时间和空间上的协调,共同配合完成任务。随着任务的执行,战场环境以及无人机集群的状态可能发生改变,如:

(1)任务改变。无人机集群在执行任务过程中,其任务集并不一定是固定不变的。例如,一些在任务执行前未被发现的新目标出现,如果这些新出现的任务被地面控制站操作人员确认为应纳入无人机集群的优先任务时,则需进行任务再分配。又如,编队中的侦察机发现了新的危险,地面控制站须对无人机进行航线再规划,如果新规划的航线导致原先制定的任务分配不能执行时,则须进行任务再分配。

(2)无人机状态改变。由于各种不确定因素(如无人机故障等),编队中的各架无人机可能退出任务的执行,而它原先分配到的任务需要分配给其他无人机,这时,需要进行任务再分配。

(3)地面控制站。地面控制站可在任何时刻对正在执行的任务进行干预而触发任务再分配。

2. 任务动态再分配采用的策略

可以采用以下三种形式进行任务动态再分配:

(1)整个编队的完全再分配。此种方案如同起飞前的任务静态分配。其优点是保证了全局最优;缺点是问题规模较大时,计算时间长。

(2)局部调整。此种方案是任务再分配针对每架无人机单独调整,优点是任务再分配快速;缺点是最优性难于保证。

(3)分组基础上的再分配。此种方案是上述两种方案的折中,它首先对无人机和任务进行分组,然后进行组内任务再分配。

在我们的方案中,地面控制站操作人员可在三种方案中进行选择,以最有利于任务动态再分配。

3. 任务重分配的流程

静态任务分配完成后,系统处于稳定的任务执行状态,这时的任务不会发生变更。当条件发生变化,一些任务需要变更时,将触发任务重分配,之后系统又回到稳定状态,等待整个系统任务完成或下一次重分配。整个重分配过程中系统状态发生变化,同时系统中各执行者的状态也将受到影响。变化过程如图3.15所示。

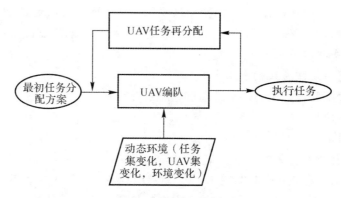

图 3.15　任务重分配流程图

4. 任务动态再分配需要考虑的因素

假设任务动态再分配只在现有无人机集群中进行,即不给现有无人机集群增加新的无人机。这时,需要考虑的因素包括以下几点:

(1)编队中现有可执行任务的无人机的种类及其数量。主要考虑编队中现有可执行任务的无人机的种类及其数量是否满足任务分配的要求,例如,需要执行新的攻击任务时。但是,当前编队中现有可执行任务的无人机无攻击机,则不能完成任务。当然,也无须再进行任务分配工作。

(2)编队中现有可执行任务的无人机的当前位置和续航时间。当(1)的条件满足时,根据编队中现有可执行任务的无人机的当前位置和新的任务目标位置重新规划新的航线,并估计各架无人机完成任务并正常返航所需的时间,与续航时间进行比较,确定是否继续进行任务分配工作。

(3)待执行的任务目标位置和时间窗口当(1)和(2)的条件都满足时,任务动态再分配可以完成。这时,还需对已规划任务的时间窗口与待执行任务的时间窗口进行比较,确定是否执行已完成分配的新任务。

5. 任务改变时的任务动态再分配算法

任务改变时的任务动态再分配算法如下:

(1)由地面控制站操作人员确定参加新任务的无人机;

(2)被确定参加新任务的无人机停止执行现行任务,原地等待;

(3)由地面控制站操作人员选择任务动态再分配策略;

(4)对所有参加新任务的无人机指派任务和规划航线;

(5)如果规划的新航线满足执行新任务的要求,则由地面控制站操作人员将任务集发送给对应的无人机,并启动执行;

(6)参加新任务的无人机结束等待,执行任务由地面控制站操作人员将任务集发送给对应的无人机,并启动执行。

6. 无人机状态改变时的任务再分配

当某一架无人机状态异常时的任务动态再分配算法如下:

(1)安排该架无人机返航并着陆。

(2)确定该架无人机状态改变使该无人机不能继续执行的任务是哪一个任务。

(3)判断该编队小组中是否有同类无人机可以替代退出的无人机。若有,转(4);否则,转(5)。

(4)对该编队小组的无人机进行任务再分配。

(5)判断是否可能从编队中的其他小组抽调一架同类无人机替代退出的无人机。若有,转下一步;若无,则不能继续按原计划执行该任务。这时,由地面控制站操作人员确定该任务是否继续执行,例如,某侦察-灭火小组的侦察机发生故障,侦察机退出,这时,应由地面控制站操作人员确定攻击机是否继续执行任务;如果是攻击机发生故障,则该任务不能由该编队小组继续执行,这时,对整个编队来说,相当于增加了一个新任务,按任务改变时的任务动态再分配算法进行。

(6)涉及的两个编队小组进行任务再分配。

3.5.2.2 动态任务重分配的应用实例

基于 3.5.1 节静态任务分配的应用实例,讨论在动态环境下任务的重分配方法。

1. 任务改变时的任务动态重分配算法实例

静态任务分配时,无人机集群 1 由 2 架侦察机和 11 架灭火机组成;无人机集群 2 由两架侦察机和 6 架灭火机组成;无人机集群 3 由 2 架侦察机和 7 架灭火机组成,静态分配路线图如图 3.13 所示。

在图 3.14 所示无人机静态任务分配的基础上,假定在 $t = 800$ s 时,增加新任务点 T21,坐标为(74,10),则得到仿真图 3.16。

假定不考虑时间窗函数和任务执行时间,无人机集群 3 在 $t = 0$ s 时从基地起飞,到达 T18 点需要花费 658 s,由 T18 飞到 T16 花费 120 s,T16 飞到 T15 花费 36 s;可知,$t = 800$ s 时,无人机集群 3 正在由 T16 飞往 T15 的途中。

根据 3.5.2.1 小节给出的任务改变时的任务再分配算法,结合现在的具体例子进行分析:

(1)由地面控制站操作人员确定参加新任务的无人机。由图 3.16 可知新任务点落在了区域 3,因此最好是编队 3 中的无人机去完成 T21 的任务。无人机

集群 3 包含的无人机为 R5~R6,F18~F24,在 $t=800$ s 时,无人机集群 3 正由 T16 飞往 T15 的途中,假定按照无人机编号来确定任务执行无人机的顺序,则在 $t=800$ s 时,无人机 R5 已经消耗了能力 2,而侦察机的能力设定为 5,如果 R5 去对新任务点进行侦察,R6 也有足够的能力完成对区域 3 中剩下任务的侦察,而 R6 也可以直接去 T21 侦察,再回来侦察区域 3 中的其他任务集。因此 R5 和 R6 都可以去参加新任务。在 $t=800$ s 时,F18,F19 已经完成了灭火,不具备灭火能力,因此只能在 F20~F24 中选取一架灭火机,因为 T21 只需要 1 架侦察机和 1 架灭火机就能完成任务,因此选择 R6 和 F20 为去参加新任务的无人机。

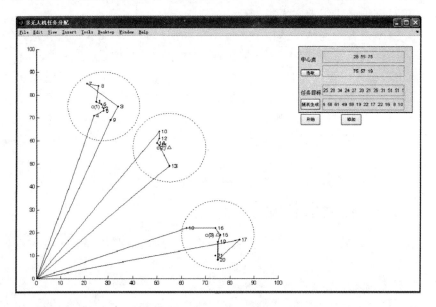

图 3.16 $t=800$ s 时,增加新任务 T21

(2)被确定参加新任务的无人机 R6 和 F20 停止执行现行任务,原地等待。

(3)由地面控制站操作人员选择任务动态再分配策略;因为新增任务在中心 3 所包含的区域内,新增的任务少,并且无人机集群 3 中有空闲的侦察机和灭火机,所以采用局部重调度策略,能够快速地分配完新任务。

(4)对所有参加新任务的无人机指派任务和规划航线。

因为 $t=800$ s 时,R6 和 F20 均在 T16 和 T15 之间,所以为 R6 和 F20 制定新的任务集如下:

因为 R6 在无人机集群 3 中刚开始不进行侦察工作,侦察工作由 R5 完成,而 R5 的能力只有 5 不能完成 6 个任务的侦察,所以最后的任务 7 必须由 R6 完成,R6 在完成新任务的侦察和评估后将回到 T17 进行侦察和评估。得到 R6 的

任务集如下:

$TS_{R6} = \{$

  < R6，TakeOff(0,0)，×，×，Normal>，// 从原点起飞

  < R6，Goto，T18，×，×，Normal>，// 飞至 T18 点

  < R6，Goto，T 16×，×，Normal>，// 飞至 T16 点

  < R6，Wait，T(15,16)，×，×，Normal>，// 在 T15,T16 间等待

  < R6，Reconnaissance，T21，×，×，Normal>，// 飞至 T21 侦察

  < R6，Wait，T21，×，×，Normal>，// 在 T21 附近等待灭火结束

  < R6，Surveillance，T21，×，×，Normal>，// 飞至 T21 进行观察

  < R6，Reconnaissance，T17，×，×，Normal>，// 飞至 T17 侦察

  < R6，Wait，T17，×，×，Normal>，// 在 T17 附近等待灭火结束

  < R6，Surveillance，T17，×，×，Normal>，// 飞至 T17 进行观察

  < R6，Land，(0,0)，×，×，Normal>，// 返航至原点着陆

$\}$

F20 的新任务集相对简单,如下:

$TS_{F20} = \{$

  < F20，TakeOff，(0,0)，×，×，Normal>// 从坐标原点起飞

  < F20，Goto，T18，×，×，Normal>，// 飞至 T18 点

  < F20，Goto，T16，×，×，Normal>，// 飞至 T16 点

  < F20，Wait，T(15,16)×，×，Normal >，// 在 T15,T16 间等待

  < F20，Attack，T 21，×，×，Normal>// 对目标 T21 进行灭火

  < F20，Land(0,0)×，×，Normal>// 返航回到坐标原点

$\}$

（5）如果规划的新航线满足执行新任务的要求,则由地面控制站操作人员将任务集发送给对应的无人机,并启动执行。

经计算无人机 R6 和 F20,均没超出最大航程,而且,完全满足新任务的要求,因此新任务启动。

（6）参加新任务的无人机结束等待,执行任务由地面控制站操作人员将任务集发送给对应的无人机,并启动执行。

2. 无人机状态改变时的任务动态重分配算法实例

如图 3.17 所示,假定在 $t = 900$ s 时,无人机 R3 失效,在 $t = 900$ s 时,经计算,无人机集群 2 正由 T12 飞往 T10,根据 3.5.2.1 小节给出的无人机状态改变时的任务再分配算法,结合现在的具体例子进行分析。

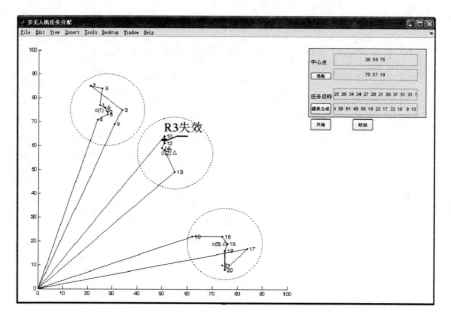

图 3.17 *t* = 900 s 时，R3 失效

（1）安排该架无人机返航并着陆。

R3 按原路径返航的任务集如下：

TS$_{R3}$ = {

   < R3, TakeOff(0,0), ×, ×, Normal>，// 起飞

   < R3, Reconnaissance, T13, ×, ×, Normal>，// 飞至 T13 点侦察

   < R3, Ignore, T13, ×, ×, Normal>，// 关闭侦察设备

   < R3, Wait, T13, ×, ×, Normal>，// 在 T13 附近等灭火结束

   < R3, Surveillance, T13, ×, ×, Normal >，// 飞至 T13 进行观察

   < R3, Goto, T11, ×, ×, Normal>，// 飞至 T11 附近

   < R3, Wait, T11, ×, ×, Normal>，// 在 T11 附近等待灭火结束

   < R3, Surveillance, T11, ×, ×, Normal>，// 飞至 T11 进行观察

   < R3, Goto, T14, ×, ×, Normal>，// 飞至 T14 附近

   < R3, Wait, T14, ×, ×, Normal>，// 在 T14 附近等待灭火结束

   < R3, Surveillance, T14, ×, ×, Normal>，// 飞至 T14 进行观察

   < R3, Goto, T12, ×, ×, Normal>，// 飞至 T12 附近

   < R3, Wait, T12, ×, ×, Normal>，// 在 T12 附近等待灭火结束

   < R3, Surveillance, T12, ×, ×, Normal>，// 飞至 T12 进行观察

<R3，Goto，T[10,12]，×，×，Abnormal>，// 飞至 T12 和 T10 之间 R3 失效

<R3，Land ，(0,0)，×，×，Normal>，// 返航至原点着陆

}

(2)该架无人机状态改变使该无人机不能继续执行的任务是哪一个任务？不能执行的任务是对 T10 的侦察和观察。

(3)编队小组中是否有同类无人机可以替代退出的无人机？若有，转(4)；否则，转(5)。

因为无人机集群 2 中侦察机除了 R3 以外还有 R4，所以转(4)。

(4)对该编队小组的无人机进行任务再分配。

R4 的新任务集可以表示为

$TS_{R4} = \{$

<R4，TakeOff(0,0)，×，×，Normal>，// 起飞

<R4，Goto，T13×，×，Normal>，// 飞至 T13 附近

<R4，Goto，T11，×，×，Normal>，// 飞至 T11 附近

<R4，Goto，T14，×，×，Normal>，// 飞至 T14 附近

<R4，Goto，T12，×，×，Normal>，// 飞至 T12 附近

<R4，Goto，T10，×，×，Normal>，// 飞至 T10 附近

<R4，Wait，T10，×，×，Normal>，// 在 T10 附近等待灭火结束

<R4，Surveillance，T10×，×，Normal>，// 飞至 T10 进行观察

<R4，Land ，(0,0)，×，×，Normal>，   // 返航至原点着陆

}

(5)判断是否可能从编队中的其他小组抽调一架同类无人机替代退出的无人机。若有，转下一步；若无，则不能继续按原计划执行该任务。

(6)涉及的两个编队小组进行任务再分配。

3.6 分布式无人机集群任务分配

分布式控制体系中无人机集群中或者无人机集群之间的无人机是具有独自决策能力的智能体，它们具有很强的协同能力和自治性。无人机之间以数据链技术为支撑，对无人机所处环境，任务目标集信息，无人机状态信息进行交互，综合考虑各种因素，提出具体的解决任务分配问题的方案和具体步骤。较之于集中式控制体系，无人机个体在分布式控制体系下具有实时性较强、抗干扰能力

强、计算量小、计算复杂度小等优点,且其主要适用于动态环境,中等至大规模系统中。为了便于理解,下面将以基于 Agent 协商的无人机集群任务分配和基于市场机制的多无人机救火任务分配策略为例对分布式无人机任务分配问题进行介绍。

3.6.1 基于 Agent 协商的无人机集群任务分配

多 Agent 系统(Multi – Agent System,MAS)作为分布式人工智能理论的一个分支,能够有效支持分布式任务的分配与求解,通过多个 Agent 之间的协商、协调与协作实现共同目标。其中,多 Agent 协商的方法增加了 Agent 在所处系统中的自主性、主动性以及反应性,能够使之较好地适应动态、变化的环境。

1. 无人机的 Agent 角色描述

在传统的无人机集群内部的任务分配过程中,一个多无人机集群通常包含 1 架长机和若干架僚机。这种长-僚结构是多无人机集群中多种机-机关系之一,它给出的是无人机与无人机之间的管理关系。以无人机集群协同执行反恐任务为背景,将 Agent 方法引入无人机集群任务分配的过程中,把一个战场环境中的一个作战单元(无人机、指挥中心、地面站等)定义为一个智能 Agent。根据每个无人机在集群编队中的功能和作用,将其划分为两种 Agent 角色。

定义 1 任务管理者角色(Task Manager Agent,TMA)。一类能够发出任务请求的作战单元,它既可以是指挥中心,也可以是各个无人机,其主要功能是将任务需求发送给无人机集群。

定义 2 资源管理者角色(Resource Manager Agent,RMA)。一类能够执行任务的作战单元,通常为拥有各种载荷设备的无人机,其主要功能是执行各种类型的任务请求。

对于某一架无人机而言,可以仅仅担任任务管理者角色,也可以只担任资源管理者角色。同时,一架无人机还可能既担任某项任务 T_A 中请求者的角色,又担任另一项任务 T_B 中执行者的角色。因此,整个无人机集群就是在多架无人机彼此协调的基础上,共同完成一项或者多项任务的。

(1)任务管理者角色 Agent 模型。作为任务管理者角色的无人飞行器,它首先能够接收地面指挥中心、无人飞行器编队外部或者无人飞行器编队内部的其他无人飞行器等多个方面的不同任务,并对这些任务进行分类分层管理,生成任务分配的队列。然后根据不同任务对资源的需求,将这些任务陆续地分发给不同的资源管理者,请求所需的资源。若资源管理者角色的 Agent 同意接受该任务,那么该任务分配成功;若不同意接受,则该任务需要重新进入任务管理

Agent 的任务分配队列等待再次分配。如果没有资源能够满足任务需求,那么该任务分配失败。任务管理者角色的 Agent 形式化模型可以被描述为一个三元组:

$$TMA = \langle State, Action, Decision \rangle$$

其中,$State = \{S_{TaskList}, S_{WaitingList}, S_{SendingList}\}$ 表示任务管理者角色的 Agent 的状态集合。

$S_{TaskList}$ 表示 TMA 接收到的任务的状态;

$S_{WaitingList}$ 表示 TMA 中待分配任务的队列的状态;

$S_{SendingList}$ 表示 TMA 中发送任务的队列的状态。

$Action = \{a_1, a_2, \cdots, a_n\}$ 给出了 TMA 可以选择的动作集合。例如,$a_1 =$ 将任务加入待分配队列,$a_2 =$ 取消发送任务,等等。

$Decision: State \rightarrow Action$ 则给出了 Agent 在不同状态下的决策规则。

值得注意的是,任务管理者角色 Agent 的决策过程均由其自主进行,每个 Agent 能够根据其自身的状态,在决策规则库的指导下独立地完成相关的决策过程。图 3.18 为任务管理者角色的 Agent 模型。

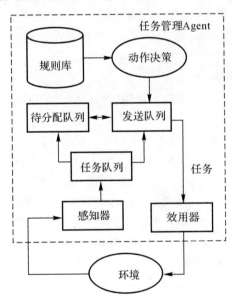

图 3.18　任务管理者角色 Agent 模型

在任务管理者角色 Agent 中,决策模式和决策规则直接决定了任务管理的效率。根据前述任务管理者角色的分析,为了提高多种 Agent 角色之间的交互能力,缩短任务管理者角色的处理过程,在本章的研究中将任务管理者的决策规

则定义为反应式的决策规则（IF‐THEN 规则）。该决策规则可以由经验和具体的任务分配要求得出，如优先级规则、时间约束规则、资源约束规则等。此外，还可以根据战场态势的需求以及作战任务的特点不断地丰富和完善任务管理者的决策规则，并将其保存在决策规则库中。

（2）资源管理者角色 Agent 模型。资源管理者角色的 Agent 实现对各种资源的管理和控制，并对任务管理者 Agent 发来的任务进行决策，确定是否为该任务提供资源。资源管理者角色的 Agent 在获取外部的任务需求后，根据自身的运行状态生成 Agent 对当前态势的认知，然后在任务管理策略的指导下，选择当前应采取的行为。资源管理者角色 Agent 的形式化模型可以用如下五元组进行描述：

$$RMA = <IS, ES, \Delta, Action, Kgf, Asf>$$

其中，$IS = \{S_{WaitingList}, S_{SchedulingList}, S_{CommitmentList}\}$ 表示资源管理 Agent 自身内部的状态。

$S_{WaitingList}$ 表示 RMA 中待分配队列的状态；

$S_{SchedulingList}$ 表示 RMA 正在协商中的任务队列的状态；

$S_{CommitmentList}$ 表示 RMA 已经分配完成的任务队列的状态。

$ES = \{S_{Enviroment}, S_{NewTask}\}$ 描述了 RMA 的外部状态。

$S_{Enviroment}$ 表示所处环境的状态；

$S_{NewTask}$ 表示新到达任务的状态。

Δ 描述了 RMA 对当前态势的认知，通过认知生成函数 $Kgf: IS \times ES \rightarrow \Delta$ 计算得到。

$Action = \{a_1, a_2, \cdots, a_n\}$ 给出了 RMA 可以选择的动作集合。

动作选择函数 $Asf: IS \times ES \rightarrow Action$ 将 Agent 对当前态势的认知映射到动作集合上。图 3.19 所示为资源管理者角色的 Agent 模型。

当一个新的请求任务到达 RMA 时，RMA 能够获取任务请求的最早开始时间、任务持续时间以及最晚结束时间等信息。

在资源管理者角色 Agent 中，资源的使用策略具有重要的作用，直接影响任务的分配效果。对此，设计了 4 种资源使用策略（π）。

策略 1（先来先服务策略）：资源管理者角色 Agent 为最早到达的任务安排相应的时间窗口，但是一旦确定，则无法调整原有规划。

$$\pi_1 = f_1(arrived\ time)$$

策略 2（优先级策略）：资源管理者角色 Agent 能够为最早到达的任务安排相应的时间窗口，但是当优先级更高的任务请求同一时间窗口时，能够重新对规划结果进行更改。

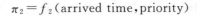

$$\pi_2 = f_2(\text{arrived time}, \text{priority})$$

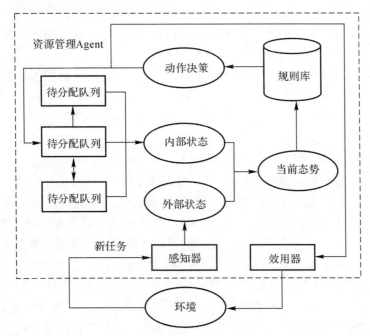

图 3.19 资源管理者角色 Agent 模型

策略 3（决策规则策略）：资源管理者角色 Agent 能够对到达的任务进行分析，按照给定的决策规则，确定是否为该任务提供相应的时间窗口，并且能够对已有的规划结果进行重规划。

$$\pi_3 = f_3(\text{arrived time}, \text{priority}, \text{decision rule})$$

策略 4（学习策略）：资源管理者角色 Agent 能够对到达的任务进行分析，按照其自身学习得到的决策规则，确定是否为该任务提供相应的时间窗口，并且能够对已有的规划结果进行重规划。

$$\pi_4 = f_4(\text{arrived time}, \text{priority}, \text{decision rule}(\text{history allocation}))$$

2. **协商协议**

根据任务管理者角色和资源管理者角色的模型，给出了多 Agent 协商协议。该协议规范了 Agent 之间的交互过程，由于并未涉及 Agent 自身内部的推理过程，因此，能够既有效地保证个体 Agent 的自主性，又最大限度地发挥 Agent 之间的合作性。具体的协议过程如下：

步骤 1：当任务管理者 Agent 收到任务请求时，根据现有待分配任务的状态，确定是否向资源管理者 Agent 发出请求；

步骤 2：当资源管理者 Agent 接收到新任务时，分析当前态势，决定是否将新任务加入待分配队列；

步骤 3：当资源管理者 Agent 拒绝某项任务时，将该任务返回任务管理者 Agent；

步骤 4：当资源管理者 Agent 接受某项任务时，将该任务加入任务合同队列，等待执行；

步骤 5：任务执行后，向任务管理者 Agent 返回确认信息

3. 仿真实验与分析

(1)任务生成。设一组无人机集群 U_1 由两种类型的无人机（U_{11}，U_{12}）组成。同时，存在三种类型的任务，分别为监测任务（T_1）、识别任务（T_2）以及跟踪任务（T_3）。其中，假设在任务需求中涉及的资源均能够满足任务的执行条件（如能够达到待执行任务的地点等）。针对上述两种类型的无人机和三种需要完成的任务种类，设计并实现了基于上述仿真环境的任务生成器。该任务生成器能够每隔 20 个单位时间生成 5 个任务需求，发送给任务管理者角色（TMA），并且任务的权重定义在 1～10 之间。每个任务生成的周期为 20 的整数倍。

在生成任务的过程中，共有两种任务生成策略，包括随机生成策略、按分布率生成策略。在随机任务生成策略下，任务的执行参数均在给定的条件下随机地生成；在分布率生成策略下，任务的执行参数则要求在一定的时间范围内满足给定的任务分布率（α）。例如，当分布率 α 为（25%1，40%2，35%3）时，表示在给定的任务生成周期内，任务 T_1 的数量占任务总数量的 25%，任务 T_2 占 40%，任务 T_3 占 35%。

(2)实验与结果。利用上述任务生成器，在一个任务生成周期[0,1 000]内每隔 20 个单位时间生成一组任务组片段，这些任务组均按照各自生成的时间到达任务管理者角色 Agent。生成任务的策略分别采用随机生成策略和按分布率生成策略，同时任务管理者 Agent 采用给定的反应式任务管理规则，而资源管理者 Agent 分别采取 4 种不同的资源管理策略。总共进行 50 次实验，统计计算相应的平均任务完成率，得到的实验结果如图 3.20 所示。

在策略 1（先来先服务策略）下，只有不到 50% 的任务能够被安排执行，平均任务完成率并不高。这是因为在该策略下 Agent 并未利用任何有效的信息，而仅仅根据任务到达的顺序决定是否为其安排所请求的资源。同时，在实验过程中利用先来先服务的策略进行任务分配所得到的结果与任务到达的顺序密切相关。同样的一组任务，由于到达的先后次序不同，分配的结果也完全不同，这就直接影响到任务的执行情况。因此，该种策略仅在资源充分的情况下，能够具有较快的任务分配效率。

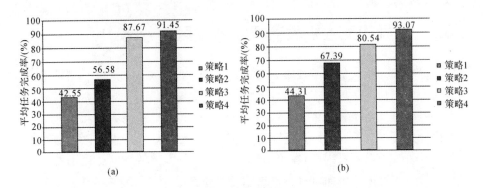

图 3.20 实验结果

(a) 随机任务生成策略下生成的任务； (b) $\alpha=(25\%1,40\%2,35\%3)$ 时生成的任务

在策略 2(优先级策略)下,有超过 50% 的任务能够被安排执行,并且能够根据任务权重的大小,对已有的分配结果进行重新规划,一定程度上弥补了策略 1灵活性差的不足。但这种决策方式仍然与任务请求到达的时间顺序密切相关。在实验过程中,还存在以下两种特殊情况:①当不同任务请求的到达顺序均按照优先级从大到小的次序时,该策略下任务分配的重规划次数最小;②当不同任务请求的到达顺序均按照优先级从小到大的次序时,该策略下任务分配的重规划次数最大。因此,这种策略仅能够在资源充分的情况下,提高任务的分配效率,但是也同时增加了任务的重规划率。

在策略 3(决策规则策略)下,资源管理者角色 Agent 能够根据事先给定的决策规则,对任务的安排进行决策,共有超过 80% 的任务能够被安排执行,大大超过前面两种策略。但是这种策略存在一点不足,即任务分配结果与设计者的决策规则密切相关。例如,利用所设计的决策规则,对于随机任务生成策略下生成的任务,资源管理者角色 Agent 能够实现 87.67% 的任务完成率,而对于给定分布率情况下生成的任务,只能够达到 80.54% 的任务完成率。因此,这种策略体现了设计者对任务分配过程的理解程度,能够在一定程度上提高任务的分配效率,但仍然缺乏一定的灵活性。

在策略 4(学习策略)下,资源管理者角色 Agent 实现了超过 90% 平均任务完成率。它在初期首先根据事先给定的决策规则进行资源的分配,同时采用强化学习方法对需要更新的资源分配结果进行学习,利用学习到的结果对已有的决策规则进行更新,从而避免了由于决策规则设计者的主观经验不足给资源分配带来的影响。

3.6.2 多异构无人机覆盖搜索任务区域分配

多异构无人机区域覆盖搜索是指利用性能不同的无人机组成的异构无人机集群对大面积任务区域进行覆盖性搜索行动。多异构无人机不但能够改善传统单无人机航程及所携载荷带来的限制，而且能够利用异构无人机间的能力特点实现性能方面的互补，在面对大范围且具备一定的时效性需求的区域覆盖搜索问题时具备较强优势。因此，在警用区域搜救以及大型活动的巡逻示警方面具有较强的实用价值。下面将从遂行搜索任务的无人机参数指标分析、任务区域分配模型建立和仿真分析三个方面进行介绍。

1. 无人机参数指标分析

影响 UAV 搜索覆盖效能的因素有很多，如航程、航时、飞行速度、飞行高度、传感器性能、巡航段燃油携载量等。为了便于量化分析，需要对多个参数指标进行整合。

UAV 的续航性能主要包含航程 l_U 和航时 t_U 两个方面。前者反映活动范围的大小，主要与千米耗油量 $c_{f,l}$ 有关；后者反映滞空时间的长短，主要与小时耗油量 $c_{f,t}$ 有关。对于同一 UAV，在不考虑因燃油和载荷消耗产生质量变化的前提下，式（3 - 6）、式（3 - 7）成立[19]：

$$c_{f,l} = \frac{c_f W_U}{\eta_U K_U}, \quad c_{f,t} = \frac{c_f W_U v_U}{\eta_U K_U} \tag{3 - 6}$$

$$l_U = \frac{Q_f}{c_{f,l}}, \quad t_U = \frac{Q_f}{c_{f,t}} \tag{3 - 7}$$

式中，c_f 为发动机耗油率；W_U 为无人机质量；η_U 为发动机效率系数；v_U 为无人机飞行速度；K_U 为无人机升阻比。可以设想，在 R/S UAV 不改变飞行高度和速度的情况下，即 c_f，η_U，v_U，K_U 为一定常数时，有 $l_U = v_U t_U$，亦即 l_U 与 t_U 关于常数 v_U 成比例，在衡量 UAV 作战性能指标时可合并度量。

以定速、定高巡航飞行是 UAV 区域覆盖搜索任务中惯常采用的一种作战方式，一般 UAV 以定速巡航飞行将有助于减少燃油消耗，故可取 v_U 为 UAV 设计巡航速度（为一定常值）；而对于飞行高度 h_U 的选取，一般需根据作战目标要求在满足传感器分辨率限制和 UAV 设计上限（$h_U \leqslant h_{U,max}$）的前提下，以尽量大的高度飞行将有助于提高 UAV 瞬时视场范围，也意味着能够覆盖更大的搜索范围，可结合约翰逊准则根据式（3 - 6）、式（3 - 7）求取 h_U，进而可求得满足一定探测精度需求的机载传感器探测宽度 d_U。由此可给出 UAV 依照作战任务需求，定速、定高飞行实施区域覆盖搜索任务中的性能参数的整合、确定过程，如

图 3.21 所示。

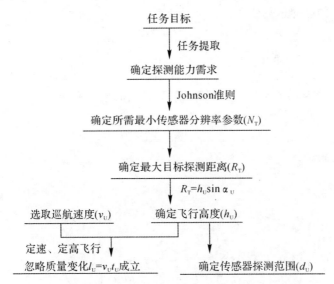

图 3.21   UAV 参数的整合、确定流程

依照上述流程,对于挂载同一种传感器的同种类 UAV 而言,其性能参数 d_U,v_U,l_U,t_U 能够被唯一地确定出来;而对于不同类型或挂载不同性能传感器的 UAV 来说,参数 d_U,v_U,l_U,t_U 是不同的,在优化分析的时候可选取 d_U,v_U,l_U(或 t_U)作为优化参数指标。

2. 任务区域分配模型的建立

在确定了 UAV 作战性能指标参数后,可将任务区域分配问题描述为,给定 n 架性能不同的 UAV 组成异构编队,在某一指定任务区域 P 进行搜索覆盖,U_i 为第 i 架 UAV 的编号($i=1,2,\cdots,n$),要求通过合理的任务区域分配为每架 UAV 指定一块任务区域并使编队整体的任务代价最小。若用 S 表示区域 P 的总面积,per_i 表示分配给 U_i 的任务区域占总任务区域 P 的比值,v_{U_i} 为第 i 架 R/S UAV 的设计巡航飞行速度,d_{U_i} 表示第 i 架 R/S UAV 的地面探测范围宽度,则编队的整体航路代价 F_1(编队整体路径长度之和)和编队的整体时效性代价 F_2(编队整体重访时间周期之和)可以分别表示为[20]

$$F_1 = \sum_{i=1}^{n} per_i \frac{S}{d_{U_i}} \qquad (3-8)$$

$$F_2 = \sum_{i=1}^{n} per_i S / (v_{U_i} d_{U_i}) \qquad (3-9)$$

为了保证编队中各 UAV 之间的重访时间均衡,同时也为了避免出现对某

一性能较强单机的依赖,可依照下式设置一个时间方差阈值 σ,对各 UAV 间重访时间周期的差异进行约束:

$$\sqrt{\sum_{i=1}^{n}\left(\mathrm{per}_i S/v_{\mathrm{U}_i} d_{\mathrm{U}_i} - \frac{\sum_{i=1}^{n}\mathrm{per}_i S/v_{\mathrm{U}_i} d_{\mathrm{U}_i}}{n}\right)^2} < \sigma \qquad (3-10)$$

其中,σ 为一个定误差常数。为保障 UAV 任何时候均有能力返航,可将 U_i 在任务区域内的有效航程 $l_{\mathrm{U}_i,\mathrm{mission}}$ 表示为

$$l_{\mathrm{U}_i,\mathrm{mission}} = l_{\mathrm{U}_i,\mathrm{max}} - 2l_{\mathrm{U}_i,\mathrm{cost}} \qquad (3-11)$$

易知应满足:

$$\mathrm{per}_i \frac{S}{d_{\mathrm{U}_i}} \leqslant l_{\mathrm{U}_i,\mathrm{mission}} \qquad (3-12)$$

其中,$l_{\mathrm{U}_i,\mathrm{max}}$ 为 UAV 最大航程,$l_{\mathrm{U}_i,\mathrm{cost}}$ 取 UAV 由起飞地至任务区域最远点的路径长度。

则可将目标函数 T 表示为

$$\min T = aF_1 + bF_2 \qquad (3-13)$$

其中,$a,b \in [0,1]$,为权衡系数,且满足 $a+b=1$。需要注意的是,F_1,F_2 的取值范围存在差异,为了使指标间具有可比性,需要对其进行归一化处理:

步骤 1:在一个统一评分标准下设定最低评价值 $T_{\min}$ 和最高评价值 $T_{\max}$,该值即为归一化评价值 $\overline{F}_1,\overline{F}_2$ 的取值上下限。

步骤 2:设 F_1,F_2 的取值范围分别为 $[F_{1,\min},F_{1,\max}]$,$[F_{2,\min},F_{2,\max}]$。由于 $F_1 \sim F_2$ 均与目标函数反相关,则可得如下线性方程组:

$$\left.\begin{array}{l} F_{1,\max}a_1 + b_1 = T_{\min} \\ F_{1,\min}a_1 + b_1 = T_{\max} \end{array}\right\} \qquad (3-14)$$

$$\left.\begin{array}{l} F_{2,\max}a_2 + b_2 = T_{\min} \\ F_{2,\min}a_2 + b_2 = T_{\max} \end{array}\right\} \qquad (3-15)$$

求解上述方程组可得

$$\left.\begin{array}{l} a_1 = \dfrac{T_{\min} - T_{\max}}{F_{1,\max} - F_{1,\min}} \\[3mm] b_1 = T_{\max} - F_{1,\min}\dfrac{T_{\min} - T_{\max}}{F_{1,\max} - F_{1,\min}} \end{array}\right\} \qquad (3-16)$$

$$\left.\begin{array}{l} a_2 = \dfrac{T_{\min} - T_{\max}}{F_{2,\max} - F_{2,\min}} \\[3mm] b_2 = T_{\max} - F_{2,\min}\dfrac{T_{\min} - T_{\max}}{F_{2,\max} - F_{2,\min}} \end{array}\right\} \qquad (3-17)$$

其中,系数项 a_1,a_2,b_1,b_2 均为常量。

步骤 3:将求得的系数 a_1,a_2,b_1,b_2 分别代入式(3-18)和式(3-19)中,便可得出归一化评价值 $\overline{F}_1,\overline{F}_2$。

$$\overline{F}_1 = F_1 a_1 + b_1 \tag{3-18}$$

$$\overline{F}_2 = F_2 a_2 + b_2 \tag{3-19}$$

根据以上归一化结果,可将目标函数变为一个寻求最大评价值 $\overline{F}$ 的过程,得到任务区域分配模型:

$$\max \overline{F} = a\overline{F}_1 + b\overline{F}_2$$

$$\text{s.t.} \left. \begin{array}{l} \mathrm{per}_i \dfrac{S}{d_{\mathrm{U}_i}} \leqslant l_{\mathrm{U}_i,\,\mathrm{mission}} \\ \sqrt{\displaystyle\sum_{i=1}^{n}\left(\mathrm{per}_i S / v_{\mathrm{U}_i} d_{\mathrm{U}_i} - \dfrac{\displaystyle\sum_{i=1}^{n}\mathrm{per}_i S / v_{\mathrm{U}_i} d_{\mathrm{U}_i}}{n}\right)^2} < \sigma \\ \displaystyle\sum_{i=1}^{n}\mathrm{per}_i = 1 \\ a,b \in [0,1], a+b=1 \end{array} \right\} \tag{3-20}$$

通过求解任务区域分配模型便可依任务要求(主要指覆盖能力和时效性间的权衡)求得编队中各 UAV 任务区域面积占整个任务区域的比例 per_i,则 $\mathrm{per}_i S$ 即为编队中第 i 架 UAV 分配的任务区域面积的大小。

3. 仿真分析

三架 UAV 分别携带不同性能的光电传感器组成异构 UAV 集群,对面积为 30 000 km² 的区域进行覆盖搜索。任务要求探测精度能够达到对参考特征尺寸为 1 000 m² 目标具备 90% 确认概率;对参考特征尺寸为 1 000 m² 目标具备 80% 的识别概率;对参考特征尺寸为 10 m² 目标具备 60% 的定向概率。三架 UAV 及其传感器参数设置如表 3.3 和表 3.4 所示。

表 3.3 R/S UAV 参数

编号	巡航速度 $v_{\mathrm{U}}/(\mathrm{km \cdot s^{-1}})$	巡航航程 $l_{\mathrm{U,max}}/\mathrm{km}$	设计升限 $h_{\mathrm{U,max}}/\mathrm{km}$	部署地坐标	任务区域最远点
U1	850	5 800	12	$(-50,0)$	$(200,150)$
U2	740	6 900	18	$(-180,870)$	$(200,0)$
U3	460	6 900	15	$(-180,870)$	$(200,0)$

表 3.4　机载传感器参数

编号	传感器的行扫描线对数 N_s	传感器安装角 α_U/(°)	传感器垂直视场角 β_U/(°)	传感器水平视场角 γ_U/(°)
U1	900	30	30	30
U2	900	45	40	40
U3	650	45	35	35

根据约翰逊准则计算 UAV 机载传感器探测所需目标临界尺寸覆盖线对数 N_T 见表 3.5。

表 3.5　传感器最少线对数计算结果

任务编号	目标类型	判别级别	经验数据 N_{50}	计算结果 N_T
Task1	大型舰船	确认（90%）	6.4	11.202
Task2	岛礁设施	识别（80%）	4.0	5.808
Task3	小艇、渔船	定向（60%）	1.0	1.573

根据 N_T 计算结果可以求得对应的三架 UAV 完成探测任务所需的临界探测距离 R_T 以及对应的最大飞行高度 h_U 和地面探测宽度 d_U，结果见表 3.6。

需要注意到，按照任务要求有部分满足探测精度的临界飞行高度大大超出了 UAV 的设计飞行高度，因此与其对应的探测宽度应当取相应 UAV 的最大升限进行计算得到。此外，按照任务要求在同时满足 Task1～Task3 要求的前提下，应当按三者取其小（即 Task3）要求的临界飞行高度 h_U 和地面探测宽度 d_U 实施作战行动。

根据作战想定中的参数设计，通过简单计算可以得到三架 R/S UAV 由起飞地至任务区域进入点的路径代价 $l_{U_i,cost}$ 及其可用于区域搜索的最大有效航程 $l_{U_i,mission}$，分别为 $l_{U_1,cost}=292$，$l_{U_2,cost}=949$，$l_{U_3,cost}=949$；$l_{U_1,mission}=5\,508$，$l_{U_2,mission}=5\,951$，$l_{U_3,mission}=5\,951$（单位：km）。

表 3.6　UAV 临界高度及地面探测宽度计算结果

无人机编号	任务编号	R_T/km	h_U/km	d_U/km
	Task1	149.922	74.961（超出升限）	27.713
U1	Task2	115.663	57.831（超出升限）	27.713
	Task3	10.677	5.333	12.317

无人机编号	任务编号	R_T/km	h_U/km	d_U/km
U2	Task1	110.370	78.043(超出升限)	42.720
	Task2	85.149	60.209(超出升限)	42.720
	Task3	7.860	5.558	13.191
U3	Task1	92.016	65.065(超出升限)	29.707
	Task2	70.990	50.198(超出升限)	29.707
	Task3	6.553	4.634	9.177

之后,将三架 UAV 的性能参数 d_{U_i},v_{U_i} 和 $l_{U_i,\text{mission}}$ 分别代入上述相应公式,取统一的最小评价指标 $T_{\min}=1$、最大评价指标 $T_{\max}=100$,通过计算可以得到评价指标 F_1,F_2,F_3 的归一化参数分别为 $a_1=-0.099$,$b_1=326$,$a_2=-23.294$,$b_2=167$。之后,即可通过求解得到区域分配结果 $\text{per}_1 \sim \text{per}_3$。

在此选用遗传算法求解,取种群规模为 20,最大寻优代数为 30,选择概率为 0.9,交叉概率为 0.6,变异概率为 0.05,针对三种不同的任务需求仿真结果见表 3.7。

表 3.7　任务区域分配仿真结果

任务需求	per_1	per_2	per_3	$\overline{T}$
$a=0.7,b=0.3,\sigma=10$	0.104 2	0.881 4	0.014 4	96.187 8
$a=0.7,b=0.3,\sigma=0.5$	0.421 5	0.435 7	0.142 8	80.913 2
$a=0.3,b=0.7,\sigma=0.5$	0.486 1	0.378 0	0.135 9	81.018 9

根据表 3.7 中的仿真结果可以得到,编号为 $U_1 \sim U_3$ 的三架 UAV 最终分得的任务区域面积占总任务区域面积的比率分别为 $\text{per}_1 \sim \text{per}_3$,$\overline{T}$ 为编队任务区域分配结果的评价值。

由仿真数据可以看出,当方差阈值 σ 取值较大时,为了获取更佳的整体评价值,任务区域分配方案对综合任务能力较强的 UAV 依赖较大,分配结果不均衡;当方差阈值 σ 取值较小时,任务区域分配结果趋于均衡。随着对系数 a,b 取值不同带来的整体航路代价和整体巡航实效性要求的改变,任务区域分配结果向该任务需求下综合任务执行能力更强的 UAV 倾斜。

|3.7 本章小结|

　　本章首先给出了无人机集群任务分配问题的定义并对无人机任务分配问题进行了描述,说明了解决任务分配问题的基本步骤,包括任务分配数学模型的建立和具体算法的设计;然后介绍了任务分配的体系结构和当前几种任务分配模型,指出了当前无人机任务分配方法研究存在的一些问题;重点讨论了静态环境下与动态环境下无人机集群任务分配问题的数学模型与分配算法,结合实例,仿真验证了两类算法的可行性和实用性。

|参考文献|

[1]　丁明跃,郑昌文,周成平,等.无人机飞行航迹规划[M].北京:电子工业出版社,2009.

[2]　李猛.基于智能优化与 RRT 算法的无人机任务规划方法研究[D].南京:南京航空航天大学,2012.

[3]　郑昌文,严平,丁明跃,等.飞行器航迹规划[M].北京:国防工业出版社,2008.

[4]　MARJORIE A D, WILLIAM M N, BRIAN M S. Multiple UAV Dynamic Task Allocation Using Mixed Integer Linear Programming in a SEAD Mission [C]// AAIA Infotech @ Aerospace Conference, Arlington, Virginia. US: AIAA, 2005:1 - 11.

[5]　叶媛媛. 多 UCAV 协同任务规划方法研究[D].长沙:国防科学技术大学,2005.

[6]　SHIMA T, RASMUSSEN S J, SPARKS A G, et al. Multiple Task Assignments for Cooperating Uninhabited Aerial Vehicles Using Genetic Algorithms[J]. Computers & Operations Research, 2006, 33 (11): 3252 - 3269.

[7]　霍霄华,陈岩,朱华勇. 多 UCAV 协同控制中的任务分配模型及算法[J].国防科技大学学报,2006,28(3):84 - 88.

[8]　KEVIN P, O'ROURKE. Dynamic Unmanned Aerial Vehicle Routing

with a Java-Encoded Reactive Tabu Search Metaheuristic[D]. Taiwan：Air Force Institute of Technology，1999.

[9]　ROBERT W H. A Java Universal Vehicle Router in Support of Routing Unmanned Aerial Vehicles AIR Missions[D]. Taiwan：Air Force Institute of Technology，2000.

[10]　SCHUMACHER C，CHANDLER P，RASMUSSEN S. Task Allocation for Wide Area Search Munitions via Iterative Network Flow[C]// AIAA Guidance Navigation and Control Conference and Exhibit，Monterey，California. US：AIAA，2002：4582-4586.

[11]　NYGARD K E，CHANDLER P R，PACHTER M. Dynamic Network Flow Optimization Models for Air Vehicle Resource Allocation[C]// American Control Conference，Portland，USA. Piscataway，New Jersey：IEEE，2001：1853-1858.

[12]　ALIGHANBARI M，HOW J P. Cooperative Task Assignment of Unmanned Aerial Vehicles in Adversarial Environments[C]// American Control Conference，Portland，USA. Piscataway，New Jersey：IEEE，2005：4661-4666.

[13]　SCHUMACHER C，CHANDLER P，PACHTER M，et al. UAV Task Assignment with Timing Constraints[J]. UAV Task Assignment with Timing Constraints，2003，20(2)：322-323.

[14]　SCHUMACHER C，CHANDLER P，PACHTER M，et al. Constrained Optimization for UAV Task Assignment[C]// AIAA Guidance，Navigation，and Control Conference and Exhibit，Providence，Rhode Island. US：AIAA，2004：354-362.

[15]　ALIGHANBARI M，HOW J P. Decentralized Task Assignment for Unmanned Aerial Vehicles[C]// In Proceedings of the 44th IEEE Conference on Decision and Control，Seville，Spain. Piscataway，New Jersey：IEEE，2005：5668-5673.

[16]　SUJIT P B，SINHA A，GHOSE D. Multiple UAV Task Allocation Using Negotiation[C]// International Joint Conference on Autonomous Agents & Multiagent Systems，Hakodate，Japan. Houston，New York：ACM，2006：471-478.

[17]　方振平，陈万春，张曙光. 航空飞行器飞行动力学[M]. 北京：北京航空航天大学出版社，2005.

［18］ 彭辉，沈林成，霍霄华. 多 UAV 协同区域覆盖搜索研究［J］. 系统仿真学报，2007，19(11)：2472－2476.

［19］ 胡雄超. 集中式多类型无人机集群任务分配方法研究［D］. 西安：西安电子科技大学，2013.

［20］ 韩娟娟，李永先. 动态车辆路径问题研究综述［J］. 绿色科技，2015(5)：285－288.

［21］ 赵晨皓，李为民，刘永兰，等. 多异构无人机覆盖搜索任务区域分配方法研究［J］. 战术导弹技术，2014(6)：32－37.

［22］ 罗贺，王国强，胡笑旋，等. 基于 Agent 的多无人机任务分配模型［J］. 火力与指挥控制，2014，39(7)：22－26.

［23］ 赵敏. 分布式多无人机协同任务分配研究及仿真［J］. 南京理工大学学报，2009,1(4)：50－60.

第 4 章
无人机集群控制系统及方法

目前,无人机已在各大领域得到广泛使用,实现对无人机集群的有效控制是集群有效完成各种复杂任务的基础。本章主要针对集群的控制问题进行相关分析,详细介绍当前无人机集群控制的技术现状和控制方法,对集群的有效控制具有一定的指导意义。

4.1 无人机集群控制的关键技术

4.1.1 无人机控制技术的发展和现状

无人机飞行控制一般有以下三种方式：

1. 遥控方式

在采用遥控飞行时，需要地面操纵人员的参与，一般方法是利用指挥控制车内部的遥控输入(包括软件面板和硬件面板，软件面板通常称为软件遥控，硬件面板称为车内遥控)和车外遥控协同的方式；在起飞和降落阶段对遥控系统的实时性和可靠性要求较高，需要地面操纵人员近距离观察无人机的状态，利用车外遥控对无人机实现遥控起降。遥控指令是地面站控制无人机及其有效载荷运行的一种命令，包括开关和比例指令两种，开关指令是为了改变无人机状态而设置的，如开车、关车、自主/遥控切换等；比例指令则用于精确控制无人机姿态，如俯仰、横滚和航向等。但是，无人机舵面的运动和航路点的调整都是由基站通过数据链系统直接将控制指令传输给无人机的，且遥控指令的生成来源于多名操纵人员分别或同时对车内、车外和软件遥控的操纵，如果三种遥控方式的分工与合作不当，极易产生重大的责任事故，因而这种控制方式严重地依靠数据链系统和操纵人员的技术水平，整个系统庞大且鲁棒性不好。

2. 预编程控制

无人机按照机载计算机中预先编制好的程序飞行,这种情况下大多需要具有简单模态飞行的机载自动驾驶仪,虽然这种飞行方式具有一定的自主性,但鲁棒性甚至不如遥控的方式,因而只能执行一些简单的任务。

3. 监控方式的自主飞行

无人机飞行过程中完全自主控制、决策和管理,操纵员只是对无人机的状态进行监视,在无人机故障或出错时对其进行校正,这种方式要求无人机具备极高自动化程度的飞行控制系统,以使无人机能够在线规划、重规划、任务分配、故障诊断、飞行重构,以这种方式飞行的无人机具备很强的自主性和鲁棒性,也是当前学术界和工业界的焦点和目标。

无人机飞行控制研究的内容很多,从底层的自动驾驶仪到高层的自动决策系统,从故障诊断到飞行控制系统重构,几乎包括了控制理论的各个方面,目前引起广泛关注的领域包括在线航迹规划技术,航迹生成技术和控制输入受限的情况下的无人机航迹跟踪控制问题。

在多无人机领域,无人机集群的协同控制问题更是由于其巨大的理论和应用价值而成为国际学术界研究的热点。国外关于无人机集群协同控制的研究主要集中于美国,以美国为首的一些国家正在积极研究和验证无人机集群的协同技术。国内在与该领域相关方面的研究主要集中于航天器编队飞行和协作控制、多机器人协同控制和多 Agent 技术等。

无人机集群协同的研究主要集中于以下几个方面的问题:

(1) 无人机控制体系结构。无人机体系结构是针对无人驾驶飞机系统而言的体系结构问题,它与通常所说的机器人体系结构既有联系,又有区别。从体系结构的概念上讲,通常所说的体系结构完全适用于无人机体系结构;从具体实现上来讲,由于无人驾驶飞机自身的特殊性,需要选择或设计合理的体系结构。无人机体系结构是无人机系统研究的重要内容之一,它主要研究如何组织和控制无人机的软件和硬件系统来实现无人机所需要完成的功能。

我国现有的无人机系统的控制和操作一般直接依赖于基站的传输指令,因而基站是整个无人机系统的信息处理中心,遥控遥测系统是整个无人机系统的信息通道,无人机平台主要用于信息采集和执行基站指令,只有一定程度的独立信息处理的能力。

(2) 无人机数学建模。不同用途和不同控制方式情况下无人机系统的物理构成和体系结构是不一样的,相应的无人机数学模型也就不一样,而且研究目的和研究精度不同时,所采用的数学模型也可能不一样。比如对于研究遥控方式的无人机控制,数据链路的模型就是其中重要的一个环节,而对于研究自主控制

的无人机控制,数据链路的模型就是多余的了。

另外,由于无人机大多有成本限制,所以机载传感器、执行机构的数目和精度都受限,这样无人机数学模型中有些状态变量就是不可预测的或测不准的,在这样的情况下,现有的飞行器数学模型和数值仿真模型就不再有效了,因而需要重新建立无人机的数学模型或数值仿真模型。

不同的无人机系统表现为不同的无人机模型,对于研究无人机的运动控制而言,建立如此复杂对象的数学模型往往是设计控制系统和进行数值仿真的第一步。然而对于一个控制工程师而言,总是希望能够快速、便捷地建立起适合自己研究目的的对象模型,因而无人机建模方法和特殊类型无人机模型也引起了广泛关注。

(3)无人机集群气动耦合数学建模。无人机集群在近距飞行或编队飞行的时候,由于机体之间气流的相互影响,每个无人机都受到这种相互影响引起的气动力,在研究这种情况下无人机集群中的任何一架无人机时,都需要建立这种额外的气动力模型。

目前关于近距气动耦合仿真模型的研究较热,没有一种通用的理论体系,还需要进一步分析研究。从研究策略上来说,大多是直接将前面一架飞机的翼间拖曳涡当成作用于后一架飞机的下洗流。这样就可以直接沿用飞行力学中研究下洗流作用的方法,即研究下洗流所产生的迎角增量,进而有迎角增量所产生的力和力矩作用,由仿真中常用的求解力和力矩的方法最终便归结为研究拖曳涡产生的气动倒数的增量。

(4)无人机集群航迹规划。无人机集群航迹规划问题是一个多目标优化问题,以单个无人机航迹规划为基础,且通常和无人机集群协同问题紧密联系。目前该问题在国外通常称作多无人机协同航迹规划,规划的方法有在线和离线之分,通常采用的方法有三种:概率图方法、微分平滑方法和最优控制方法。

4.1.2 自主飞行控制

自主控制问题的提起常常与智能机器人的控制联系紧密,近年来则往往与无人航行装置的制导与控制密切相关,如 UAVs,UGVs(Uninhabited Ground Vehicles)等。由于缺乏人为直接的控制决策,其含义强调"无外界控制干涉",以及"自我控制决策"。从这个意义上讲,自主控制可以看成是自动控制的高级发展阶段,本质上属于智能控制,是一多学科的交叉,涉及自动控制、人工智能、运筹学、信息论、系统论、计算机科学、人类工程学等。其中自动控制实现闭环动态反馈控制,保证系统的运动学和动力学的优良品质;人工智能提供信息处理、形式语言、启发式推理、记忆、学习和优化决策等功能；运筹学完成系统的规划、管理、协调与调度等功能；信息论提供信息传递、信息变换、知识获取、知识表示和人机通信等功能。如果从智能程度上看常规的自动控制和自主控制，二者的区别在于常规的自动控制是基于数据驱动的，几乎不具有智能；而自主控制的产生是信息，甚至是知识驱动的，可以具有很高程度的智能[1]。

集群自主飞行控制的任务就是使各个无人机稳定在指令给定的相对位置上，保持优化的集群编队结构，保证无人机在不良因素影响下仍能按照预定计划飞行，具有良好的飞行鲁棒性。集群自主飞行控制主要解决的问题如下：

（1）集群飞行中几何坐标的建立。一般是通过各无人机间的相对距离形成二维或三维的惯性坐标系，进而建立旋转或惯性坐标系，以此确定各无人机之间位置的坐标和飞行速度、航迹角、偏航角等参数之间的相互关系，更加方便地描述各无人机的飞行状态。

（2）相对位置保持技术，也就是无人机集群在执行任务过程中各无人机保持相对位置不变。可在集群中设定一个虚拟长机，假定它的坐标系和飞行轨迹不变，那么其余无人机相对于它的位置就可以确定为静态相对位置。这种静态位置可以预先确定或者采集实际数据通过动力学理论计算。预先计算出集群飞行中的最优位置，作为集群队列中各僚机的目标位置，僚机可调整自身状态到达目标位置，再保持队列中相对位置不变，即保持最优队形不变。一旦长机由于特殊情况而退出集群，那么集群中其他无人机可以马上进入替补长机的位置，完成在线重构。这种相对位置保持技术，也就是包括队形重构在内的集群队形保持技术，在集群飞行控制中是相当重要的关键技术，只有集群中的各无人机均稳定在最优位置，整体的集群效能才会得以提高。

（3）涡流场是集群飞行中需要解决的重要问题，如同鸟群飞行的原理一样，飞机飞行时，机翼尖部或尾部气流形成的涡流场会对穿越其流场或与其相邻的飞机的飞行动力性能产生很大影响，因此在集群飞行控制中必须考虑到飞机之间的气动耦合以及在此情况下后机飞行的动态响应问题。飞机气动性能的改变必然影响飞行效率，气动耦合是集群飞行中不可避免的需要解决的问题。

（4）航迹规划是在起飞前就设定好集群中各无人机的飞行路径，可以在飞行过程中进行实时的调整。飞行控制算法严格保证每一驾飞机相对另外一架飞机的位置。实际任务中，飞行轨迹可根据地面控制站进行调整。

无人机集群自主飞行控制主要包括以下技术[2-5]：

1. 神经网络技术

神经网络作为软件程序具有记忆和自学习的能力，运用神经网络对系统进行控制，可以通过学习系统的输入输出数据从而模仿系统的行为，然后用被控对

象的实际输出与期望输出的误差来控制神经网络的学习,可以通过调整神经网络的权系数来达到控制系统稳定的目的[6]。已有研究中采用神经网络来避免无人机集群在飞行中发生碰撞,使各个无人机稳定在自己相对的位置,但具体的研究应用还需要大量的实验验证。

2. 鲁棒控制

鲁棒控制方法是近年来发展起来的一种现代控制方法,在经典控制理论中,被控对象的频率特性是设计控制系统的主要依据,整个系统的性能指标也是通过引入控制器来整定开环系统频率特性的方法而实现的[7-8]。由于被控对象的频率特性通常是靠实验测试等手段获得的,因此,不可避免地带有不确定性。基于现代控制理论设计的控制器,通常用机理推导和模型辨识等方法得到的数学模型同样具有不确定性,而鲁棒控制就能解决此问题。鲁棒控制就是在建立数学模型和设计控制器的过程中,如何考虑不确定性的影响,并且基于有关不确定性的不完整信息,设计不依赖于不确定性的控制器,使实际系统满足期望性能指标。鲁棒控制主要是使被控对象具有良好的稳定性,不受外界环境的干扰,使用频域设计方法,对多输入多输出系统进行优化设计[9]。集群飞行中,无人机的飞行环境复杂,大气扰动便会影响飞机的气动特性,还有其他特定的任务环境,可以说充满了不确定性,因此鲁棒控制是解决这种不确定性的有效方法,它同样适用于集群飞行的多参数控制,而且鲁棒控制比较易于和其他的控制方法结合使用,扬长避短,已有鲁棒控制用于飞机飞行控制的研究,但用于集群飞行控制的研究较少,仍值得研究探索。

3. 自适应控制

自适应属于较先进的控制方法之一。实际中有很多控制对象的数学模型随时间和工作环境的改变而改变,其变化规律是不能事先人为得知的。控制对象本身的变化也可影响其数学模型参数的改变。如果控制对象的参数在大范围之内变化,一般的反馈控制、最优控制等就不能圆满地解决控制了,因此就有了自适应控制技术。自适应控制可使被控对象根据运行指标的变化,改变控制参数或改变控制作用,使其处于最优的工作状态,达到自适应环境实现控制目标的要求[10-12]。对于集群飞行中可能出现的环境变化或飞机自身变化等情况,采用自适应控制是较为合适而且更加智能化的方法。

4. 模糊逻辑技术

模糊控制是智能控制的主要方法之一,它的知识模型是由一组模糊推理产生的规则(主要是由模糊控制规则和表示对象特性的语言规则)构成的[13-15]。它的人机对话能力较强,能够方便地将专家经验与思考加入知识模型中。模糊控制是控制理论发展的高级阶段产物,主要用来解决那些用传统方法难以解决的复杂系统的控制问题。由于无人机集群飞行中不确定性因素的影响,控制系统具有一定的非线性,模糊控制具有良好的处理非线性系统的能力,可使无人机执行任务更加智能化。在设计中,可以利用模糊控制器的自调节功能,使集群飞行中的无人机自动地消除涡流对其的影响,从而保持相对队形不变。

5. 极值搜索方法

目前,极值搜索方法应用在集群飞行中,主要解决怎样以尽量小的动力控制僚机来保持集群队形的问题。通过对集群飞行系统中一个容易测得的量进行极值搜索[16-18],达到使僚机所需的飞行动力最小的目的,并确保僚机良好的飞行性能。在设计中常常选用飞机的俯仰角作为搜索的参数进行设计。

6. 滑模变结构控制

变结构控制经历了40余年的发展,已形成了自己的体系,成为自动控制系统的一种一般的设计方法[19-22]。所谓一般,指的是其适用的系统和控制任务的范围都很广,这是任何其他方法所不能比拟的。变结构控制有一些独特的形式,首先作为一种非常广泛的设计方法,相对简单且便于理解,容易被广大科技工作者接受,尤其重要的是它具有一定意义下的鲁棒性。更准确地说,在滑动模态上,变结构控制对系统的摄动和外干扰在一定条件下具有不变性。这种不变性显然比鲁棒性更进了一步,称之为完全鲁棒性或理想鲁棒性。变结构控制在航空航天飞行器上已有应用研究[23-25]。在无人机的集群飞行中,或者说飞行器的集群飞行中,不确定的干扰仍影响集群飞行系统的控制,对于将变结构控制用于实现在不确定因素影响下的集群自主飞行的研究目前比较有限,值得进一步研究。

对于无人机的自主控制、决策与管理系统,国外有许多研究机构从不同的方面对其进行了研究。从各种文献的结果看,现阶段的大体状况是已有的技术手段只能实现相对确定环境下的自主或半自主控制,要实现快速变化的不确定环境下,完全意义上无人机的智能自主控制,目前的技术还不是很成熟。首要的几个关键问题是如何进行飞行中任务、航迹的自主快速规划与重规划;采用什么形式的控制结构体系;如何实现自主条件下的安全着陆。不确定环境中的快速规划与重规划是自主性要求的本质,是一个面对不确定性和实时性挑战的复杂大规模决策优化问题;控制结构体的选取则关系到整个系统能否高速、有效地运作;而飞机的起飞着陆阶段,尤其是着陆时最易发生事故。未来无人机技术将要体现的是一种在特定领域中应用的先进机器智能技术。由于对象的开放性、复杂性和所面对信息模式的多样性、不确定性,无人机的自主飞行控制是一项高度综合的研究项目,是智能控制技术和飞行控制技术的高度有机结合,一定程度上代表了未来航空尖端技术的最新研究方向。应站在大系统的概念下来看无人机

自主飞行控制系统的研究,所面临挑战在于如何在不确定的飞行条件下实现一定的实时自主控制决策能力。如何充分体现这种无人控制系统的鲁棒性、容错性、自适应性和智能性,最终在局部完全取代并超过人的决策作用。只有这样,才可以使未来的应用中的无人机具备超速的反应能力、超人的决策能力和超常的机动能力,发挥出其最大的综合效益[1]。

4.1.3 仿生控制技术

无人机集群飞行与生物系统(个体或集群)的某些原理和行为非常相似,如生物集群的社会性。因此,将仿生学(Bionics)引入无人机集群研究中,分析生物系统的进化特征与行为规律并从中获取灵感,将是解决集群关键技术的一条有效途径[26]。

所谓仿生学,是模仿生物系统的原型来建造先进技术系统,或者使人造技术系统具有或类似生物系统特征的一门科学[27]。现代仿生学被划分为若干范畴,包括仿生结构与力学、仿生材料与微结构、仿生物质和能量输送及转换、仿生功能器件及控制、仿生微系统、仿生化学、仿生进化、仿生学研究及其应用的发展战略等。仿生学目前已延伸到生物学、物理学、化学、医学、数学、材料学、机械学、动力学、控制论、航空、航天和航海工程等众多学科领域,它在被推动发展的同时,又反过来促进了这些学科的进步[28]。例如,飞机的翼型是模仿鸟类翅膀的剖面;喷气推进原理是模仿墨鱼的运动原理;雷达的发明源于对蝙蝠超声定位的模仿;红外寻的、红外成像的发明源于对响尾蛇红外感知的模仿。在仿生材料方面,"莲花效应"的自净原理将用于汽车制造中;在仿生机器人方面,美国加州大学伯克利分校设计出仿生"机器蝇",可令其携带多种传感器和微型摄像机,在各种复杂环境条件下替代人类完成拍照、取样等工作;比利时安特卫普大学成功研制出蝙蝠机器人,具备利用超声波辨别方位的能力;北京航空航天大学和中国科学院自动化研究所共同研制了仿生机器鱼,已成功用于水下考古探测。这些成功的探索已为其集群的智能协作问题研究奠定了良好的基础[29]。此外,基于生物眼睛系统的原理所建造的仿生苍蝇复眼、鹰眼、青蛙眼、鸽子眼等,在航向稳定、目标识别与锁定、接近静止目标、跟踪移动目标等方面具有明显的优势[30]。

在仿生功能器件及控制方面,通过模仿动物高级神经系统机理及其实现控制的方法,产生了人工神经网络、模糊控制;通过观察蚂蚁高度有序的群聚生活,意大利学者 M.Dorigo 等人提出了蚁群系统(Ant Colony System,ACS),成功应用于优化、分配、调度等问题的解决;通过对生物自然进化现象与人工自适应行为相似性的深入研究,美国的 Holland 创建了遗传算法(Genetic Algorithms,

GA),并广泛用于各种复杂系统的自适应控制及复杂优化问题中;通过模仿生物自然免疫系统,提出了免疫系统(Immune System)控制算法,成功用于解决诸如学习和多模式寻优等复杂问题。通过对鸟群和鱼群捕食的行为方式研究,美国学者 Kennedy 和 Eberhart 提出粒子群算法(Particle Swarm Optimization, PSO),该集群优化算法通过个体之间的协作来寻找最优解。

4.1.4　集群控制技术

智能控制的概念主要是针对控制对象及其环境、目标和任务的不确定性和复杂性提出来的[31-32]。基于人工智能及信息科学等多学科的交叉点往往是其理论及技术的切入点。使具备有限智能兼具鲁棒性的被控对象达成期望目标的控制方式就视为智能控制,相应的系统就视为智能控制系统。智能控制的主要特点可归纳为:①以高层控制为核心,其控制任务是针对实际工作环境对系统进行规划、决策和组织,进而实现广义问题求解的;②混合控制过程以非数学的广义知识模型或数学模型为依据;③采用定量分析与定性分析相结合的多模态组合控制模式进行决策和控制。其中系统的不确定性、可靠性及控制的稳定性等诸多问题有待进一步深入和完善。

无论从经典或现代控制理论朝智能化方向过渡,还是以人工智能的方式来解决控制问题,这两种智能控制模式所采用的模型及方法均是单一的[33]。其结果必然会导致复杂系统控制性能上的不足,攻克这一缺陷正是开展集群智能控制研究的原因所在。

集群智能控制的研究概况可从如下几个方面进行阐述:

(1)发端:集群智能控制的理论和技术基础。

(2)生物启发及生态智能集群行为的意义。从仿生学的理论研究中揭示出了由完全群居性生物集群的集群行为提供的一个显著证据,即由简单智能体构成的系统能够完成现实世界中的复杂任务。依据从生物进化机理中受到的启发并结合仿生学理论,人们已提出了许多可解决复杂优化问题的新方法并解决了诸多实际问题。因此,对生物集群系统的研究为智能控制系统的研究提供了一个极具理论及现实意义的新方法和新方向。

(3)智能集群行为:其特点是,虽然单个个体的智能有限,行为规则简单,但由这些简单个体组成的社会性群居生物集群却能表现出较高的智能和极其复杂的集群行为,能够共同完成复杂的任务。不仅如此,群居性生物集群中的单个个体之所以能够在残酷的大自然中幸存下来,表明其对环境的变化具有高度的自适应性。当遇到无法独立完成的任务时,单个个体经由及时传递信息的方式通

知其他个体并协同其他个体一道完成复杂的目标任务。

（4）智能集群行为与集群智能控制的内在联系。国内外的研究者通常将社会性群居生物集群与智能控制系统结合起来研究两者之间有密切关联的问题。完全群居性生物集群中的单个个体与智能控制系统中的智能控制个体在运行机理上极具相似性且均具有有限的智能。通过对生物集群系统集群行为的观察和理解，研究者可将群居性生物集群中的单个个体抽象为具有一定感知、交互及协同能力的智能控制个体。这与智能控制系统中智能有限的智能控制个体通过协同动作却能完成复杂控制功能的机理极其相似。于是，依据运行机理的相似性，可通过研究及抽取生物集群系统中单个个体的行为规则来设计和控制智能控制系统中智能控制个体的控制策略和性能，从而构成一种新型的集群智能控制系统。

（5）集群智能控制的概念模型。①集群智能控制：其控制目标是从仿生学的角度出发并借鉴社会性群居生物系统的集群机理，构建智能型集群控制组织结构的概念模型，并以其促成多个形式简单、智能有限、具有学习和进化能力的智能控制个体通过彼此间的感知交互、信息传递、协调作用及其与环境的交互作用来共同完成复杂的控制功能或作业任务[34]。该类系统不仅具备一般智能控制系统的特点且兼具协调合作性能，同时具有可靠性、自组织能力和鲁棒性。②集群智能控制系统结构：借鉴社会性群居生物系统中的单个个体设计的集群智能控制系统中的智能控制个体实体具备不可或缺的自主性、交互性和协同性。从而，由多个智能控制个体构成的集群智能控制系统通过其智能个体间的相互协调可实现对复杂系统的控制。基于该集群智能控制的概念模型，便可构建出集群智能控制系统结构。③集群智能控制建模：集群智能控制的研究对象是智能集群的行为控制，能够产生具有鲁棒性的集群行为的控制策略就是在个体层面上应用若干受生物学启发而建立的适应性算法及时获取环境的动态反馈信息并以其调整自身的状态，其目标是期望能获取环境的最佳反馈信息。当前采用的适应性算法的技术线路主要是集群进化算法[35]。

无人机集群不是多架担负不同的、单一任务的无人机的简单组合，它是通过有效的控制策略使无人机集群产生协同效应，从而使无人机集群具有执行复杂多任务的能力。根据任务的复杂程度及不同的执行方式，部署多种无人机组成一个无人机集群，协同执行复杂任务。每一架无人机参与到任务分配及规划过程，并与其他无人机共享自身传感器所搜集到的信息。无人机集群中的多无人机将在能力上相互补充，可展现出一种完整的全新能力，以形成一个为完成复杂任务而紧密协同的无人机集群。

无人机集群控制技术是要研究解决多种不同类型的无人机在飞行中形成集

群编队、队形保持、队形重构的相关理论方法和技术问题,它是实现无人机集群飞行的基础[36]。

无人机集群飞行控制是协同控制领域最重要的一个研究分支,其主要目标是控制每个无人机在空间中的位置和姿态,并完成设计的集群飞行任务。无人机集群与单一无人机相比具有诸多优势。无人机集群飞行可以获得更大的巡逻覆盖面,从而提高侦测或搜寻成功率。空间飞行器的群组控制可以减少推进器燃料的消耗,扩展探测范围。此外,集群飞行策略还可以用于机场飞机的集群起飞和降落,这样一方面可以提高机场跑道的利用率,另一方面可以缓解机场空域的繁忙状态。

无人机集群的集群运动可以看作是如下任务的组合:①集群整体从出发点到目标点的运动;②集群个体间保持相对位置和姿态;③避障;④集群的分裂和重组[37]。

无人机集群的控制结构是指为了实现预定的目标而把多架无人机联系到一起的形式方法,主要是研究如何组织和控制多架无人机来实现整个无人机集群所需完成的功能。集群控制结构不是一成不变的,而是随着任务的执行,可以进行动态调整的。无人机集群控制属于多个体系统的研究领域,具有重要的研究意义。其研究的主要方向:①集群队形的形成、保持和重构;②集群控制的稳定性;③非完整力学系统的集群控制;④集群的智能控制。上述四点亦为无人机系统研究的热点[37]。

无人机集群在飞行过程中既要能使每架无人机都进入集群中,又要能使无人机之间保持一定的距离和队形结构。每一架无人机既要有一定的自主飞行能力,又要保持多架无人机之间的协同工作。对于整个无人机集群来说,既要能在飞行中保持稳定,根据任务需求实现集群的队形调整,又能够根据战场复杂情况实现集群飞行中的防撞、规避、重规划等。因此,无人机集群的行为可以看成是向目标区域运动,阵形的集结、保持与重构,防撞与规避的三个子行为[36]。

要完整地实现一个集群的任务,往往需要实现若干个上述环节的有机结合。集群队形的形成、保持和重构主要考虑多个体系统在内部力的作用下所具有的运动特性,任意初始状态的多个体系统在内部力的作用下应趋向于给定的平衡结构;无外部激励的情况下保持该平衡结构;存在外部激励的情况下,多个体系统能够打破平衡结构并重构到新的平衡结构,譬如集群的避障与避撞。通常,对多个体系统进行稳定性分析(stability analysis)可以证明上述趋向性质。考虑到物理模型的真实性,非线性系统的集群也是研究热点,譬如非完整力学系统(nonholonomic dynamic system)的集群控制。集群的一致性(consensus)控制主要考虑大规模同质集群的运动趋向性,由于允许个体存在外部控制,适宜构造

集群的分布式(distributed)控制。结合图论方法,可以研究结构较为复杂的多个体系统[38-41]。集群的智能控制(intelligent control)多基于多个体系统的任务,允许模型中存在逻辑判断(if-then)形式的非线性模块。随着研究工作的不断深入,上述各个环节都已有了可喜的进展。

无人机的控制结构具有开放性与层次性的特点。对于无人机集群的协同模式,飞行控制系统应当提供集群飞行、多机协同执行任务的能力,为此,控制结构应该包括个体结构控制和集群结构控制。在设计系统结构时要对诸多要素综合考虑,其中包括无人机集群的整体使命的分解,单架无人机的具体任务、分配目标、路径规划,集群中无人机之间的相互协同等。因此,无人机控制必须是开放的平台结构,并且是面向任务与效能的。选择层阶分解的控制方法,无人机开放式的层阶控制结构如图4.1所示。

针对无人机集群系统的研究,按目的可以划分为任务层、控制层和执行层[42]。

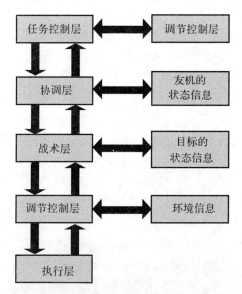

图 4.1 无人机开放式的层阶控制结构

4.1.4.1 任务层

任务层是针对具体任务或者以完成某一指标为目的而进行的关于集群飞行规划的研究,主要包括任务规划和航迹规划。

任务规划是针对某一特定任务,对不同性能的或者相同性能的无人机组进行任务分配,使每架无人机都能充分发挥其各自的特点,使任务完成得有效而又不会浪费资源。

除了针对任务的航迹设计外,更多的是针对航迹规划中的会合问题和避障避险问题。多架无人机在初始位置不同或初始时间不同或两者都不同的条件下,同时或者分时到达同一个位置点,这个问题称为会合问题。会合问题中的算法通常是以用时或总路径最少,或者搜索范围最大等为指标来选择期望轨迹的。无人机完成任务的途中,往往存在障碍或危险区域,执行任务时需要规划如何绕开这些区域到达目标点,这个问题称为避障避险问题。避障避险算法规划中的指标一般是时间、路径长度、涵盖范围或避障后在某点集合等。对于航迹规划,目前正在思考会合点发生变化或者运动情况下的轨迹规划,以及障碍位置变化情况下的轨迹规划。

4.1.4.2 控制层

1. 队形编排

根据不同的任务,需要无人机编排成不同的队形,如雁形集群、平行集群、纵列集群、蛇形集群、球形集群等。集群的无人机,尤其是密集集群中的无人机会受到其他无人机的气动干扰,因此不同集群的气动效应是不同的。各种集群模式的数学模型以及模型的稳定性、动态性等性能通过研究会得到不同的结论。

2. 队形控制策略

集群的无人机因任务要求往往要保持其在队列中的相对位置基本不变。一般的保持策略是集群中的每架无人机保持与队列中约定点的相对位置不变,而当这个约定点是领航机的时候,这个保持策略就称为跟随保持。在队形保持过程中,可能会因一些干扰因素引起扰动,防止冲突策略就是要避免在扰动下可能发生的碰撞和信息交互中的阻塞。无人机集群要保持一定的队列形状,它们之间必须有信息的交互。信息交互的控制策略一般有集中式控制、分布式控制和分散式控制,每一种方式都有其独特的定义和优势。

(1)集中式控制。每架无人机要将自己的位置、速度、姿态和运动目标等信息和集群中所有无人机进行交互。在集中式控制策略中,每一架无人机都要知道整个集群的信息,控制效果最好,但是需要大量的信息交互,在交互中容易产生冲突,计算量大,对机载计算机的性能要求较高,系统和控制算法复杂。

(2)分布式控制。每架无人机要将自己的位置、速度、姿态和运动目标等信息和集群中与之相邻的无人机进行交互。在分布式控制策略中,每一架无人机需要知道与之相邻无人机的信息,虽然控制效果相对较差,但信息交互较少,大大减少了计算量,系统实现相对简单。

(3)分散式控制。每架无人机只要保持自己和集群中约定点的相对关系,不

和其他无人机进行交互。其控制效果最差，基本没有信息的交互，计算量也最少，但结构最为简单。

分布式控制的效果虽然不及集中式控制，但其控制构造简单可靠、信息量小，比较容易避免信息冲突。从工程角度看，这样的结构便于实现和维护。除此之外，分布式控制策略适应性强，并具有较好的扩充性和容错性，如执行任务的途中任务突然变更，需要新的无人机加入集群，或者某无人机由于故障不能继续完成任务需要脱离集群并补充新的无人机的情况。由于分布式控制能够将突发的影响限制在局部范围内，因此目前对集群队形的控制策略的研究热点也逐渐由集中式控制转向分布式控制。

4.1.4.3 执行层

在无人机集群的工程实现上，主要包括无人机集群的工程设计和飞行试验。

|4.2 无人机集群队形|

4.2.1 集群动力学建模

4.2.1.1 集群智能个体的动力学特性

集群系统具有个体自治、非集中式控制、局部信息作用等特征[43]。系统中的智能个体只根据个体之间的局部信息交互作用，来调整自身的动态行为。集群行为（Collective Behavior）是集群内的所有智能个体经由关联耦合合作方式而涌现出的自组织运动模式，关联方式不同则其产生的集群行为亦不尽相同。如何刻画、构建和分析智能个体的行为规则、关联耦合结构和运动特性，设计出可搭载合适的分布式协调控制算法的控制器，使系统在运动中达到整体上的一致，以实现期望的集群行为、完成预期的复杂任务是控制理论与应用中的一个亟待解决的新课题。集群动力学是可担此重任的最合适理论，这是由于集群系统动力学描述的是简单的个体行为规则和局部信息传递方式。集群系统通常由一定数量的个体组成，每个个体都遵循的简单运动规则是相同或相似的，运动规则通常引领个体依据所获取的局部信息做出相应的本能反应，而与集群运动行为或目标往往并无直接关联[44]。运用智能个体动力学特性进行集群动力学研究的思路[45]：首先，针对个体建立仅有若干特征信息的个体运动方程，对智能个体的感知和运动特性进行动力学描述，使每个个体执行相同的运动控制算法；然后，研究集群系统在个体交互作用下所形成的集群行为的一致性；最后，提出基于局部感知的个体有界交互作用的集群模型。

基于集群动力学的研究结果揭示出智能个体的动力学特性大致如下[43]：①简单性：表现在个体的智能相对简单；②鲁棒性：表现在它没有中心的控制，不会由于一个或某几个个体的故障影响整个集群行为，体现了集群系统对于失误的忍耐能力；③分散性：表现在集群中相互合作的个体是分布的；④自组织：表现在经个体自主的演化使得集群表现出显著的整体性质，即涌现；⑤可靠性：表现在系统完成一项任务的稳定性程度，它直接反映了控制策略的优劣；⑥一致性：表现在系统作为一个整体通过协调控制使其行为决策值趋于一致。

相似问题的研究可延拓至智能集群系统运动协调控制性能的评估中。当不同的个体组成集群系统去完成一项任务时，一致性指标尤为重要。要想获得好的系统性能，就要对集群系统中的由智能个体动力学特性表征的个体模型进行精确的研究，同时也要对控制策略进行优化，如采用分布式的控制策略，使集群中的智能个体之间通过交互作用，可在运动中达到整体上的动态稳定。

4.2.1.2　集群智能系统的协同控制

智能集群是由许多结构相对简单、能力有限的智能个体按照一定的关系相互联系在一起组合而成的结构相对复杂、功能强大的集群系统。集群中的智能个体不是单独地进行推理及行动的，而是受生物集群行为的启示涌现出一种"社会性"。

协同机制使群机器人等智能集群系统与单体系统相比具有诸多优势，在执行大规模复杂任务时，协同移动的群机器人系统具有较高的工作效能和较强的容错能力，其系统性能良好。运动协调机制是群机器人系统协同控制研究中的一个重要分支。它研究如何将多个智能机器人组织为一个集群并使各个智能个体有效地协调运动，实现速度、方位等行为策略值趋于一致，产生总体解决问题的能力[46]。

协作是一群智能个体凸显集群智能的表现形式。无人机之间的协作与控制问题隶属于无人机集群系统研发中的高级控制目标。无人机集群系统是由诸多无人机个体按照一定的组织结构、关系、模式结合起来构成的一个有机整体，具有自我调整的功能，系统中个体和集群务必协作而动，以实现预期的集群功能。借鉴组织行为学理论，无人机集群系统的研究对象包括无人机个体、无人机集群两个层次，即无人机个体行为和无人机集群行为。无人机个体行为主要涉及无

人机个体对环境的感知、学习、反应以及自适应的协调动作能力。无人机个体控制系统是实现相应个体行为的基础,它要求能使个体表现出较强的协作性和自主性。协作性是指无人机能协调合作的能力。自主性是指无人机具有一定的自主能力、能感知环境的变化并能作用于环境。系统协调行为的性能通常依赖于妥善处理无人机的自主和协作之间关系的有效程度;无人机集群行为是机器人个体行为的集成,其"社会性"智能涌现行为是建立在交互感知等基础上的,典型的集群行为泛指编队行为等[47-50]。

无人机集群系统的功能也是通过相互协作而体现的。因此,协调控制成为无人机集群系统控制的途径。无人机集群协调控制策略是无人机集群系统研究的核心。研究灵感来自于生物界的集群现象。无人机集群协调控制策略给出了系统中个体获取信息的方式和系统进行运动决策的方法,很大程度上决定了系统的结构。

无人机集群系统通过组织结构知识获得关于系统整体行为的全局观点,从而采取有效策略引导局部控制实现协调合作。无人机集群协调是指多架无人机通过合理安排各自的子目标及享有的资源等,针对不同的系统目标适时调整各自的行为,以期在达成各自的子目标的前提下,为实现系统的整体目标最大限度地发挥各自的作用。而无人机集群协作是指多架无人机体通过协调各自的行为,合作完成共同目标。协作是一种特殊类型的协调。广义上,协调方法分为显式协调与隐式协调两类。任务不同,环境不同,采用的协调方法也应不同。因此,应重点研究各种协调方法及其集成,同时,加入进化机制,使其能自动生成、提高。

智能集群系统的协同控制实质上是指实现协调合作,可以抽象为多智能体系统的一致性问题。这是因为,在智能集群系统协同控制领域中,可将智能集群系统视为多智能体系统理论的研究载体。为了完成复杂任务或达成某种共同目标,智能集群系统中的每个智能个体需要进行信息交换并达到一致。而一致性问题的出现主要源于合作(即协作)控制问题,期望一个智能集群系统中所有的智能体的最终状态能够趋于一致。

从控制目标来看,对智能集群系统实施协调控制的基本任务就是实现期望的系统构形和整体运动方式,使智能集群能以确定的队形等一致性机制应用要求按照预期的速度和方向等趋同性行为朝向目标值前进。

受生物集群行为的启发,从集群、社会的角度,研究无人机集群等智能集群系统中智能个体的行为、个体之间的协作,以及个体与环境的相互作用,旨在探讨智能集群协作与集群社会的概念、设计方法、理论体系等,逐步建立起具有"社会性"的智能集群系统社会学的基本框架,为设计智能集群协作系统提供理论依据。

很明显,在智能集群系统的协同控制研究中,只有把系统中的智能个体基于一定的行为策略、协调合作机制、社会规则等有机地组织起来,针对其制订出合理的局部控制策略后加以有效地引导,才能达到整体性的协同控制目标,并在系统层面上涌现出集群智能。

4.2.1.3 集群系统动力学建模

1.集群动力学的内涵

以集群现象为研究对象的集群系统是大量的自治个体组成的集合,个体一般都有一个或者多个特征值,并能够修改自身的特征值;微观个体之间能够交互,通过与其他个体交互,使得系统整体的演化呈现出复杂的宏观涌现行为[45]。因此,对集群及其动态行为进行数学建模与分析,对其理论研究及应用设计都是极其重要的。可以说,这是人类将其从社会化昆虫(即集群行为)世界学来的知识应用于自然界及人造社会(机器人、交通、飞行器等)的唯一途径。从系统与控制论的视角来看,集群系统具有大规模分布式协调控制的本质特征,而其分布式控制算法的构造往往依赖于通过对生物集群系统的数学建模和分析而获得的重要启示[51]。

集群系统的动力学是由简单的个体行为规则和局部信息产生的。从控制目标的角度来看,集群系统协调控制的基本任务是实现期望的系统构形和整体运动方式,如以确定的队形按照预期的速度和方向前进[44]。鉴于此,集群行为动力学(Collective Behavior Dynamics)的形式化描述(即数学建模)是机器人集群协作与机器人社会系统研究领域中方兴未艾、有待更深入研究的问题[47];或者说,借鉴生物集群动态集群行为中的运行机理并用于多机器人等集群系统的建模与控制任务中是目前集群系统研究的热点之一[43]。

2.动力学建模方法

集群本质上是一种从自然界中获取灵感的仿生学方法,各种物质群自然地组织与运动,在运动中达到整体上的动态稳定,各形式不同的集群运动,在广义上都是一种集群行为。集群现象有利于集群部落适应环境,更好地生存和发展[52]。集群系统的动力学是由简单的个体行为规则和局部信息通过系统的自组织而产生的。受生物学启发的集群行为理论研究与发展关于生物和工程集群行为的动态性能和控制方法的基础理论及其应用研究是密切关联的,其是多学科交叉领域中一个新的应用基础研究理论的知识增长点[53]。

集群行为的研究可分为三个阶段:第一阶段是生物学家做的诸多既有研究,揭示出了若干具有代表性的生物集群特有的动态行为;第二阶段是实验,物理学

家和计算机专家分别做了很多实验和仿真,用仿生学的方法验证了生物集群现象是由遵循简单行为规则的大量个体通过彼此的交互作用而获得的;第三阶段就是利用数学方法对集群行为进行建模及分析。

有两种不同类型的数学建模方法可用于集群系统的动力学建模,即空间的和非空间的方法[54];由于建模方法的新发展,就生物集群行为的建模而言,除了前已提及的传统的空间法和非空间法外,随着计算机技术的迅猛发展,又出现了一种新的建模方法即基于仿真的建模方法。现就这三类集群行为的建模方法各自的特点分别归纳如下:

(1)空间法。空间法中的空间(环境)明确或隐含地表现在模型和分析中。建模有两种不同的框架,它们是基于个体的拉格朗日(Lagrangian)框架和连续欧拉(Eulerian)框架。

1)拉格朗日法:从个体遵循的简单动态行为规则中抽取出集群运动的内部运行机理。拉格朗日法基本的描述就是每个个体各自的运动方程(常微分方程或随机微分方程)[53]。

2)欧拉法:在欧拉法中,提取种群密度在某一区域内针对任一个体的密度函数来表征集群的连续性,或者说,一个集群模型中的每个个体成员不作为单个实体来研究,而是通过密度概念将整个集群作为一个连续集描述的。基于欧拉法的集群动力学用一个动态连续模型描述,即以浓度或种群密度的偏微分方程形式给出。欧拉模型的基本方程是平流-扩散-反应方程,其中水平对流和扩散项是个体行为以及环境影响联合作用的结果,而反应项是由种群动力学引起的。欧拉连续方程(偏微分方程)的一个显著优点就是无需对集群所处环境做空间离散化处理,对于描述大规模密集而没有明显不连续分布的集群行为(如,细菌等微生物集群)非常有效。但是,欧拉法也有一个显著的不足,即忽略了个体的特性。因此,就许多集群是由有限数量的体积较大或有限智能特性明显的个体成员组成的情形而言,选用欧拉法连续集模型来描述集群的集群行为显然不太适用。

3)拉格朗日法与欧拉法的区别:拉格朗日法描述的是每个个体各自的运动方程,是一种较为自然的建模及分析方法。相比而言,欧拉法和拉格朗日法的不同之处在于,后者可将个体的位置信息体现在模型之中,前者则将集群在所处物理空间中的密度分布函数作为建模基础。在早期的研究中,由于基于欧拉法构建的集群模型是建立在偏微分方程理论基础之上的而占据主导地位。但是,需要特别注意的一点是,欧拉模型中对集群所处物理空间的连续性假设多适合体型较小的生物集群。而在分析由体型较大的生物个体组成的集群如鱼群、鸟群等时,由其组成的集群所占据的物理空间就会因为每个个体体型的因素而变得相对大许多,这就使得欧拉法关于集群所处物理空间是连续集的假设在实际应用中往往会难以满足。鉴于此,离散的基于个体的拉格朗日建模法就愈来愈受到研究者的广泛关注。

(2)非空间法。非空间法反映种群层次的集群动力学模型是以非空间形式描述的,其依据集群的规模及频率分布特性为基础来展开建模。建模时假定大规模集群可基于若干小规模集群邂逅的相互作用、各自所处环境地貌的制约、兼顾若干小集群自身固有的动力学特征,可将集群的现有规模主动地进行拆分或归并成任何规模的集群以为实际建模的需要提供便利。非空间法建模的弊端在于需对其进行人为的集群规模的随意"融合拆分"处理并需提出相关假定方能在描述和分析集群动力学时行之有效。

(3)仿真法。仿真集群模型的优点在于其可对个体在集群行为过程中的全程表现提供一个清晰的可视化描述过程。鉴于个体所遵循的简单行为规则通常会不尽相同且其或许会使集群呈现出相同的集结行为,若仅以其为据而从集群行为的仿真实验结果中借助获取的集群涌现现象来随意推断出个体的行为规则将无疑是不确切的;而且,非常复杂的有关实际智能个体的行为表现,往往在仿真时难以复现。总之,虽然借助仿真实验依据个体遵循的简单行为规则可使集群涌现出与真实生物集群相近的集群行为,但依然缺乏理论分析方面的合理性论证,同时很难保证真实生物集群是否就是遵循着如此的简单规则的。譬如,Reynolds 对鸟群飞行模式及 Sole 等人对蚁群觅食行为的仿真研究等就为采用仿真法建模的具体事例,集群的集群行为可在这些实例中得以身临其境般的观察[55]。

(4)基于引力/斥力(Attraction/Repulsion)作用的集群行为建模方法比较。

1)A/R(Attraction/Repulsion)模型:在生物集群协调行为研究领域,有五种典型的协调行为模型,包括 Vicsek 模型[56]、A/R 模型[57]、Three-Circle 模型[58]、Circular Motion 模型[59-64]以及恐慌集群行为模型[65]。这五种形式相对简单的模型,却能将诸多主要的集群运动现象(如,方向同步、按圆形排列、等距行进、避障、跟踪和圆周运动等)生动地展现出来。可见,对这些模型的理解将有助于探究自然界中所发生的若干集群现象的潜在的内部运行机理,亦为构造新的更接近实情的集群模型提供有价值的思想指导和理论依据。长期以来,生物学家为解释生物群体的集群(Swarms)行为进行了不懈的努力[66-69],他们普遍认为集群行为是个体间的长距离吸引、短距离排斥的相互作用结果。A/R(Attraction/Repulsion)函数模型[70]最初是由于受到了 1986 年提出的 Boid 模型规则中分离性和排列性的启发而于 2002 年 5 月在美国控制会议上被提出来的。A/R 模型从工程学角度提出了一个基于有界排斥函数的各向同性个体相互作

用的集群群体模型,该模型在相互作用各向同性的条件下能够保证群居性生物群体在有限的时间内形成蜂拥集结行为(Flocking Aggregation Behavior)的涌现现象过程中的稳定性。A/R 模型遵循的基本原则是"远则吸引,近则排斥",这也是一个普遍接受的个体间相互作用原则[71]。

2)欧拉法:欧拉式集群模型借助群体密度分布函数可对单位区域内分布的个体数目给予有效测量,其群体密度分布函数可用欧拉连续方程(偏微分方程)来描述,方程中可以添加的附加项可表征源自同类或感知环境中的引力或斥力作用。

3)拉格朗日法:牛顿运动方程就是一个典型的个体运动方程,可依据牛顿第二定律采用机理法针对集群性群体进行动力学建模。建模时可将表征聚集的力(即描述个体之间的吸引力作用)或分散的力(即描述个体之间的排斥力作用)以及由环境引起的随机干扰作用力等加以综合考虑后视为群体作用力的总和来形式化描述群体运动方程。拉格朗日法建模时,所遵循的基本原则是"远则吸引,近则排斥"以及个体与所处环境之间交互作用的结果。经生物数学家论证,基于个体的简单群体动力学模型的结构形式通常由常数项的吸引和与任意两个个体间距离的二次方成反比的排斥项组成。

4)仿真法:仿真法采用的集群模型无须建立描述"远则吸引,近则排斥"基本原则牛顿运动方程,其借助从实际生物个体动态行为中抽取的行为规则来引导群体中的智能个体进行模拟,进而研究集群行为。譬如,受自然界中鸟群、动物群及鱼群的蜂拥集结型集群行为的启发,1986 年由 Craig Reynolds 提出的 Boid 模型。在这个模型中,每个个体的行为只和它周围邻近个体的行为有关。Craig Reynolds 给出的关于集群运动的解释性定义是,"即当一个集群中的所有个体都保持相同的速度,相互之间保持稳定的距离,不会发生碰撞时,这个群的运动方式就称为集群(Flocks/Swarms)运动"。Craig Reynolds 提出的集群运动的规则化定义为,"①分离性(Separation):各成员之间避免碰撞;②内聚性(Cohesion):各成员朝着一个平均的位置进行聚合;③排列性(Alignment):各成员沿着一个平均的方向共同运动"。也就是说,这种基本的群模型包括了上述三个简单的指导规则。A/R(Attraction/Repulsion 函数模型就是基于其中的分离性和排列性而提出的。

群居性生物集群的集群行为与自动控制是密切相关的。集群行为规则已经在生物进化中被自行"设计"和"测试"了成百上千万年。通过集群行为的研究、理解、建模,在开发诸如无人驾驶的海底、陆地或空中的群机器人等集群性智能集群系统的组队合作行为的分布式协调和控制策略过程中,可从中获得许多有用的思想和启示。比如,如何使无人驾驶的空中车辆在有若干威胁、目标的空间环境中按照"目标优先"和"线索严格"的规则行进,已成为开发分布式协调和控制策略的关键问题,此类问题可视为一个集群问题。

集群行为的最初建模工作是由生物学家完成的[66-69]。生物数学家 A. E. Parr 于 1927 年在解释鱼群的内聚性现象时最先提出了集群中个体间的相互作用由引力、斥力引起的建模思想。C. M. Breder 于 1951 年将这一建模思想进行拓展,用于鱼群聚集机理的研究。至 1954 年,C. M. Breder 撰文发布了相关的研究成果,其为该领域采用引力/斥力法构建集群动力学模型的最初实例之一,其揭示了生物集群行为的内在机理,在集群行为的建模和分析研究方面做出了开创性贡献。他揭示出了"远则吸引,近则排斥"的集群行为原则,构建了梯度型引力/斥力集群动力学模型,该模型中的引力项函数和斥力项函数均被设置为与群内任意两个个体间的距离的二次方成反比,并针对性地将由其运算出的理论数据与从由实际的鱼群聚集行为中测试而得的相关数据进行严格比对后,经过调整模型的结构,得出了所建集群模型中需要的较为理想且贴近实情的关键参数取值;随后,K. Warburton 和 J. Lazarus 在 C. M. Breder 已有研究结果的基础上继续探索,至 1991 年构建出了一系列非梯度型引力/斥力集群动力学模型,用于研究集群的内聚性,并取得了良好的效果[72]。此后,各种生物集群模型便相继产生。

4.2.2　无人机集群队形设计

当前无人机集群控制大体可分为两类基本问题:运动协调和覆盖协调[73-74]。运动协调主要包括集群队形保持、集结、解散、重构、队形变换和集群避障。其中,队形保持是运动协调的核心问题,研究集群在运动中如何保持队形不变。覆盖协调是指无人机集群的任务规划和分配,包括部署、搜救、勘探,以及攻击目标的分配等。

在无人机进入指定区域后,开始构成集群;完成任务后,解散集群,恢复单机飞行。因此,协同飞行的第一个问题是如何实现集群的组建、解散。

在无人机集群任务规划中,无人机集群控制研究是必不可少的工作。多无人机协同任务,一般都是以集群的形式执行分配的任务的,且尽量地发挥集群的最大优势,这些优势是单架无人机无法具备的。无人机集群的队形设计是整个集群飞行任务中必须解决的问题之一[75]。

合理的队形设计,不仅可以增加集群中无人机的飞行安全,还可以提高无人机集群执行任务的效率等。但是什么样的队形才是最合理的是队形设计的关键所在。

集群飞行的一个重要研究课题是集群的队形设计问题,集群中各飞机必须保持规定的距离、间隔和高程差。按照不同的队形,集群主要有雁形编队、平行编队、纵列编队、蛇形编队、球形编队等。不同的集群编队队形有不同的优、缺点,如雁形集群僚机可以有效利用长机的气流影响,减少阻力,提高巡航时间[76]。无人机集群在飞行时,前机的尾流和激波通常会对后机的飞行造成影响,因此,合理地进行集群队形设计,将在避免发生危险的前提下,有效地利用涡流场,从而提高僚机的飞行半径,减小能量损耗[77]。

"长机-僚机"模式的无人机集群的典型构型主要有两种,分别是跟随集群和菱形集群。两种集群构型的示意图如图4.2所示。其他各种复杂的集群队形都是由这两种典型构型发展变化而来的。

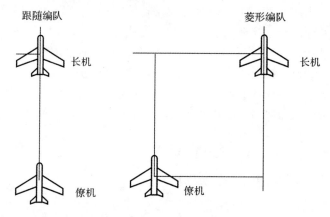

图 4.2   无人机集群的典型构型

由跟随集群和菱形集群两种基本构型,可以演化出许多常见的无人机集群队形,如"人"字形,"镖"形,等等,常见的队形结构如图4.3所示。

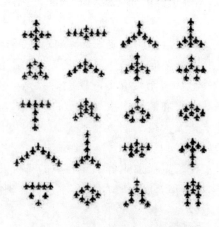

图 4.3   无人机集群的不同队形结构

为了合理、有效地设计最优队形结构,各国科研人员都在潜心攻关。R. M. Murray 等人[78]从队形稳定和快速收敛的角度出发,提出了一种二维平面内构型几何中心的集群结构,如图 4.4 所示;R. Wei 和 W. Randal Beard 基于集群成员间的信息反馈,提出了一种虚拟长机的集群结构,如图 4.5 所示。西北工业大学的邓婉、王新民等人[79]在二维平面集群的基础上,基于"长机-僚机"的方式,构建了三维的集群队形结构方式,这种方式的优点与实际的应用情况相符,具有一定的现实意义,但会使计算量增加,对机载处理器提出了更高的要求;而为了不致对处理器提出的要求过高,就要使集群成员的计算量降低,新加坡的科研人员 Stipanovic 等人[80]在"长机-僚机"形式的基础上提出了分散重叠的集群方式,该方法可以降低每架飞机的计算量,达到快速响应的目的,如图 4.6 所示。另外,根据集群成员数量的不同,执行任务和执行区域的不同,科研人员也在积极探索,以期在保证安全的前提下,兼顾节约成本。如美国的 Verma 等人[81]举例并分析了 4 种不同数量无人机的集群队形结构;澳大利亚的 Andrew 等人[82]则侧重讨论了集群中具有不同机型时的集群队形结构问题。

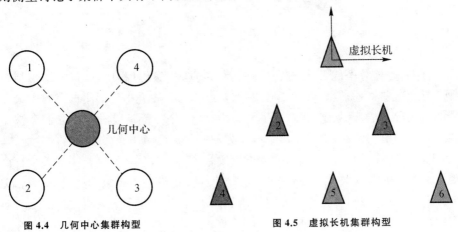

图 4.4　几何中心集群构型　　　　　图 4.5　虚拟长机集群构型

4.2.3　集群队形的动态调整

　　有时由于特定的需要,对集群无人机的位置或者集群队形进行改变,这时就需要进行队形变换;或者有新的无人机进入或者脱离集群时,集群需要进行队形变换[83]。在队形变换的过渡过程中,应考虑众多约束,如时间、碰撞避免、安全距离保障等等。恰当的队形变换方案不仅效率高,而且安全性和可靠性好。其关键研究问题集中在如何制订每架无人机的运动轨迹,使队形变换从初始状态到最终状态这段时间内满足一定的约束集[84]。队形变换的控制律需满足运算时间和一定

约束下最优两项要求,变换方法和集群队形有关,也和队形变换前后的集群具体特征有关。而更一般的方法,可以考虑先将集群解散,再进行集群集结[85]。

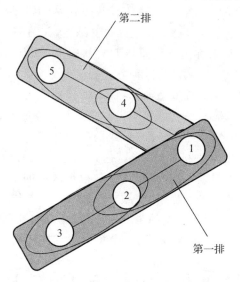

图 4.6　由 5 架无人机组成的主-从型集群

首先,通过对鸟群飞行过程的观察,可以发现飞行过程中,鸟群的队形结构会进行动态调整,一般表现在正常飞行过程中,由于锐角"V"形集群飞行中最前端的鸟飞行最辛苦(见图4.7),几乎不省力,因而在飞行一段时间后它们会被调整到省力的中间位置,这种轮流节省体力的方法提高了整个集群飞行的效能;其次,飞行中出现突发事件(如鸟被攻击导致队形结构被破坏),集群中空缺位置会很快被最临近的鸟取代,继而恢复原有结构体。仿效这一现象,并结合军事和民事方面的需求,各国研究人员分别从以下几个角度,探讨了无人机集群队形的动态调整所应该具备的一些性能:如美国 Wagner 等人[86]从节省燃油的角度,研究了定时按顺序调整集群中前后端位置上无人机的方法(见图4.8),达到节省油耗,延长巡航时间的目的;中科院吴霞等人[87]从飞行的突发事件的角度,研究了怎样对集群飞行中的个体实现随时补充,或进行整体的重新配置(见图4.9 和图4.10)的方法,力求降低任务风险;美国 Saber 等人[88]则进一步从完成任务的灵活性和安全性角度展开研究,将集群中的每架无人机视为刚体,通过图形理论法研究,当集群飞行任务目标发生改变,或遇到威胁物时,实时改变多无人机集群的几何形状(见图4.11 和图4.12),达到集群组网的多目的性和多任务性;澳大利亚的 Eric 等人[89]还深入探讨了集群飞行时飞机可能存在收发信息失败的情况。可见,无人机集群队形的动态调整是无人机集群能够高效集群飞行的前提条件。

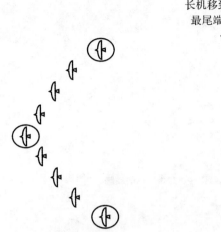

图 4.7 圈中的鸟在集群飞行中最不省力

长机移到最尾端

第二架飞机成为新长机

图 4.8 航空器位置的顺序调整

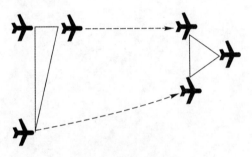

图 4.9 队形重新调整

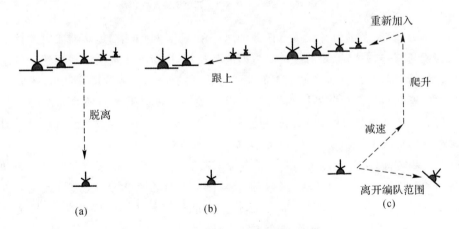

重新加入

跟上

脱离

爬升

减速

离开编队范围

(a)

(b)

(c)

图 4.10 航空器脱离集群后的队形调整

(a) 航空器脱离编队；(b) 集群队形调整；(c) 脱离航空器重新加入集群或远离集群

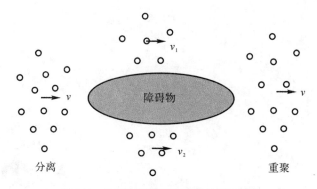

图 4.11　航空器遇障碍物过程中队形的调整

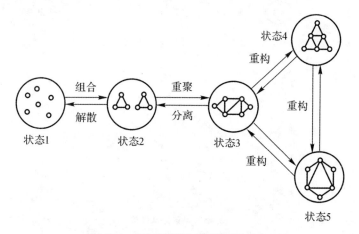

图 4.12　几种集群编队队形的调整状态

　　一方面,无人机集群在执行任务的过程中,由长机的感知传感器实时监控空域环境与态势,并将感知信息传给智能决策模块,由智能决策模块根据感知信息进行分析、整理与推理,确定是否需要进行队形的变更,若需要改变队形,则将处理后的感知信息传给队形控制模块,由队形控制模块根据当前环境和态势产生新的集群队形信息,通过长机的通信系统传给 2 架僚机的通信系统,再由僚机的集群控制模块根据新的集群信息形成新的队形[76]。

　　另一方面,由于空域环境和态势的动态变化,长机可以根据当前形势变更自身的预定航迹。首先由长机的感知模块检测到当前环境中的动态事件或突发威胁,将感知信息传递给智能决策模块,通过智能决策模块的分析与推理,确定是否需要进行航迹的变更,若需要变更航迹,则将处理后的感知信息传给航迹规划模块,由航迹规划模块给出新的航迹并控制长机跟踪当前航迹,由于僚机始终保持与长机的集群跟踪,因此僚机自然地跟随长机沿着变更后的航迹飞行[76]。

|4.3 无人机集群飞行控制系统|

无人机集群系统是由个体无人机组成的。作为个体无人机的核心部分,无人机的控制系统决定了集群无人机系统中无人机的协同能力。在现实中,无人机面对的是一个不断变化的动态空域环境,在这样的环境中,无人机需要保持对紧急情况的及时反应,以及通过通信实现与其他无人机的协同,也可使用一定的策略对中短期的行为做出规划或者通过对世界和其他无人机的建模分析来预测未来的状态。为了使无人机表现出这样的性质,无人机控制体系结构的研究是必要的。对于自主无人机这种高智能的复杂系统工程来说,仅靠各模块单元的简单连接是不可能带来整体性能的,各分系统在多层次的协调和分工中集成是必要的,而这种总体集成技术研究的主要内容就是无人机的体系结构。

4.3.1 无人机飞行控制系统

对于无人机系统来说,设计焦点大多都是集中在飞机本身,包括有效载荷。但根据数据统计表明,地面系统所需成本非常高,往往是单架无人机成本的0.5~4 倍。这说明研制一个能够控制多种类型无人机的通用地面控制系统,不仅可以极大地降低无人机系统的开发、后勤支持和训练费用,也可以较大程度地改进无人机系统作战的灵活性,从而实现无人机系统之间的互操作性。

地面控制站一般由三部分组成,包括操作员工作站,用于操作无人机发射、回收和控制软件;飞行用传感器载荷;视距和卫星数据链路无线电终端,用于传输飞行指挥命令和接收来自无人机的监视图像。

美国在小型无人机飞控系统研究方面处于前沿,典型代表为 AP50 飞控系统,如图 4.13(a)所示。AP50 主板尺寸为 140 mm×48 mm×25 mm,质量为 45 g,功耗为 500 mW。AP50 飞控系统基于三个微处理器架构设计,集成了三轴陀螺仪、两轴加速度计、GPS、空速、气压高度计等传感器,系统采用全数字 PID 控制方式,具有飞行和增稳控制、导航和任务控制等功能[90]。加拿大的 MP2028 是世界上性能最为出色的飞控系统之一,如图 4.13(b)所示,其尺寸为 100 mm×40 mm×20 mm,质量为 28 g,功耗为 910 mW。该飞控系统具有稳定控制能力,能控制小型无人机起飞,其内置控制增益表,可实现分段精确控制,此外该系统还集成了超声波高度传感器,可实现垂直起飞和降落,适用于航模和小型无人

机控制。

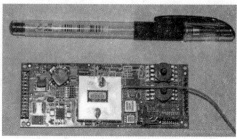

（a）　　　　　　　　　　　（b）

图 4.13　国外典型的小型无人机飞控系统

(a) AP50 飞控系统；　(b) MP2028 飞控系统

随着我国综合技术的提高，小型无人机飞控系统的研究日新月异。北航智能技术与装备实验室开发的 ifly40 是一款高性能的飞控系统，如图 4.14（a）所示。该系统集成三轴 MEMS（Microelectro Mechanical Systems）陀螺仪和 MEMS 加速度计、微型压力传感器、微型 GPS 和数字磁罗盘等传感器，采用高精度导航算法提高了导航和控制精度。北京普洛特无人飞行器科技有限公司研制的 UP30 飞控系统是多功能、实用可靠的小型无人机飞控系统，如图 4.14（b）所示。该飞控系统尺寸为 100 mm×40 mm×12 mm，质量为 26 g，支持全自动伞降、航点信息和控制参数在线修改以及定点定时拍照等功能，其内部也集成了三轴 MEMS 陀螺仪和加速度计、GPS、空速和气压高度计等传感器，通过数传电台与 UP30 地面站软件进行通信，实现实时控制和监视。

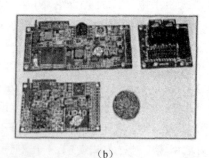

（a）　　　　　　　　　　　（b）

图 4.14　国内典型的小型无人机飞控系统

(a) ifly40 飞控系统；　(b) UP30 飞控系统

飞行控制软件按照使用操作系统的不同可以划分为两种类型：基于前后台系统的飞行控制软件和使用实时操作系统 RTOS（Real - Time Operating

System)的飞行控制软件。前后台系统是一种早期的嵌入式软件开发平台,其结构简单,容易被开发人员掌握,实验室早期的飞行控制软件就使用了前后台的软件设计模式。随着飞行控制软件体积的不断扩大以及内部逻辑的不断复杂化,前后台系统越来越难以满足飞控软件发展的需要,主要体现在其实时性有限,可移植性较差,缺乏有效的数据通信服务等。RTOS 是随着嵌入式软件对实时性以及可靠性需求不断提高的情况下发展起来的。RTOS 拥有任务调度和管理的能力,并且提供任务间的通信服务。使用 RTOS 可以减少用户对硬件的直接操作,优化 CPU 时间分配,提高系统实时性的同时合理的分配系统资源,使用 RTOS 作为飞行控制软件的开发平台已成为一种必然趋势[91]。

1. 基于前后台的开发方式

前后台系统又称之为超循环系统,它由前台程序和后台程序两个部分组成,如图 4.15 所示。前台程序由多个中断服务子程序 ISR(Interrupt Service Routines)构成,用于处理时间相关性很强的事件。前台程序实时等待特定事件的发生,当捕捉到某事件发生时,则给出一个该事件的发生标识位,等待后台程序处理。后台程序是一个无限循环体,循环体在空闲时刻无间断地查询事件标识位的状态,若发现标识位被置位,则调用相应的功能函数对发生的事件进行处理。

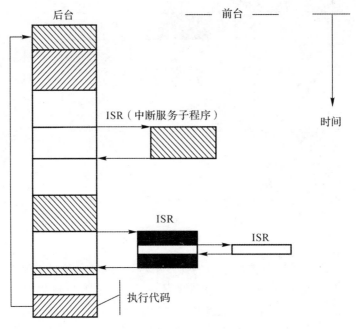

图 4.15   前后台系统处理过程

在前后台系统中,实时性很强的关键性操作需要依靠前台 ISR 来保证,而中断服务提供的事件标识信息一直要等到后台程序运行到该处理信息时,才得到相应的处理,因此它的实时性难以得到保证。最坏的情况下,任务级响应时间取决于整个循环的执行时间,而循环的执行时间是不确定的,因此任务的运行周期也是不固定的。前后台系统中任务与任务间的数据通信是通过全局变量实现的,随着软件内部逻辑的复杂化及软件体积的增大,全局变量的数量急剧增加,任务间协调运行的能力下降,系统安全性难以得到保证。基于以上两点原因,前后台系统难以胜任复杂飞行控制软件的开发。

2. 基于 RTOS 的开发方式

随着无人机性能的不断提升,其对控制系统的要求也变得越来越复杂,这使飞行控制软件的开发变得更为困难。利用 RTOS 作为飞行控制软件的开发平台,可以简化软件的设计,提高软件的实时性和可靠性。

可剥夺性 RTOS 的运行时序可由图 4.16 来描述,具有重要度相对较大的高优先级任务一旦就绪,ISR 就会使此时正在运行的低优先级任务挂起,并在剥夺其 CPU 使用权后,使高优先级任务立刻得到运行。

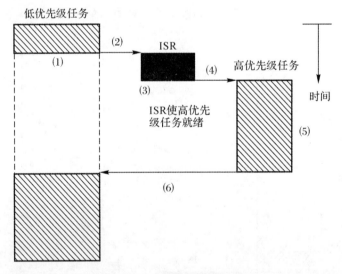

图 4.16　实时操作系统处理过程

使用 RTOS 作为飞行控制软件的开发平台,可以确保时间相关性很强的关键任务得到及时处理,从而提高了软件整体的实时性。RTOS 同时还提供了可靠的任务间通信服务、内存管理服务以及硬件管理服务,可以减少程序开发人员对底层硬件的直接操作,优化程序结构,提高软件的可靠性。

目前,RTOS 已经被广泛地应用于航空航天、汽车、机器人、工业控制等领域。在国外,无人机飞行控制软件大多采用了实时操作系统的开发模式,使用的操作系统主要有 VxWorks,QNX,CsLEOS,μC/OS-Ⅱ,WindowsCE 以及 RT-Linux 等。如美国 F-22 战斗机采用了 Vxworks 实时操作系统作为嵌入式程序的开发平台,提高了飞行控制软件的模块化程度及高效性;美国格鲁曼公司研发的"柏伽索斯"号 X-47A 试验无人机使用了 CsLEOS 操作系统,使飞行控制系统的可靠性和实时性都得到了优化;此外,美国南加州大学机器人实验室研究开发的无人直升机,其飞行控制软件是在 QNX 实时操作系统的嵌入式平台上开发的。

国内众多研究单位在飞行控制软件的研制上大多数也采用实时操作系统的开发模式。如西北工业大学 365 无人机研究所在基于 VxWorks 的嵌入式平台上进行一系列无人机研制工作,并成功开发了无人机余度飞行控制软件;中国人民解放军空军工程大学利用 ARM 平台以及成 μC/OS-Ⅱ实时操作系统成功开发了××型号的无人机飞行控制软件;天津大学使用微处理 Intel XScale PX270 以及 Linux 实时操作系统对无人直升机的自动驾驶仪进行了研究,并取得了成功;中国人民解放军空军指挥学院在 AT91M55800A 嵌入式平台上采用了 μC/OS-Ⅱ实时操作系统,开发设计了××型号新型无人机飞行控制软件;南京航空航天大学飞行控制研究所在飞行控制软件的研制上积攒了丰富的经验,其中有多个型号的无人机飞行控制系统已交付客户使用。

4.3.2 无人机集群飞行控制系统

1. 集中式

集中式控制是指,无人机由集群中的长机带领,由长机进行主要的计算和指令发布,其他无人机处于次要和跟随地位;或者由集群无人机外的平台或地面站等充当指令机构,集群中的无人机接收和执行数据与指令,并适当向"控制者"反馈信息。集中式的控制是建立在集群全局信息基础之上的,每架无人机要将自己的位置、速度、姿态和运动目标等信息和集群中所有无人机进行交互,在集中式控制策略中,每一架无人机都要知道整个集群的信息[37]。

集中式控制方法作为最早得到关注的一种方法,每架无人机在地面或者空中控制站的统一指挥与控制下执行任务,作为控制中心的控制站有较好的规划控制能力,能进行全面完善的任务规划,有良好的全局控制与决策能力,且易于设计实现[92]。其优点在于控制效果最好,协调效率比较高,控制的整体效果明显,适合系统结构简单和集群整体行为要求较高的无人机集群。但是集中式控

制方法的缺点也比较突出,包括灵活性和适应性差,以及大量的信息交互,在交互中容易产生冲突,计算复杂且冗余,在网络化程度加大以及任务复杂度加深的情况下,集中式控制十分依赖飞行器与控制站之间可靠的数据通信,这对控制系统的设计提出了极其苛刻的要求,如果一个飞行器失去与中心站的联系,得不到控制站的控制信息,那么它将无法继续执行任务。并且随着飞行器数量的增加,中心站需要处理的数据越来越多,计算量急剧增加,不利于实时控制与决策的需求。

集中式结构如图 4.17 所示,一般为"长机-僚机"的方式。长机全面了解环境信息以及每一架僚机的信息,经过信息处理后对每架僚机发布指令[36]。

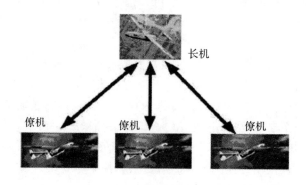

图 4.17　集中式结构

2. 分布式

分布式控制是指系统的控制结构是分布式的。分布式的控制建立在集群局部信息的基础之上,每架无人机要将自己的位置、速度、姿态和运动目标等信息和集群中所有无人机进行交互,在分布式控制下,每架无人机装配有相对独立的控制器,通过多无人机之间的协作去完成任务。这种控制不仅仅依赖于中心控制站,在单架无人机失去与中心站的通信时,它可以通过与附近同伴的通信来确定自己的位置以及下一步的飞行目标,这种控制极大地增加了协同飞行控制系统的安全性与可靠性,使控制的灵活性大大得到提升。但是对于多无人机协作控制问题的研究仍存在以下困难。首先是通信的复杂性。由于动态环境的复杂性,会存在各种通信干扰以及通信延迟,无法保证每架无人机能及时获得控制信息,不能保证相互之间的实时有效的通信。其次是环境的不确定性。无人机集群面临多变的复杂空域环境,有着太多的不确定因素,这其中包括建模的不准确,通信的不确定以及目标的多变性等。因此,这些给分布式多无人机协同控制增加了控制难度[37]。

分布式控制系统的特征是,控制站之间不达成完全协调,控制站之间只进行有限的信息交换。这种布局通过少量的通信成本换来了更高的可靠性和灵活性。理论上已经证明,和许多生物集群的自组织行为相似,集群无人机不需要长机带领。在无人机集群分布式控制体系中,集群中的无人机分别根据自身状态和探测得到的信息进行自主决策和控制,每个无人机个体根据自身接收和测得的数据经过计算确定自己的运动轨迹和姿态,外界的指令处于次要和补充地位。

事实上,无人机集群控制通常采用的是有限集中式控制下的分布式控制(集中式作为补充,在必要情形下提供指令或其他信息),这种控制方式可以降低集群无人机对平台的依靠。采取这种控制方式的另一个重要原因是,在工程实现方面,无论是考虑技术难度还是考虑设计制造成本,分布式控制都是无人机集群控制方式的首选,因为,当集群无人机数量相当多的时候,面对庞大的计算量和通信能力的限制,分布式控制将是无人机集群控制的唯一选择。分布式结构如图 4.18 所示,相对于集中式来说,分布式有较好的鲁棒性、可靠性等优点。但是也存在一些缺点,使用这种结构的无人机无法了解集群的整体情况,如果存在一个全局目标,则无法保证一定得到最优解;完成任务效率低下、难以充分发挥集群优势[36]。

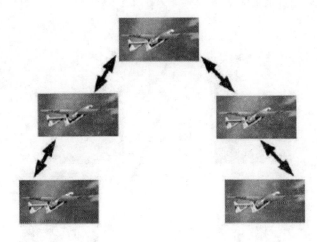

图 4.18　分布式结构

3. 分层式

分层式结构如图 4.19 所示,在集群的无人机个体进行水平交互的同时加上垂直交互来有效地解决冲突,完成协同。这是一种介于集中式与分布式之间的结构[36]。

当无人机的数量较少(小于等于 6 架)时,可以使用集中式或分布式结构;当

无人机数量较多(大于 6 架)时,宜采用分层式结构。具体的控制结构选择要视实际情况而定。

4. 自组织式

在自然界中,经常可以见到各种生物集群的有趣运动行为,如蜜蜂筑巢、候鸟迁徙、鱼群游弋、鹿群逃避、蚁群觅食等,这种集群之间的协作行为就称为集群行为(Swarm Behavior)。

举例来讲,模拟蚂蚁在觅食的过程中,能够通过信息素来调节各个无人机合理规划任务,从而达到总代价最小;模拟鸟群的迁徙行为,让其保持队形、借力来节省能量、协同抵抗天敌,这样就能更好地发挥单个无人机的效能,提高无人机完成任务的效率,便于执行一些较为艰巨、复杂的任务。

集群行为的产生机制通常都是十分简单的,但是集群中单个个体行为会被邻近的个体影响,在没有集中控制的情况下,个体就可以通过局部简单的相互交流,使整体表现出诸如自组织、协作等一些较为复杂的集群行为,在复杂性技术中,这种现象就叫作涌现(emergence)。通过交互作用或协作行为,一些比较简单的生物个体就能够体现出整体优势,完成较为复杂的任务,这给人类带来了许多启发[93]。

因此,把集群智能的思想应用到无人机中,可以对多无人机执行任务带来很多的优势。

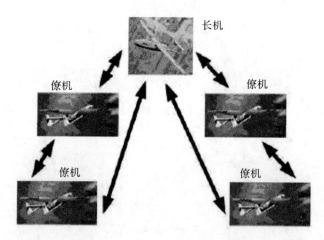

图 4.19 分层式结构

集群智能的特点如下:

(1)集群包含的个体是完全分散式的,没有中心控制,较为容易和此时网络环境下的工作状况相匹配,不会因为单一个体或几个个体出现不确定的状况而影响全局,因此具有更强的鲁棒性。

(2)每个个体不能直接得到整体信息,仅能感知部分信息,并有十分简单的单个自治个体的规则,只需要最小智能,具有简单性。

(3)集群中个体之间通过非直接通信相互合作。由于通过这种方式进行信息的传输与交互,所以个体越多,通信消耗的增幅也就越大,这样的系统具有更好的可扩展性。

(4)自组织能力。也就是说集群通过个体间一些简单的行为就能够解决较为复杂的问题,执行较为复杂的任务。

|4.4 无人机集群飞行控制方法|

4.4.1 基于"长机-僚机"方式的集群控制

经过几十年的发展,集群控制方法已经成果显著,目前最为成熟的集群控制方法当属"长机-僚机"方法。一般的保持策略是集群中的每架无人机保持与集群中约定点的相对位置不变,而当这个约定点是领航机的时候,这个保持策略就称为跟随保持。"长机-僚机"集群控制方式就是一种跟随保持,该方法最先源于移动机器人集群控制律,这种控制策略的特点是基于预设队形的目的。"长机-僚机"集群方式是选择集群中一架无人机,将其定义为长机,其余跟随无人机为僚机,基本思想就是将任务路径存储在长机中,或者用传感器对实际情况生成任务路径,通过一些措施使僚机跟随长机的位置、航向、速度等信息,保证各无人机能够按照指定的队形结构飞行[77]。长机与僚机的位置可以根据实际情况进行变换和调整,这样就可以用标准的控制理论知识加以分析并稳定跟踪误差。这种控制方法还可在上述描述的基础上进行拓展,即不仅可以指定一个长机,也可以指定多架无人机作为长机,但是在集群队形的控制中,长机多指定为一架。根据长机与僚机之间的相对位置关系,就可以形成不同的网络拓扑结构,也就是形成不同的队形。在使用这种方法对无人机集群进行队形控制的系统中,协作是通过共享长机的状态等知识实现的[94]。

长机具备执行高级控制任务和监测其他僚机的能力,能够接受地面控制台发出的指令并能自主做出包括队形重构、队形机动等在内的任务决策。这种控制方式的优点是集群间通信方式简洁、队形结构容易实现、整个集群的行为直接由确定单一量——长机的行为来确定。

使用该类型控制方式的集群,僚机将会受到长机涡流等不利因素的影响,因此科研人员针对这一问题,提出了采用鲁棒控制法、自适应控制法等多种控制策略。"长机-僚机"集群方式的主要缺点是一旦长机出现故障,集群将难以维持,不得不重新指定长机,从而增加了计算量,增大了风险系数[77]。另一个缺点是每个无人机没有清晰的反馈信息给队形控制的机构。例如,长机突然间对僚机来说运动得太快、难以跟踪等,因此控制器的设计将是至关重要的。

针对上述的两个缺点,研究者们也提出了相应的解决方法。比如将反馈线性化技术引入"长机-僚机"集群控制方式中就可以克服没有队形反馈的缺点,并且根据无人机之间的不同拓扑位置关系,设计了适用于不同情况的三种控制器,实验和仿真的结果显示,系统具有很好的稳定性、可扩展性和灵活性。对于长机失效的缺点,有关学者提出了"更换法",来解决当长机失效时的队形控制方法。所谓"更换法"就是当长机失效时,按照一定的规则由其他无人机作为长机[94]。

目前,基于"长机-僚机"集群飞行模式的队形结构可以归纳为两类:领航模式和前向模式[95]。领航模式,即集群中只有一个长机,其余所有的僚机都与长机保持一定的相对距离。这种集群模式将长机的飞行轨迹作为整个集群的飞行轨迹,其中,长机的飞行轨迹可以预先设定,也可以根据环境因素在线规划。之后,僚机只需跟随其能够维持集群队形所需的期望速度信号即可,控制算法相对比较简单。但是,在这种队形结构中,长机控制器需要处理、传递大量数据,计算效率不高。并且,一旦主机出现故障,整个集群机群就会失去目标,处于混乱状态。前向模式,也叫作跟随模式,是指集群队形中处于前面位置的无人机对与其相邻的、相对位置滞后的无人机有领导作用,是其长机。这种集群方式的好处是,集群中每个无人机的传感器系统和控制系统都是一样的。这样的结果是无人机的轨迹跟踪控制器可以在期望轨迹(整个集群机群的飞行轨迹)和前向轨迹(处于之前位置的无人机的飞行轨迹)之间互相切换,对突发情况的适应性比较好,通过设计控制算法可以在线更换长机、调整队形。如果飞行过程中其中一架无人机发生故障,集群中相对位置靠近的无人机可以继续执行飞行任务。

当只有两架无人机进行集群编队飞行的时候,很显然,只能有一架长机和一架僚机,但是如果集群编队的无人机在三架以上,则长机的选择对集群编队效果的影响很大,如图 4.20 所示:模式 2 是所有僚机(图 4.20 中是僚机 1 和僚机 2)都以长机作为参考,而模式 1 就是每一架无人机都以其前面的无人机作为参考(图 4.20 中即是僚机 1 以长机作为参考,而僚机 2 以僚机 1 作为参考)。

基于这两种队形控制方法的编队各有其优、缺点。在模式 2 中,僚机 1 和僚机 2 都以领头的长机的行为作为本身的参考,当领头长机的行为发生变化的时候,由于僚机 2 直接以领头长机作为自身参考,所以相比较模式 1 来说能较快地做出实时改变,但是也因为此原因,使僚机 2 和僚机 1 之间可能发生碰撞;在模式 1 中,由于每架无人机都以前面的无人机的行为作为参考,所以可以避免碰撞,但是相比较模式 2 来说,僚机 2 由于以僚机 1 作为中继,所以其响应有了一个延时。

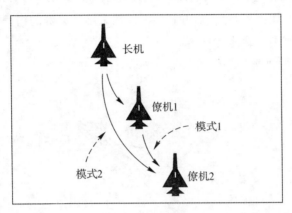

图 4.20　长机的选择

基于前向模式,美国的 Kumar 等人[96]研究了不同集群结构下的控制器误差以及系统稳定性问题。他们利用移动机器人分别研究了最邻近目标跟随和最快目标跟随两种集群结构下的控制系统误差,如图 4.21 所示。研究发现,最快目标跟随队形结构中位于中间位置机器人 3 的控制器与机器人 1 的控制器相同,其反馈增益较高,这就使得跟随机器人 5,6,7 的控制较大,导致其集群误差增大。而最邻近目标跟随的集群位置误差相对较小,并且可以根据环境情况实现队形重构,适用范围更广。

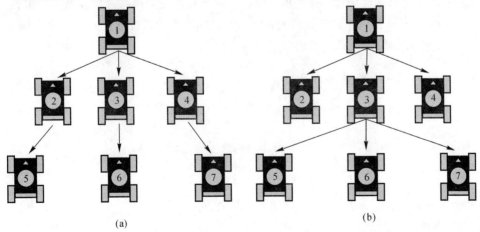

(a)　　　　　　　　　　　　　　(b)

图 4.21　两种集群编队结构

成都飞机设计研究所与西北工业大学的赵峰、杨伟等人[97]以"长机-僚机"集群模式为研究模型,分析了集群在紧密飞行时,长机的涡流所产生的气动耦合效应对僚机各方向受力的影响,并利用 PID 控制方法对集群队形误差进行控制,使其能够达到理想的队形结构。H. Yamaguchi和 J. W. Burdick[98]将线性反馈控制法用于跟踪长机信息,并且用有向图来描述集群的构型,使构型的变化能够通过有向图的变化来体现。

图 4.22 为两机集群编队的几何关系示意图。

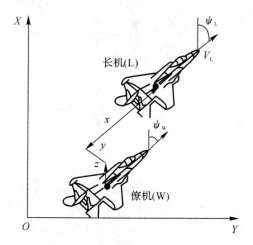

图 4.22　集群编队几何关系示意图

由图 4.22 可得,长机相对于僚机的速度

$$v_{WL}^W = v_L^W - \omega_W^W R_{WL}^W - v_W^W + \omega_W^W R_W^W \qquad (4-1)$$

其中,v_{WL}^W 表示长机相对于僚机的速度;v_L^W 表示长机在僚机参考坐标系下的惯性速度;R_{WL}^W 表示长机相对于僚机的位置;v_W^W 表示僚机的惯性速度。

长机在僚机坐标系下的转换矩阵为 C_L^W,则

$$v_L^W = C_L^W v_L^L \begin{bmatrix} v_L \cos \Psi_e \\ v_L \sin \Psi_e \\ 0 \end{bmatrix} \qquad (4-2)$$

因此有

$$v_{WL}^W = \begin{bmatrix} v_L \cos \Psi_e \\ v_L \sin \Psi_e \\ 0 \end{bmatrix} - \begin{bmatrix} -\dot{\Psi}_W y^W \\ \dot{\Psi}_W x^W \\ 0 \end{bmatrix} - \begin{bmatrix} v_W \\ 0 \\ 0 \end{bmatrix} \qquad (4-3)$$

4.4.2　基于虚拟方式的集群控制

　　虚拟结构的方式类似于一种集中式控制,假定一个虚拟的领导者对集群中其他成员进行协同,虚拟结构法简化了任务的描述和分配,并且具有较高的集群控制精度。基于虚拟方式集群控制的基本思想是将整个队列看成一个刚性的虚拟结构体,每个无人机是这个虚拟结构上相对位置固定的点,当集群移动时,UAV 跟踪刚体对应固定点的运动即可。在集群编队飞行过程中,各无人机以刚体上不同的点作为各自跟随的目标。整个集群编队过程可以分为三步:首先,定义虚拟结构的动力模型;其次,将结构整体的运动转化为无人机的运动;最后,得出每个无人机的跟踪控制规律。W. Ren[99] 采用虚拟结构的方法实现队形控制,将智能机器人队形看作一个刚体的虚拟结构,研究带有队形反馈的虚拟结构对移动机器人队形的精确控制,提高了系统性能并保证了系统的稳定性。

　　虚拟结构法一般多采用虚拟长机的办法来协调其他无人机。这种方式可以避免长机-僚机方式的干扰问题。在虚拟集群编队结构中,每架无人机接收相同的信息,即虚拟长机的轨迹。后者可能是一个真实的飞机,或是无人机必须跟踪的集群中的理想点。虚拟方式的集群控制方法的优点主要有以下五个方面:由于缺少误差传递,集群中的所有无人机施加相同的暂态响应;集群的行为可以通过指定虚拟长机的行为来描述;可以很容易地指定无人机集群的行为(虚拟结构的行为),并可以进行队形反馈,能够取得较高精度的轨迹跟踪效果;无人机之间没有明确的功能划分,不涉及复杂的通信协议;能够有效地解决集群成员间的相互干扰,同时能够减少由于突发状况而导致实体长机失效,需要重新指派领航者的麻烦。其缺点是采用集中式实现,要求整个编队的运动按照一个单一的虚拟的结构运动,缺乏灵活性和适应性,因此限制了这种方法的应用范围,且每一个无人机都没有关于长机的距离信息,因此,不可能有效地避免碰撞。同时,该方法对计算能力依赖性强,对集群成员之间的通信要求高,需要具备高效的计算能力。随着集群成员数量的增加,计算量将迅速增加。目前的文献中,只将该方法用于二维无障碍的平面环境中。

　　相对于"长机-僚机"方式的集群控制方法,基于虚拟结构的集群控制策略对于集群中各无人机的控制器要求不高,但是对于"虚拟长机",即中枢控制系统的通信和计算性能要求很高,因为它要在飞行过程中根据集群状况实时合成虚拟长机并传输其位置,所以现阶段要将其应用于实践中还很困难。

　　华中科技大学的王冬梅、方华京等人[100] 通过借鉴预测控制的思想,建立了一个个体能够通过周围的环境自主选取虚拟长机的自适应控制模型,克服了传

统"长机-僚机"模式信息流单向传递的弱点和缺陷,增强了系统的鲁棒性,提高了整个集群系统的稳定性。

下面介绍一种根据实时检测到的局部环境信息,用启发式方法生成局部子目标作为虚拟长机,并结合势能场原理和速度匹配规则实现群集运动控制的方法。

以个体无人机与周围的邻近无人机个体之间形成的势能场来模拟该无人机所处的局部环境,以达到局部环境内总势能最小为子目标,它是全局目标(群最终内部的总势能达到最小)在局部环境内的映射。在局部环境内利用邻近无人机的位置信息,求取势能最小的无人机作为虚拟长机引导无人机集群运行。该虚拟长机是实时变化的,不需要事先确定它的轨迹,而取决于无人机与周围其他无人机间的相对位置,由局部环境决定,具有自适应性。虚拟长机的领航作用体现了无人机有跟随局部领域内势能最小个体无人机的运动趋势。每个无人机个体均有自身的虚拟长机,形成一对一模式,且各虚拟长机间无公共信息。由于虚拟长机是从局部邻近个体无人机中选取的,该长机的下一步运行状态由其自身局部领域内邻近的个体无人机决定,因此长机引导集群运行的同时也受僚机的影响,两者之间形成双向信息流,这使得长机具有实时反映环境变化的能力。

考虑由 N 架无人机组成的无人机集群系统,其动态方程为 $\dot{\boldsymbol{p}}_i = \boldsymbol{q}_i, \dot{\boldsymbol{q}}_i = \boldsymbol{u}_i$ $(i=1,2,\cdots,N)$,式中: $\boldsymbol{p}_i = [x_i \ y_i]^T$ 表示无人机的位置; $\dot{\boldsymbol{q}}_i = [\dot{x}_i \ \dot{y}_i]^T$ 表示速度向量; $\boldsymbol{u}_i = [u_{x_i} \ u_{y_i}]^T$ 表示控制输入。令 $\boldsymbol{p}_{ij} = \boldsymbol{p}_i - \boldsymbol{p}_j$ 表示无人机 i,j 间的相对距离向量。

定义 1(邻接图 G)   邻接图 $G(V,\varepsilon(p))$ 是一个无向图,其中: $V = \{n_1, n_2, \cdots, n_N\}$ 表示顶点集; $\varepsilon(p) = \{(n_i, n_j) \in V \times V\}$ 表示边集,由个体间的邻接关系确定。

定义 2(势能函数)   势能函数 U_{ij} 是关于个体 i 与 j 之间的相对距离 $\|\boldsymbol{p}_{ij}\|$ 非负可微函数。且满足:

当 $\|\boldsymbol{p}_{ij}\| \to 0$ 时, $U_{ij}(\|\boldsymbol{p}_{ij}\|) \to \infty$;

当 $\|\boldsymbol{p}_{ij}\|$ 达到一定值时, U_{ij} 取唯一最小值。

在满足以上条件的情况下,选取 $U_{ij} = A(L^2 / \|\boldsymbol{p}_{ij}\|^2 + \lg \|\boldsymbol{p}_{ij}\|^2)(A, L$ 为常数),当 $\|\boldsymbol{p}_{ij}\| = L$ 时。梯度 $\nabla_{p_{ij}} U_{ij} = 0, U_{ij}$ 取得最小值。

集群运动控制的控制输入由两部分构成: $\boldsymbol{u}_i = \boldsymbol{\alpha}_i + \boldsymbol{\beta}_i$,其中: $\boldsymbol{\alpha}_i$ 由人工势能来实现,用于控制无人机间的距离以实现避碰和聚集; $\boldsymbol{\beta}_i$ 用于调整无人机的速度以使其与集群的速度匹配。根据无人机 i 的通信能力确定其作用邻接集 N_i, $N_i \stackrel{\text{def}}{=\!=\!=} \{j : \|\boldsymbol{p}_{ij}\| \leqslant R\} \subseteq \{1,2,\cdots,N\}$,其中 R 表示无人机的通信作用能力。

在 N_i 内选取势能最小无人机作为虚拟长机,其状态为$(\boldsymbol{p}_{iL},\boldsymbol{q}_{iL})$。运动控制方程为

$$\boldsymbol{u}_i = \left(-\sum_{j \in N_i} \nabla_{P_{ij}} U_{ij} - c \nabla_{P_{iL}} U_{iL} \right) - \sum_{j \in N_i} (\boldsymbol{q}_i - \boldsymbol{q}_j) \quad (c > 0) \quad (4-4)$$

式中,U_{ij},U_{iL} 为关于位置变量 $\boldsymbol{p}_i$ 的函数,U_{iL} 为 N_i 内势能最小无人机的势能;c 为常数。虚拟长机通过势能作用项 $c \nabla_{P_{iL}} U_{iL}$ 引导个体在不发生碰撞的情况下,以较快的速度达到整体势能最小的状态,实现避碰和聚集。在(p,q) 坐标系下,系统的解将趋向无穷、无界。故需将系统转换到相对坐标系(r,v)下,即 $r_i = \boldsymbol{p}_i - \bar{\boldsymbol{p}}$,$v_i = \boldsymbol{q}_i - \bar{\boldsymbol{q}}$,其中 $\bar{\boldsymbol{p}}$,$\bar{\boldsymbol{q}}$ 为平均距离和速度向量,且 $\bar{\boldsymbol{p}} = \dfrac{1}{N} \sum_{i=1}^{N} \boldsymbol{p}_i$,$\bar{\boldsymbol{q}} = \dfrac{1}{N} \sum_{i=1}^{N} \boldsymbol{q}_i$,则在$(r,v)$ 坐标系下,$\boldsymbol{u}_i = \left(-\sum_{j \in N_i} \nabla_{p_{ij}} U_{ij} - c \nabla_{p_{iL}} U_{iL} \right) - \sum_{j \in N_i} (\boldsymbol{v}_i - \boldsymbol{v}_j) \ (c > 0)$。

4.4.3　基于行为方式的集群控制

基于行为的控制方法是另一类典型的集群控制方法,该方法由一系列单原子(不可再分)行为组成,每个行为具有各自的目标或者任务,控制行为则是在给每个行为赋予一个适当的权值后的总和,输入可以是无人机的传感器信息,也可以是系统中其他无人机行为的输出[101]。系统可能的行为包括避碰、避障,目标搜索和集群保持,以及有效的行为协调机制或行为仲裁方案。通过对无人机基本行为以及局部控制规则的设计使得无人机集群产生所需的整体行为。Balch 和 Arkin[102]首次提出了将行为的控制方法用于机器人编队控制,文中引入了一些基本行为,包括避障、避碰和目标导航等,为了实现行为的决策,使用基于领航的队形,利用 2 个循环策略设计队形保持控制器。P. Kosteinik[103]采用层基于行为的控制体系结构,应用"social roles"来代表机器人在队形中的位置,并动态分配给机器人以形成和保持队形,用局部通信来提高性能,从而支持各种队形及其切换。Reif 等人[104]为解决集群中个别成员因故障而失效,使得传感器获得的信息传输不完整的问题,采用了一种类似于行为的电势场方法,使得这一问题得以顺利解决。河南理工大学的宋运忠、杨飞飞用基于智能体行为的方法,同过反馈线性化,将非线性模型转化为实用的双积分系统模型,解决了多智能体构型控制问题。

此种控制方法的优点是当无人机具有多个竞争性目标时,采用基于行为法,可以很容易地得出控制策略;这种方法从本质上来说是一个分布式执行的方式,而既然每个无人机根据相邻的无人机来决定自己的行为,那么它对于编队来说也不存在反馈信息;在传感器数据错误或缺乏的情况下,基于行为的无人机能够

方便地对实现方法进行调整,从而使整体性能不致恶化;集群中每一个子系统的控制动作在数学上都可以认为是所有子系统行为的加权平均值,由于子系统之间存在相互感应,可以很容易地实现彼此的碰撞避免。但主要缺点是不能明确地定义集群行为,很难对行为进行数学分析,并且不能保证队形的稳定性等;且该方法是根据预设信息和触发条件来形成控制指令的,故具有缺乏适应性和灵活性的弱点;另外,无人机不同行为的数学描述和设计实现较传统多机器人系统要更为复杂。该方法主要应用于飞行控制、跟踪和包围入侵者、搬运大量小物体如草场采集,及大面积区域搜索等领域。

该方法的基本思想是将集群中的各个智能体对其输入信息的行为响应划分为若干固定的模式,例如:目标行为(move to goal behavior)、队形保持(keep formation)、内部碰撞避免(avoid robot)、障碍物回避(avoid obstacle)以及随机行为(random)等。利用这种方法完成集群控制,首先需要将以上 5 种行为的控制输入描述为具体的数学公式。然后,根据具体集群任务中对各智能体的运动要求确定该智能体执行以上 5 种行为的权重,并设计一个局部控制器,通过加权因子来合成该智能体的具体运动速度和方向[105]。具体控制流程如图 4.23 所示。

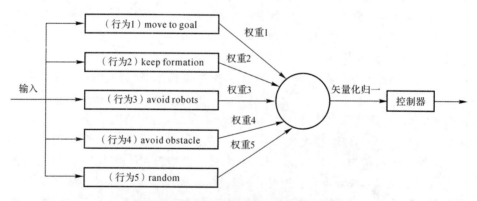

图 4.23 基于行为方式的集群编队控制流程图

下面介绍一种基于行为的控制方法,主要考虑无人机的驶向目标行为和构型维持行为,驶向目标行为即为各个无人机预设一个目标位置,采用相应的控制算法驶向无人机由任意初始位置到达目标位置;构型维持行为即在各个无人机由初始位置驶向目标位置的过程中,能够保持特定的几何形状不变。

每个无人机的系统动力学模型为

$$\dot{x}_i = v, \quad \dot{v} = u_i \tag{4-5}$$

引理 1 给定矩阵 $\zeta = [a_{ij}] \in \mathbf{R}^{n \times n}, a_{ii} \geqslant 0, a_{ij} \leqslant 0, \forall i \neq j$ 且对每个 j 值,

$\sum\limits_{j=1}^{n} a_{ij} = 0$，则 ζ 至少有一个特征根为 0，所有的非零特征根均分布在坐标系右半开平面。另外，当且仅当关于 ζ 的有向图有生成树时，ζ 仅有一个零特征根。

三架无人机组成的等腰三角形结构，如图 4.24 所示。

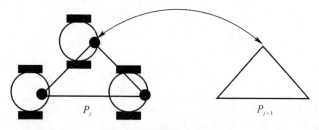

图 4.24　构型控制示意图

假设三架无人机初始位置为 P_j，经过一段时间的运动都达到目标位置 P_{j+1}。

考虑无人机的驶向目标行为和构形维持行为，设计 u_j 如下：

$$\dot{x}_{ix} = v_{ix}, \dot{v}_{ix} = u_{ix}, \dot{x}_{iy} = v_{iy}, \dot{v}_{iy} = u_{iy} \qquad (4-6)$$

式中，x_{ix} 和 x_{iy} 分别为智能体 i 在 x 方向和 y 方向上的位置分量；u_{ix} 和 u_{iy} 分别为智能体 i 在 x 方向和 y 方向上的控制分量。

进一步设计 u_{ix} 和 u_{iy} 如下：

$$
\begin{aligned}
u_{ix} = &-2\alpha_x(x_{ix} - x_{ix}^d) - 2\alpha_x\beta_x\dot{x}_{ix} - \\
&2\sum_{j=1}^{n} a_{ij}\left[\alpha_x(x_{ix} - x_{ix}^d) - \alpha_x(x_{jx} - x_{jx}^d) + \beta_x(\dot{x}_{ix} - \dot{x}_{ix}^d)\right]
\end{aligned} \qquad (4-7)
$$

$$
\begin{aligned}
u_{iy} = &-2\alpha_y(x_{iy} - x_{iy}^d) - 2\alpha_y\beta_y\dot{x}_{iy} - \\
&2\sum_{j=1}^{n} a_{ij}\left[\alpha_{ij}(x_{iy} - x_{iy}^d) - \alpha_y(x_{jy} - x_{jy}^d) + \beta_y(\dot{x}_{iy} - \dot{x}_{iy}^d)\right]
\end{aligned} \qquad (4-8)
$$

式中，x_{ix}^d 和 x_{iy}^d 分别为无人机 i 在 x 方向上的期望目标位置；$\alpha_x, \alpha_y, \beta_x, \beta_y$ 均为大于零的实数；a_{ij} 为相应的邻接矩阵。

式中前两项为保证无人机的驶向目标行为，后面项为保证无人机构形的维持行为。令

$$A_x = \begin{bmatrix} \mathbf{0}_{n\times n} & I_n \\ -2\alpha_x(I_n + L_n) & -2\beta_x(I_n + \alpha_x L_n) \end{bmatrix} \qquad (4-9)$$

$$A_y = \begin{bmatrix} \mathbf{0}_{n\times n} & I_n \\ -2\alpha_y(I_n + L_n) & -2\beta_y(I_n + \alpha_y L_n) \end{bmatrix} \qquad (4-10)$$

则 x 方向系统的特征方程为

$$\det(\lambda \boldsymbol{I}_{2n} - \boldsymbol{A}_x) = \det \begin{bmatrix} \lambda \boldsymbol{I}_n & -\boldsymbol{I}_n \\ 2\alpha_x(\boldsymbol{I}_n + \boldsymbol{L}_n) & \lambda \boldsymbol{I}_n + 2\beta_x(\boldsymbol{I}_n + \alpha_x \boldsymbol{L}_n) \end{bmatrix} = $$
$$\det(\lambda^2 \boldsymbol{I}_n + 2\beta_x \lambda(\boldsymbol{I}_n + \alpha_x \boldsymbol{L}_n)) = \quad (4-11)$$
$$\prod_{i=1}^{n}(\lambda^2 + 2\beta_x \lambda + 2\beta_x \alpha_x u_i) = 0$$

令 λ_{ij} 为系统方程的特征根,则

$$\lambda_{i1} = -\beta_x + (\beta_x^2 - 2\beta_x \alpha_x u_i)^{1/2} \quad (4-12)$$
$$\lambda_{i12} = -\beta_x - (\beta_x^2 - 2\beta_x \alpha_x u_i)^{1/2} \quad (4-13)$$

由引理 1,拉普拉斯矩阵 $\boldsymbol{L}$ 有一个特征根为零,其余的特征根均具有正实部,即

$$0 = \mu_1 < \mu_2 \leqslant \mu_3 \leqslant \cdots \leqslant \mu_n \quad (4-14)$$

当 $\mu_i = 0$ 时,可知 $\lambda_{i1} = 0, \lambda_{i2} = -2\beta_x < 0$,当 $\mu_i \neq 0$ 时,有 $0_1 < \mu_2 \leqslant \mu_3 \leqslant \cdots \leqslant \mu_n$,经过简单计算可知 $\lambda_{i1} < 0, \lambda_{i2} < 0$。同理可证得 $\boldsymbol{A}_y$ 的特征根有一个根为 0,其余均具有负实部,可知由 $\boldsymbol{A}_x, \boldsymbol{A}_y$ 为对角阵构成的矩阵稳定,因而系统稳定,构型控制可以实现。

4.4.4 基于自组织方法的集群控制

不同于分层递阶结构方法,基于自组织方法的多 UAV 协同控制方法更加强调个体对环境的动态反应,以及多个个体之间基于规则的行为协调。显然,这类协调方法是一种分布式协调方法。

多 UAV 自组织方法最初起源于对昆虫群落的行为研究[106],并逐渐发展形成了群集智能(swarm intelligence)理论[107]。这类方法通过模拟蜂群、蚁群、鸟群等生物集群的行为实现多平台分布式自组织控制,采用自底向上的数据驱动和建模策略,将简单对象构成大集合,通过简单智能主体的聚集协同来实现全局的智能行为,具有计算简单、鲁棒性好等诸多优点。

美国空军研究实验室研究表明[108]:多无人机自组织控制方法适合执行诸如区域搜索和攻击、侦察和压制、战术牵制和心理战等简单反应性作战任务;DARPA 在 2000 年启动了自组织空中战役研究计划[109],在其研究中通过借鉴蚂蚁的信息素(Pheromone)交互行为,支持 UAV 等侦察设备在战场中发现目标后,通过释放"数字信息素"引导攻击飞机对目标进行攻击;受蚂蚁之间采用信息素进行通信和协作的启发,H. V. D. Parunak[110] 提出了基于人工信息素的 UAV 自组织协调方法,并将其应用到多 UAV 协同搜索航线规划和任务协同中;I. C.

Price[111]研究了进化的 UAV 集群行为,建立了自组织框架,并基于该框架设计了多 UAV 具有进化行为的群集仿真,使 UAV 能够像生物一样,通过优胜劣汰的自然选择过程和遗传变异,其自身结构和行为能力不断演化发展,最后产生对环境和任务的自适应能力,并实现了多 UAV 对静态目标进行定位和摧毁任务的仿真;英国奎奈蒂克公司于 2006 年 10 月成功地进行了一种新型的无人机控制和管理系统验证试验,该系统可控制和自主组织多架无人机协同执行作战任务。总的说来,目前对自组织的研究多偏重于仿真研究,将自组织机制应用于实际平台,并真正用于复杂环境下的多 UAV 协同作战还将是一个漫长的过程,有一系列问题需要解决。

4.4.5 其他集群控制方法

除了上述几种常用的集群控制策略之外,还有许多其他控制策略能够应用于实际。如美国的 Leonard[112]用人工势场法并结合虚拟结构的思想,实现了水下无人器的集群侦察任务,该方法能够有效地避免无人器与周围环境障碍物的碰撞以及由于自身结构尺寸在变换队形时发生相互碰撞;韩国的科研人员Hong[113]将神经网络技术与模糊逻辑理论相结合,运用到无人机的集群飞行中,这一方法能够对集群速度进行有效的控制并且实现了对飞行过程中障碍物的规避;意大利研究人员 Pollihi 等人[114]通过使用视觉敏感器采集集群中成员的状态信息来使集群维持稳定的构型;等等。

|4.5 本 章 小 结|

本章主要对无人机集群的控制系统及方法进行了介绍。首先分析了无人机集群控制的关键技术,主要包括自主飞行控制、仿生控制和集群控制技术;然后通过分析集群智能个体的动力学特性和集群系统的协同控制建立了集群的动力学模型,进而分析了集群的队形及其动态调整问题;最后介绍了无人机的飞行控制系统及集群控制系统,并介绍了当前主要的几种飞行控制方法:基于"长机-僚机"方式的集群控制、基于虚拟结构方式的集群控制、基于行为方式的虚拟控制、基于自组织方法的集群控制等。

|参考文献|

[1] 邓亮. 无人机集群飞行模型的建立与短时记忆控制[D]. 重庆：重庆大学，2011.

[2] J DARGAN，M PACHTER，J J D'AZZO. Automatic Formation Flight Control[C]// AIAA Guidance，Navigation and Control Conference，AIAA，Washington，DC，1992：615 - 625.

[3] M PACHTER，J J D'AZZO，J L DARGAN. Automatic Formation Flight Control[J]. Journal of Guidance，Control，and Dynamics，1994，17(6)：154 - 160.

[4] HU YUN-AN，ZUO BIN. The Application of an Annealing Recurrent Neural Network for Extremum Seeking Algorithm to Optimize UAV Tight Formation Flight[C]// Conference on 'Computational Engineering in Systems Application'(CESA)，Beijing China，New Jersey：IEEE 2006：594 - 599.

[5] 嵇亮亮. 无人机引导及协同编队飞行控制技术研究[D]. 南京：南京航空航天大学，2008.

[6] 田八林，叶正寅，张中荃. 无人机自由编队飞行的补偿模糊神经网络控制[J]. 中国民航学院学报，2005，23(6)：10 - 13.

[7] 徐军，张明廉，宋子善. 飞行控制系统的非线性鲁棒控制[J]. 航空学报，1998，19(2)：169 - 172.

[8] MOKHTARI A，BENALLEGUE A，DAACHI B. Robust Feedback Linearization and GH ∞ Control for a Quadrotor Unmanned Aerial Vehicle [C]// International Conference on Intelligent Robots and System，Edmonton，Canada. Piscataway，New Jersey：IEEE，2005：1009 - 1014.

[9] 韩旭，侯明善，杨常伟. 基于多目标 H_2/H_∞ 方法的鲁棒飞行控制研究[J]. 弹箭与制导学报，2006，26(4)：22 - 24.

[10] SINGH S N，PACHTER M. Adaptive Feedback Linearizing Nonlinear Close Formation Control of UAVs[C]// Proceedings Of American Control Conference，Chicago，USA. Piscataway，New Jersey：IEEE，2000：856 - 864.

[11] KRSTIC M，KANELLAKOPOULOS I，KOKOTOVIC P. Nonlinear and Adaptive Control Design[M]. New York：Wiley publication，1995.

[12] 陈新海，李言俊，周军. 自适应控制及应用[M]. 西安：西北工业大学出版社，1998.

[13] 吴忠强. 非线性系统的鲁棒控制及应用[M]. 北京：机械工业出版社，2005.

[14] YANG C D，KUNG C C，LIU W H. Robust Nonlinear H _ inf Decoupling Control of Flight Vehicle in Hovering[C]// Proceeding of the 41st IEEE Conference on Decision and Control，Las Vegas，USA. Piscataway，New Jersey：IEEE，2002：758 – 771.

[15] 宋申民，吕建华，陈兴林，等. 基于 Hamilton – Jacobi 方程的编队飞行控制[J]. 航空学报，2008，29(2)：416 – 423.

[16] XIE F，ZHANG X M，RAFAEL FIERRO，et al. Autopilot－Based Nonlinear UAV Formation Controller with Extremum-Seeking[C]// Proceedings of the 44th IEEE Conference on Decision and Control，and the European Control Conference 2005 Seville，Spain.Piscataway，New Jersey：IEEE，2005：658 – 665.

[17] ZUO B，HU Y A. Optimizing UAV Close Formation Flight via Extremum Seeking[C]// Proceedings of the 5th World Congress Intelligent Control and Automation，Hangzhou，China. Piscataway，New Jersey：IEEE，2004：774 – 785.

[18] CHICHKA D F，SPEYER J L，PARK C G. Peak-Seeking Control with Application to Formation Flight[C]// Proceedings of 38th Conference on Decision & Control Phoenix，Arizona，USA. Piscataway，New Jersey：IEEE，1999：635 – 645.

[19] 胡跃明. 非线性系统理论与控制[M]. 北京：国防工业出版社，2005.

[20] Q D W，Yi J Q. Robust Control Using Sliding Mode for a Class of Under-Actuated Systems with Mismatched Uncertainties[C]// 2007 IEEE International Conference on Robotics and Automation，Roma，Italy.Piscataway，New Jersey：IEEE，2007：858 – 866.

[21] Jia Q L，Xing X J，Li G W. Formation Path Tracking Controller of Multiple Robot System by High Order Sliding Mode[C]// Proceedings of the IEEE International Conference on Automation and Logistics，Jinan，China.Piscataway，New Jersey：IEEE，2007：456 – 462.

[22] FARBOD F. Sliding Mode Formation Control for Under－Actuated Autonomous Surface Vehicles[C]// Proceedings of the 2006 American Control Conference，Minneapolis，USA. Piscataway，New Jersey：IEEE，2006：1025－1036.

[23] HIS HAN Y，ERIC N，ANDREW S. Nonlinear Tracking Control for Satellite Formations[C]// Proceedings of the 39th IEEE Conference on Decision and Control，Sydney，Australia，2000：2236－2245.

[24] MICHAEL DEFOORT，THIERRY FLOQUET，ANNEMARIE KOKOSY，et al. Finite-Time Control of a Class of MIMO Nonlinear Systems Using High Order Integral Sliding Mode Control［C］// Proceedings of the 2006 International Workshop on Variable Structure Systems，Alghero，Italy. Piscataway，New Jersey：IEEE，2006：489－501.

[25] SHTESSEL Y B，SHKOINIKOV I A. Integrated Guidance and Control of Advanced Interceptors Using Second Order Sliding Modes［C］// Proceedings of the 42nd IEEE Conference on Decision and Control，Maul，USA.Piscataway，New Jersey：IEEE，2003：258－264.

[26] 樊琼剑. 多无人机协同编队仿生飞行控制关键技术研究[D]. 南京：南京航空航天大学，2008.

[27] 鲍中行. 军事仿生谈[M]. 北京：国防大学出版社，1990.

[28] 李言俊，高阳. 仿生技术及其应用[J]. 安阳工学院学报，2005，13(1)：28－32.

[29] 陈尔奎，喻俊志，王硕. 多仿生机器鱼群体及单体控制体系结构的研究[J]. 中国科学院研究生院学报，2003，20(2)：232－237.

[30] 邹海荣，龚振邦，罗均. 仿生眼的研究现状与发展趋势[J]. 机器人，2005，27(5)：469－474.

[31] 李欣，李若琼，董海鹰. 基于仿生群体协同的集群智能控制研究[J]. 电气自动化，2006，28(4)：3－5.

[32] 王瑛，候朝祯，冯天飞. 分布式智能控制的研究[C]. 中国控制与决策学术年会，沈阳，2001：589－601.

[33] 王小平，曹立明. 遗传算法——理论、应用与软件实现[M]. 西安：西安交通大学出版社，2002.

[34] 薛宏涛，沈林成，叶媛媛. 基于协进化方法的多智能体协作系统体系结构及其仿真框架[J]. 系统仿真学报，2002，14(3)：297－303.

[35] REYNOLDS C W. An Evolved，Vision－Based Behavioral Model of Coordinated Group Motion［C］// In Proceedings of the Second International Conference on Simulation of Adaptive Behavior，Cambridge，USA. Massachusetts：MIT Press，1992：384－392.

[36] 韩泉泉. 混合编队无人机的协同控制［D］. 西安：西安电子科技大学，2011.

[37] 杨盛庆. 基于几何力学与最优控制的无人机集群方法研究［D］. 北京：北京理工大学，2014.

[38] GODSIL C D，ROYLE G，GODSIL C. Algebraic Graph Theory［M］. New York：Springer，2001.

[39] ASIMOW L，ROTH B. The Rigidity of Graphs［J］. Journal of Mathematical Analysis and Applications，1979，68(1)：171－190.

[40] OLFATI SABER R，MURRAY R M. Graph Rigidity and Distributed Formation Stabilization of Multi-Vehicle Systems［C］// In Proceedings of the 41st IEEE Conference on Decision and Control，Las Vegas，USA.Piscataway，New Jersey：IEEE，2002：485－499.

[41] EREN T，WHITELEY W，MORSE A S，et al. Sensor and Network Topologies of Formations with Direction，Bearing，and Angle Information between Agents［C］// In Proceedings of the 42nd IEEE Conference on Decision and Control，Maui，USA. Piscataway，New Jersey：IEEE，2003：3064－3069.

[42] 李文皓，张珩. 无人机集群飞行技术的研究现状与展望［J］. 飞行力学，2007，25(1)：9－11.

[43] 陈世明. 群体系统蜂拥控制理论及应用研究进展［J］. 计算机应用研究，2009，26(6)：2004－2007.

[44] 楚天广，杨正东，邓魁英. 群体动力学与协调控制研究中的若干问题［J］. 控制理论与应用，2010，27(1)：86－93.

[45] 陈世明. 特征个体有界交互作用构成的集群模型［J］. 控制理论与应用，2010，27(9)：1227－1230.

[46] 蔡自兴. 多移动机器人协同原理与技术［M］. 北京：国防工业出版社，2011.

[47] 谭民，范永，徐国华. 机器人群体协作与控制的研究［J］. 机器人，2001，23(2)：178－182.

[48] 谭民，王硕，曹志强. 多机器人系统［M］. 北京：清华大学出版社，2005.

［49］ YADGAR O，KRAUS S，ORTIZ C L. Hierarchical Organizations for Real-Time Large-Scale Task and Team Environments［C］// In Proceedings of the 1st Int'1 Joint Conf. on Autonomous Agent and Multi-agent Systems：Part 3. New York，USA. Piscataway，New Jersey：IEEE，2002：2658－2667.

［50］ 张海英，刘柞时，林桂娟. 群体机器人研究的现状和发展［J］. 电子技术应用，2004，30(2)：1－3.

［51］ 杨波，方华京. 大规模群体系统的现状研究［J］. 武汉理工大学学报(信息与管理工程版)，2007，29(1)：1－6.

［52］ 潘福臣，陈雪波，李琳. 群集系统的软控制［J］. 控制与决策，2008，23(8)：953－956.

［53］ 陈世明. 群集行为的建模与控制方法综述［J］. 计算机工程与科学，2007，29(7)：102－105.

［54］ GAZI V，PASSION K M. Stability Analysis of Social Foraging Swarms［J］. IEEE Transactions on Systems，Man，and Cybernetics（Part B），2004，34(1)：539－557.

［55］ LIU J，HU B. On Emergent Complex Behaviour Self－organised Criticality and Phase Transitions in Multi-agent Systems：Autonomy Oriented Computing Perspectives［J］. Int J Modelling，Identification and Control，2008，3(1)：3－16.

［56］ VICSEK T，CZIROK A，BEN-JACOB E，et al. Novel Type of Phase Transition in a System of Self-Driven Particles［J］. Phys Rev Lett，1995，75(6)：1226－1229.

［57］ GAZI V，PASSION K M. Stability Analysis of Swarms［C］// In Proceedings of the American Control Conference. Anchorage，USA. Piscataway，New Jersey：IEEE，2002：896－906.

［58］ BENEDIKTSSON J A，SWAIN P H. Consensus Theoretic Classification Method［J］. IEEE Transactions on Systems，Man and Cybernetics，1992，22(4)：688－704.

［59］ JEANNE J，LEONARD N E，PALEY D A. Collective Motion of Ring－Coupled Planar Particles［C］// In Proceedings of the IEEE Conference on Decision and Control. Princeton，USA. Piscataway，New Jersey：IEEE，2005：1569－1572.

［60］ JUSTLY E W，KRISHNAPRASAD P. Equilibria and Steering Laws for Planar Formations[J]. Systems and Control Letters，2004，52(1)：25 – 38.

[61] MARSHALL J A，BROUCKE M E，FRANCIS B A. Formations of Vehicles in Cyclic Pursuit [J]. IEEE Transactions on Automatic Control，2004，49(11)：1963 – 1974.

[62] PALEY D A，LEONARD N E，SEPULCHRE R. Collective Motion：Bistability and Trajectory Tracking[C]// In Proceedings of the IEEE Conference on Decision and Control. Princeton，USA. Piscataway，New Jersey：IEEE，2004：1136 – 1145.

[63] SEPULCHRE R，PALEY D A，LEONARD N E. Stabilization of Planar Collective Motion：All-to-all Communication [J]. IEEE Transactions on Automatic Control，2007，52(5)：811 – 824.

[64] CECCARELLI N，MARCO M D，GARULLI A，et al. Collective Circular Motion of Multi-vehicle Systems[J]. Automatica，2008，44(12)：3025 – 3035.

[65] HELBING D，FARKAS I，VICSEK T. Simulating Dynamical Features of Escape Panic[J]. Nature，2000，407(28)：487 – 490.

[66] BREDER C M. Equations Descriptive of Fish Schools and Other Animal Aggregations[J]. Ecology，1954，35(3)：361 – 370.

[67] WARBURTON K，LAZARUS J. Tendency-distance Models of Social Cohesion in Animal Groups [J]. Theoretical Biol，1991，150 (4)：473 – 488.

[68] OKUBO A. Dynamical Aspects of Animal Grouping：Swarms，Schools，Flocks and Herds[J]. Advances in Biophysics，1986，22(1)：1 – 94.

[69] GAZI V，PASSION K M. Stability Analysis of Swarms[J]. IEEE Transactions on Automatic Control，2003，48(4)：692 – 697.

[70] 陈亮，许力. 基于无界排斥的各向异性 Swarm 模型[J]. 浙江大学学报（工学版），2007，41(6)：905 – 914.

[71] MOGILNER A，EDELSTEIN-KESHET L，BENT L，et al. Mutual Interactions，Potentials，and Individual Distance in A Social Aggregation[J]. J Math Biol，2003，47(1)：353 – 389.

[72] 王晓丽，洪奕光. 多智能体系统分布式控制的研究新进展复杂系统与复杂性科学[J]. 复杂系统与复杂性科学，2010，21：70 – 81.

[73] 任德华，卢桂章. 对队形控制的思考[J]. 控制与决策，2005，20(6)：601-606.

[74] 陆晓庆. 多飞行器协同航路规划与编队控制方法研究[D]. 南昌：南昌航空大学，2014.

[75] 朱杰斌，秦世引. 无人机集群飞行的分布式控制策略与控制器设计[J]. 智能系统学报，2010，5(5)：392-399.

[76] 郭伟强. 基于一致性理论的无人机集群控制器设计[D]. 哈尔滨：哈尔滨工业大学，2013.

[77] 夏路. 无人机集群导航与控制系统研究[D]. 哈尔滨：哈尔滨工业大学，2014.

[78] SABER R O，MURRAY R M. Distributed Structural Stabilization and Tracking for Formations of Dynamic Multi-agents[C]// Proceedings of the 41st IEEE Conference on Decision and Control，Las Vegas，USA. Piscataway，New Jersey：IEEE，2002：1258-1266.

[79] 邓婉，王新民. 无人机集群队形保持变换控制器设计[J]. 计算机仿真，2011，28(4)：73-77.

[80] STIPANOVIC D，INALHAN M. Decentralize Overlapping Control of a Formation of Unmanned Aerial Vehicles[C]// Proceedings of the 41st IEEE Conference on Decision and Control，Las Vegas，USA. Piscataway，New Jersey：IEEE，2002：1458-1462.

[81] VERMA A，CHANG-NIEN W，VINCENT C，et al. UAV Formation Command and Control Management[C]// The 2nd AIAA Unmanned Unlimited Conference and Workshop Exhibit，Roma，Italy. San Diego：AIAA，2009：589-602.

[82] ANDREW L，RALPH R. Teamed UAVs-A New Approach with Intelligent Agents[C]// Proceedings of Aerospace conference of the 2nd AIAA Unmanned Unlimited Systems. Technologies and Operations，Atlanta，USA. San Diego：AIAA，2010：1025-1033.

[83] ZELINSKI S，KOO J T，SASTRY S. Hybrid System Design for Formations of Autonomous Vehicles[C]// Proceedings 42nd IEEE Conference on Decision and Control，Maui，USA. Piscataway，New Jersey：IEEE，2003：1-6.

[84] ZELINSKI S，KOO J T，SASTRY S. Optimization-Based Formation Reconfiguration Planning for Autonomous Vehicles[C]// IEEE

International Conference on Robotics and Automation，Taipei，Taiwan. Piscataway，New Jersey：IEEE，2003：58 - 67.

[85] 吴元刚，林云松. 一种军用飞机编队指示系统的设计和实现[J]. 中国民航飞行学院学报，2009，5：20 - 24.

[86] WAGNER G，JACQUES D，et al. An Analytical Study of Drag Reduction in Tight Formation Flight[C]// The AIAA Atmospheric Flight Mechanics Conference，Montreal，Canada. San Diego：AIAA，2001：639 - 645.

[87] 吴霞，郑建华. 小卫星编队飞行队形控制与仿真[D]. 北京：中国科学院研究生院，2006.

[88] SABER O R，MURRAY R M. Graph Rigidity and Distributed Formation Stabilization of Multi-vehicle Systems[C]// Proceeding of the 41st IEEE Conference on Decision and Control，Las Vegas，USA. Piscataway，New Jersey：IEEE，2002：559 - 568.

[89] NETTLETON E，RIDLEY M，SUKKARIEH S. Implementation of a Decentralised Sensing Network aboard Multiple UAVs [C]// Proceedings of the 41st IEEE Conference on Decision and Control，Las Vegas，USA.Piscataway，New Jersey：IEEE，2002：569 - 574.

[90] 房建成，张霄. 小型无人机自动驾驶仪技术[J]. 中国惯性技术学报，2007，15(6)：658 - 663.

[91] 江达飞. 小型无人机控制与仿真环境设计[D]. 南京：南京航空航天大学，2012.

[92] 王志鹏. 四旋翼稳定控制算法及其一致性编队控制的研究[D]. 北京：北京理工大学，2015.

[93] 陈炎财. 群体无人机分布式协同控制方法研究[D]. 南京：南京航空航天大学，2011.

[94] 刘银萍，扬宜民. 多机器人编队控制的研究综述[J]. 控制工程，2010，17(S2)：182 - 186.

[95] CAI G W，CHEN B M，LEE T H. Unmanned Rotorcraft Systems[M]. New York：Springer，2011.

[96] TANNER H G，PAPAS G J，KUMAR V. Leader to Formation Stability[J]. IEEE Transaction on Robotic and Automation，2004，20(3)：443 - 454.

[97] 赵峰，杨伟. 无人机紧密编队飞行控制仿真研究[J]. 航空科学技术，

2012，12(5):14 - 17.

[98] YAMAGUCHI H，BURDICK J W. Asymptotic Stabilization of Multiple Nonholonomic Mobile Robots Forming Group Formations[C]// In Proceedings IEEE Int. Conference Robot. Automat，Belgium. Piscataway，New Jersey：IEEE，2008:496 - 501.

[99] REN W，BEARD R W. Formation Feedback Control Far Multiple Spacecraft via Virtual Structures[J]. IEEE Proceedings — Control Theory and Applications，2004，151(3):357 - 368.

[100] 王冬梅，方华京. 基于虚拟领航者的智能群体群集运动控制[J]. 华中科技大学学报，2008，36(10):5 - 7.

[101] 张庆杰. 基于一致性理论的多 UAV 分布式协同控制与状态估计方法[D]. 长沙：国防科学技术大学，2011.

[102] BAICH T，ARKIN R C. Behavior-Based Formation Control for Multi-Robot Teams[J]. IEEE Transactions on Robotics and Automation，1998，14(6):926 - 939.

[103] KOSTEINIK P，SAMUIKA M，JANOSIK M. Scalable Multi-Robot Formations Using Local Sensing and Communications[C]// Poznan：Proceedings of the 3rd International Workshop on Robot Motion and Control，Bukowy Dworek，Poland. Piscataway，New Jersey：IEEE，2002:1698 - 1703.

[104] REIF J H，W SOCIAL H. A Distributed Behavioral Control for Autonomous Robots[J]. Robotics and Autonomous Systems，1999，27:171 - 194.

[105] 陈学坤. 四旋翼无人机集群巡航飞行控制方法研究[D]. 哈尔滨：哈尔滨工业大学，2015.

[106] THERAULAZ G，BONBEAU E. A Brief History of Stigmergy[J]. Artificial Life，1999，5(2):97 - 116.

[107] BONBEAU E，DORIGO M，THERAULAZ G. Swarm Intelligence from Natural to Artifical Systems[M]. New York，USA：Oxford University Press，1999.

[108] CLOUGH B T. UAV Swarming So What are Those Swarms，What Are The Implications，and How Do We Handle Them[C]// Proceedings of the Association for Unmanned System Conference，Detroit，USA. Piscataway，New Jersey：IEEE，2002:858 - 861.

[109] BORDEAUX J. Self-Organized Air Tasking: Examining a Non-Hierarchical Model for Joint Air Operations[R]. VA, UK: SRA International Inc, 2004.

[110] PARUNAK H V D, PURCELL M, CONNELL P O. Digital Pheromones for Autonomous Coordination of Swarming UAVs[C]// Proceedings of the 1st AIAA Unmanned Aerospace Vehicles, Systems, Technologies, and Operations Conference. Virginia, USA. San Diego: AIAA, 2002:2159 - 2162.

[111] PRICE I C. Evolving Self-Organized Behavior for Homogeneous and Heterogeneous UAV or UCAV Swarms[D]. Ohio, USA: Air Force Institute of Technology, 2006:132 - 138.

[112] N E LEONARD, E FIORELLI. Virtual Leaders, Artificial Potentials and Coordinated Control of Groups[C]// Proceedings 40th IEEE, Conf. Decision and Control, Orlando, USA.Piscataway, New Jersey: IEEE, 2001:2968 - 2973.

[113] S W HONG, S W SHIN, D S AHN. Formation Control Based on Artificial Intelligence for Multi-Agent Coordination[C]// Proceedings of the IEEE International Symposium on Industrial Electronics, Pusan, South Korea.Piscataway, New Jersey: IEEE, 2001:429 - 434.

[114] M POLLINI, L R MATI. Vision Algorithms for Formation Flight and Aerial Refueling with Optimal Marker Labeling[C]// AIAA Modeling and Simulation Technologies Conference and Exhibit, San Francisco, USA.San Diego: AIAA, 2008:589 - 594.

第 5 章

无人机集群信息网络

　　　　无人机集群的任务分配、任务实施、指挥控制正确与否,不仅取决于无人机平台的智能化程度,也离不开战术信息在集群成员间准确、可靠、按需、实时的传输。根据无人机集群的业务特点和平台特性,本章主要介绍满足其应用需求的通信网络技术。

|5.1 无人机集群网络|

自 20 世纪 70 年代以来,无人机在局部战争中的使用日趋广泛。目前,无人机的研制和发展在世界范围内呈现高潮,这是应用需求和支撑技术相互作用的结果。无人机的研究和发展,首先是围绕军事应用的,根据作战需求、作战理念的变化而变化。20 世纪末,网络中心战(NCW)的思想推动了信息化作战的新军事变革;现代高新技术如电子技术、信息技术和网络技术的发展,使无人机性能和功能突破性提高,无人机集群在信息化战场中的地位和作用日渐凸显。作为无人机集群的一项关键技术——集群组网技术,逐渐成为研究热点。

5.1.1 无人机集群网络化趋势

衡量电子信息系统性能的标准不是个别技术指标的先进与否,而是综合一体化效能。军事电子信息系统的"系统集成"已成为新军事变革的着眼点。军事电子系统由原来的 C^3I(指挥、控制、通信和情报)向 C^4IRS(指挥、控制、通信、计算机、情报、监视与侦察)以及 C^4KIRS(指挥、控制、通信、计算机、杀伤、情报、监视与侦察)发展。美国国防部在报告中指出:"C^4ISR 系统将作战平台及作战空间信息融入一体化信息系统,扩展了战场范围和信息范畴,给决策者和战斗员提

供信息,带给战斗员和决策者最大的利益","C⁴KISR 将 K(Kill,杀伤、摧毁)能力嵌入 C⁴ISR 系统之中,将传统的 C⁴ISR 系统与杀伤紧密结合起来,实现侦察/监视-决策-杀伤-战损评估过程的一体化,形成同步、连续、动态、有机统一的 C⁴KISR 过程,产生新的作战能力,使美军在信息空间和传统的作战空间较过去和较敌人有更强的能力。"

随着信息战理论及应用的深化,战术通信系统已由传统的作战保障地位逐步转变为主战武器的地位,并在 20 世纪末和 21 世纪初的多次局部战争中得以证明。战场态势感知、战场数据分发以及战场多媒体信息的应用要求高速、宽带和实时的通信网络,信息化战场的需求必然推动信息网络化技术的发展。

无人机投入使用至今,应用模式基本以单飞单控为主。这种应用模式在 20 世纪末的几次局部战争中显露锋芒。美国对伊拉克的"伊拉克自由"行动中,仅使用 1 架"全球鹰",就提供了摧毁 13 个防空导弹连、50 座"萨姆"防空导弹发射台和 300 辆坦克的情报;贝卡谷地战役中,以色列利用小型无人飞机模拟飞机和导弹特性诱骗叙利亚的火力和侦察雷达开机,实时获取了大量战场情报;利用微型无人机对战场的实时监视,极大地提高了地面部队的作战效能,降低了人员的伤亡率。

对于无人机集群,作战任务多样,作战阶段动态转换,单飞单控的应用模式必然改变。集群中的无人机不仅需要自身具备与有人机相近的战斗能力,而且更需要有编组和协同作战的能力。因此,无人机集群需要无人机组网,形成无人机信息网络,在集群成员间准确、可靠、按需地传输信息,确保对集群中无人机的任务分配、指挥和控制的正确实施。

无人机和战场信息网络各自都能大大提高战斗力,若将两者结合,更是赢得信息战最终胜利的"王牌"。无人机具有机动灵活、不易被发现的特点,且没有人员伤亡和被捕的政治风险,因此它可以进入有人飞机无法进入的地区侦察、作战。无人机还具有易于部署和控制的特点,用于战场通信覆盖和中继具有高效低成本的优势。目前军用无人机的任务范围已由传统的空中侦察、战场观察和战情评估等扩大到战场抑制、对地攻击、拦截巡航导弹,甚至空中格斗等领域。无人机不仅对有人战斗机进行支援,而且在许多情况下起到替代有人驾驶飞机的作用。面对高效能、高强度、高消耗的现代战争,如果将无人机与战场信息网络结合,形成无人机集群,根据作战任务,在不同作战阶段规划无人机执行 C⁴KISR 不同任务,如无人机组网侦察、无人机组网定位、无人机通信中继、无人机组网干扰、无人机组网打击等,将极大地提高无人机的作战应用范围和战场作战效能。

为准备网络中心战,美军加大了开发新的信息系统和武器系统的力度。由于无人机可以在网络中心战中实施信息搜集和精确打击等多项任务,所以备受美军重视,并成为美军重点开发的武器之一。

2001 年 10 月,美国国防部建立了一支无人机任务规划部队,其职责是积极推进无人机进入战场。这支部队包括一个专门负责传感器的工作小组,该小组于 2002 年夏天发布了一项未来改进蓝图,指出无人机的主要任务不仅包括情报、监视和侦察,还包括对敌进行防空压制和反恐行动。在随后的阿富汗战争和伊拉克战争中,美军无人机的表现令世人瞩目。可以预见,在未来作战中,无人机将发挥更大的作用。

网络中心战的主要特征之一是网络化战场。分布在战场上的部队要达到行动的协调一致,良好的战场信息网络是必不可少的。在阿富汗战争中,无人机作为空中中继通信站,承担了部分信息网络节点的作用。

2000 年,美国空军的无人机作战实验室已成功地在"猎人"无人机上演示了态势感知数据传输无线电台的军事用途,目的是把无人机获得的目标位置信息传送给攻击战斗机与地面部队,并通过装有增强型位置报告系统,把己方部队位置提供给前线空中控制器和无人机载荷操作员。后来,美国空军和先进技术研究计划局发起的自适应 C^4ISR 节点项目,不仅使无人机起到中继通信的作用,而且还起着"空中交换局"的作用,并加进了信号情报、干扰和进攻性信息战功能。

在阿富汗战争和伊拉克战争中,无人机作为中继通信站在战场上得到了实战应用。无人机不仅可以把敌地面目标的信息传送给己方的地面作战部队和空中战机,而且可以通过自身的机载设备,实现地面部队、空中战机和总部之间的相互通信。

目前由 L-3 公司负责的网络中心协同目标定位系统的技术研发,最终要将空中的各类传感器连成网络。并利用自动点对点通信技术将其快速连接至网络中心架构中,所有飞行平台和地面站都要进行数据交换,并将目标信息提供给其他平台。

5.1.2　无人机集群的组网

现代战争中,无人机占据了越来越重要的角色。无人机一般从事勘察、战争损伤评估和直接的攻击任务。迄今为止,包括美国在内,地面控制站直接控制单架或多架无人机执行任务,而无人机之间缺少直接通信、协调、合作的能力,所有行动均需通过指挥中心来完成。对于远离地面站控制范围的区域中数十架无人机协作执行大规模任务的情况,已不可能单纯依靠地面站,需要无人机间协作构

建多跳网络传输数据,从而促进了无人机 Ad Hoc 网络的发展。美国国防部报告《无人飞行器系统发展蓝图 2005 — 2030》中重点提到了无人机 Ad Hoc 网络的设计问题,Ad Hoc 网络技术已经成为美军战术互联网的核心技术。国内外对无人机的研究都较早,但都是近期才开始对无人机 Ad Hoc 网络进行研究的。在无人机 Ad Hoc 网络通信方面,主要是针对数据链技术以及地面站控制方面的研究。

5.1.2.1　无人机集群组网的目的

随着信息数字化和网络的高速发展,信息处理和传输能力大幅提高,传统的信息处理和传输方式已无法满足人们对海量信息的要求,促使人们对无人机提出了更高的要求。单无人机很多时候无法满足工作能力和效率提高的需求,利用无人机集群组网的方法是最直接且有效的。

相比单无人机而言,无人机集群组网具有以下目的:

1. 提高无人机协作能力

无人机集群可以通过协作提高执行任务的效率。例如在森林救灾中,通过多个无人机的协作,自主地进行火焰探测、确认和精确定位,减少火警的误报;在战争中,无人机集群协作进行侦察、攻击、监视、战场评估等。通过协作,无人机集群的效能远大于各个无人机效能的综合。

2. 提高工作效率

无人机单机工作的效能是比较弱的,通常一架无人机只能完成一个固定的任务,要完成其他的任务就必须由其他的无人机来执行,或者是本机回收后更换相应的模块再去完成。而无人机形成网络后,在网络中的不同终端可以具有不同的功能,这样形成的无人机网络就是一个有机的整体,就是一个真正意义上的系统,可以完成单个无人机无法完成的多种任务,而且在完成了一个任务后可以直接转入下一个任务的执行。

3. 增强可控性

无人机组网后,地面控制站对每个终端的控制和掌握不仅可以通过直接的联系,还可以通过网络中的其他终端来实现。而且控制过程有反馈,从而极大地提高了网络的可控效果。如当无人机超出地面站的通信范围时,可以通过中继机将地面站的控制命令发送给无人机,以增强地面站的控制能力。

4. 提高可靠性及抗毁能力

无人机在单机工作时,其工作形式为链状结构,结构中任一环节出现问题都会使整个系统瘫痪。而无人机组网工作后,网络形成一个分布式网状结构,个别环节出现问题,该环节的功能可由其他环节来替代实现,系统能够继续正常工作。如某个无人机出现故障或被击毁，其他无人机可替代其完成相应功能，从而使网络具有一定的自修复能力，大大提高了无人机执行任务的能力。

5. 提高战场态势感知和交战能力

无人机一般根据需要安装不同的传感器。例如用于森林防护的无人机，主要有导航传感器（如 DGPS、陀螺仪、惯导测量单元、加速计等），环境感知传感器（如火焰传感器、红外摄像机、视觉摄像机和数码相机等）。而在军用无人机上，主要有激光测距仪、红外传感器、摄像机、合成孔径雷达等。

各国部队对无人机提出的需求越来越高，致使新的机载传感器装备获得极大发展。在最近的实际应用中，无人机机载传感器确实增强了部队的动态感知和交战能力。机载传感器获得极大发展的原因有三点：一是态势感知进一步增强的需求；二是战场敌我识别的需求；三是实现防区外交战能力的需求。

6. 提高抗干扰能力

无人机组网后，通过直通链路或多跳链路，无人机之间互联、信息共享、多路由信息传输。当单机的某条信息获取链路受到干扰时，可以选择其他未干扰的路由链路获取所需信息，保证单机的正常工作，从而加强无人机单机对抗各种干扰的能力。

7. 扩大无人机适用范围

通过组网的方式可以使无人机在完成同样的任务时获得比单机更好的效果；不同的无人机组网后，形成的网络就具有所有的终端的功能，而且还可以获得很多形成系统后的增值功能，使无人机集群功能更加扩展，无人机应用范围得以拓宽。

5.1.2.2 无人机集群组网需求

现代空战"先发制人"的基础是信息优势，基于信息优势获得决策和打击优势，最终达到"先敌发现，先敌攻击，先敌制胜"的作战效果。信息优势的优劣很大程度上取决于战术信息的组网通信能力。从20世纪50年代，根据作战任务及战术功能要求，出现了 Link，CDL 系列战术数据链等多种高效、实用的作战信息网络，并经历了海湾战争、阿富汗战争、科索沃战争、伊拉克战争等多次战争考验。它们的成功应用使其赢得了"战斗力倍增器"的美誉[1]。

战术数据链利用自动数据处理能力和数据通信能力，形成高速处理和快速分发态势、指挥引导以及平台参数等战术消息的信息网络，确保空中平台与地面平台间实时通信。该类信息网络，组网通信能力满足指挥引导应用需求，信息交互以指挥所为中心，主要解决"指挥所到飞机"的指令数字化链接问题。表 5.1 列出关键的性能参数。

表 5.1　典型战术数据链性能参数

传输性能		组网性能	
传输速率	Kb/s 级~Mb/s 级	拓扑结构	全连通
误码率	10^{-3}	网络灵活性	差
端-端时延	数百毫秒	MAC 协议	固定 TDMA 或轮询
业务类型	较少	路由协议	无,采用中继
时延抖动	无特殊要求	组网时间	min 级
工作方式	同频,半双工	网络重构	无

　　进入 21 世纪,多种应用的无人机平台的出现使数字化战场的宽度和广度逐步深化,能力需求逐渐从指挥引导与信息分发向精确打击、远距多机协同变化。无人机平台间需要提高组网通信能力,以整个协同编队为中心进行快速、大容量信息交互,满足新的应用需求,解决从"传感器到射手"的网络化链接问题。图 5.1 为无人机集群协同应用示意图。

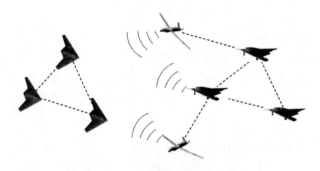

图 5.1　无人机集群协同应用示意图

　　无人侦察机、无人攻击机、无人中继机的飞行高度、飞行速度以及飞行距离各异,更强调协同性、机动性、灵活性。基于无人机平台特性的发挥,研究机构提出多平台协同、远距精确打击等应用需求[1-2]。通常多个平台形成协同编队,通过协同编队平台间的任务协同来实现。由于平台特性或任务分配的不同,任务协同将由不同平台在不同阶段进行,并且某些平台将承担一种以上协同。

　　无人机集群应选择合适的组网方式建立信息网络,确保平台协同过程中协同信息的按需、无冲突交互。根据上述分析,满足以上应用需求的组网方式应具有高度的动态性和鲁棒性,组网过程应具有快速性和简易性,网络结构应具有分布性和灵活性。现有战术数据链采用事先规划、固定分配的组网方式,组网时间长,网络结构单一,无法满足以上应用需求。

无线 Ad Hoc 网络近年来研究和应用较广,其突出特点如下:

(1)独立性:随时随地进行组网,不需基础设施。

(2)无中心:节点地位平等,对等式网络,节点随时加入退出,抗毁性强。

(3)自组织:无严格的控制中心,通过分层协议和分布式算法进行协调。

(4)动态拓扑:终端不断移动,节点链路不断变化。

(5)多跳路由:降低发射功率,信息多跳转发。

无线 Ad Hoc 网络的这些性能特点在较大程度上与无人机集群网络分布式、快速灵活的组网能力需求相吻合。

5.1.2.3 无人机集群网络业务需求

无人机集群通常支持下列功能[1-2]:

(1)功能 1——统一态势共享功能:目标监视共享,点/线/区监视数据共享,编队信息共享,情报信息共享,威胁告警。

(2)功能 2——指挥引导功能:飞机等航空平台的飞行指挥,导弹等航空武器的制导控制。

(3)功能 3——任务管理功能:任务分配,火力支援,紧急请求,部队状态报告,任务结果通报,气象通报。

(4)功能 4——电子战功能:电子战监视,电子战协同。

(5)功能 5——战斗协同功能:协同命令,交战状态。

(6)功能 6——网内成员监视功能:空战进行过程中,成员周期性报告自身状态信息(位置、运动参数等)、识别信息以及平台和系统状态信息。

不同战术功能,交互的信息类型各不相同。依据无人机集群的战术功能,可将交互信息归类为指挥信息(功能 2,3)、公共态势信息(功能 1,6)、传感器信息(功能 5)、火力控制信息(功能 2)及协同信息(功能 1,4,5),相应信息的传输速率、时延和可靠性等性能要求见表 5.2。

表 5.2 无人机集群战术信息性能需求表

性能\信息种类	共享用户数	可接受时延	可靠性	速率
指挥信息	少数平台	高	高	低
公共态势信息	所有平台	一般	一般	一般
传感器信息	部分平台	高	一般	高
火力控制信息	单个平台	低	很高	低
协同信息	部分平台	极低	很高	高

对于快速精确打击应用需求,火力控制信息的实时传输能力、可靠传输能力要求远高于指挥信息、公共态势信息的传输能力;对于以编队为中心的远距协同应用需求,协同信息的实时传输能力、可靠传输能力以及高速传输能力(满足图像传输)要求更高。可见,无人机集群信息网络的业务多样,低时延、高速率、高可靠性的业务特性明显。

以上分析说明,与传统战术数据链相比,无人机集群的组网能力和波形传输能力有较大变化。关键性能参数总结如下:

(1)业务种类:多种业务类型(文本、数据、图像等);

(2)传输速率:Mb/s级;

(3)端-端时延:ms级(高优先级业务);

(4)时延抖动:严格限制,尤其高优先级业务;

(5)组网方式:Ad Hoc组网;

(6)网络拓扑:分布式网络;

(7)工作方式:全向或定向,半双工或全双工;

(8)组网时间:ms级;

(9)通信容量:>10 Mb/s;

(10)网络重构:灵活、快速重组。

5.1.2.4 无人机集群 Ad Hoc 网络的应用示例

1. 区域覆盖

国外无人机集群 Ad Hoc 网络通信研究尚处于初级阶段,国内针对无人机 Ad Hoc 网络通信体系结构的研究较少。现在对无人机的控制主要是基站对单无人机的控制方面。在战场或者发生自然灾害情况下,多个无人机协作对战场区域或者灾害区域进行覆盖监视,具体如图 5.2 所示。

2. 区域延伸

当地面站远离战场区域或者自然灾害区域时,可以通过多无人机连接到作战区域,具体如图 5.3 所示。

3. 扩展应用

现代战争是以信息为中心的战争。由于网络在信息所占据的重要作用,现代战争也被称为网络中心战。网络中心战就是通过网络把不同地理空间(天基、空基、地基、海基)的部队、传感器、通信设备连接在一块,实现信息共享,提高决策能力。由于无人机 Ad Hoc 网络是网络中心战的重要组成成分,并且具有很强的抗毁性以及自修复能力,能够有效提高无人机的协作能力,所以逐渐引起了各军事大国的军方的兴趣。无人机 Ad Hoc 网络可以和卫星中继网络、地面信息网络连接在一起,作为网络中心战的一个重要的补充,如图 5.4 所示。

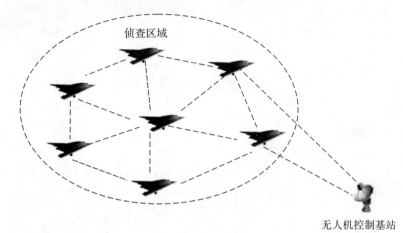

图 5.2 区域覆盖示意图

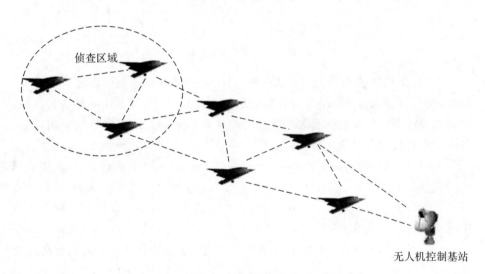

图 5.3 区域延伸示意图

|5.2 移动 Ad Hoc 网络|

Ad Hoc 一词源于拉丁语,是"专门为某一特定目的形成的或与某一特定目的有关的"意思。移动 Ad Hoc 网络,国际上通常称为 MANET(Mobile Ad Hoc Networks),也称多跳网络(Multiple-hop Network)、无固定设施的网络

(Infrastructureless Network)、Ad Hoc 网络(Self Organized Network)或分组无线网(Packet Radio Network)。

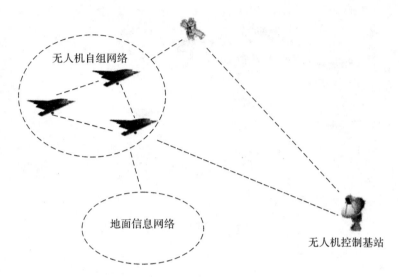

图 5.4 扩展应用示意图

Ad Hoc 网络技术作为一种新的网络技术,网络规模能根据实际需要方便、快捷地扩大和缩小,网络结构有较高的灵活性和抗毁性。Ad Hoc 网络自组织、分布式等特点在军事数据通信尤其是在战术数据通信方面有广泛的应用前景,各国军事通信界大力开发研究。

Ad Hoc 网络并非一个全新的概念,其根源可追溯到 20 世纪 70 年代美国国防高级研究计划局(DARPA)的研究项目"战场环境下的分组无线网 PRNet(Packet Radio Network)",该项目主要研究分组无线网在战场环境下数据通信中的应用。1993 年 DARPA 启动了高完存性自适应网络 SURAN(Survivable Adaptive Network)项目,研究开发能够适应战场快速变化环境下的具有高抗毁性的自适应网络。1994 年又启动了全球移动信息系统 GloMo(Global Mobile Information Systems)项目,在 PRNet 已有成果的基础上对能够满足军事应用需求的、可快速展开的、高抗毁性的移动信息系统进行全面、深入的研究。美军于 2000 年开始研制可抗毁的、自适应的多功能能动中通综合通信系统(MOSAIC)。

目前,Ad Hoc 网络技术已在网络化作战中被大量采用。美国国防高级研究计划局于 2005 年 2 月公布的新的战略规划中将 Ad hoc 网络技术等新型网络技术列为重点研究内容。DAP - RA 目前讨论和开发的两个系统——小部队作战态势感知系统 SUOSAS(Small Unit Operations Situation Awareness System)和未来战斗系统(FCS)中都明确提出要使用 Ad Hoc 网络技术建立一种自主自适应网络，以使系统具有自组织、自维护功能和高度的战斗抗毁性。SUOSAS 在高移动环境下的由 100 个实验单元组成的现场实验已于 2002 年春开始。SUOSAS 同时可支持 10 000 个用户，系统工作在 20 MHz～2.5 GHz 的频段，带宽 500 kHz～20 MHz，自适应数据速率为 4 Mb/s～16 b/s。

此外，为满足网络化作战的需要，美军已推出近期无线数字电台(NT2DR)、联合战术无线电系统(JTRS)、宽带网络波形以及战术瞄准技术等多种军事应用。

同时，随着近年来人们对移动计算需求的不断增长，Ad Hoc 网络技术在民用领域也日益受到重视。IETF 已成立了 MANET 工作组，进行 Ad Hoc 网络技术的研究。1999 年 1 月 IETF RFC2501 详细给出了移动 Ad Hoc 网络——Mobile Ad Hoc Network (MANET)的应用场合、特征和性能要求。IEEE 通信分会在 2000 年年底成立了专门的 Ad Hoc 技术分委员会。IEEE 个人通信杂志于 2001 年 2 月出版了 Ad Hoc 网络专辑。

Ad Hoc 网络是一组带有无线收发装置的移动终端组成的一个多跳临时性自治系统，移动终端具有路由功能，可通过无线连接构成任意的网络拓扑结构，能够在没有固定基站的地方进行通信。这种网络可独立工作，也可与因特网或蜂窝无线网络连接。与其他通信网络相比，它具有以下特征：无中心网络的自组性、动态变化的网络拓扑结构、多跳组网方式、有限的无线传输带宽、移动终端的有限性、网络的分布式控制、网络可扩展性不强、存在单向无线信道和生存周期相对短暂等。

5.2.1 移动 Ad Hoc 网络

无人机集群网络的技术基础是移动 Ad Hoc 网络。移动 Ad Hoc 网络是不依赖预先存在的基础设施，在需要时临时构建的无线移动通信网络。网中节点带有无线收发信机，具有无线网络接口，同时具有主机和路由器的功能。节点利用自身的无线设备与通信范围内的节点直接交换信息，不在通信范围内的节点借助其他节点进行路由/中继，实现多跳通信(见图 5.5)。

在合适时间提供合适信息的需求带来大量的基础网络问题，如在战术边缘必须向战斗人员提供可靠的连接。大量移动 Ad Hoc 网络的设计集中于满足战术边缘战场参与者的操作需求。针对战术边缘环境，网络协议优化正在发展，新的电台技术正在推动新的功能和实现。

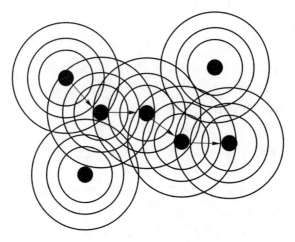

图 5.5　移动 Ad Hoc 网络

1. 网络节点

　　移动 Ad Hoc 网络中的节点是主机与路由器的统一体,节点可以与其通信覆盖范围内的节点实现直接通信,这些节点称为该节点的一跳邻居;如果节点与不在通信范围内的节点进行通信时,则必须经过其他节点的信息中继转发,构成信息的多跳传输,源与目的节点的路径距离也就达到了 $n(n > 1)$ 跳。

　　一个移动 Ad Hoc 网络节点至少包括一部无线电台和一个路由器,可能还有一个主机或多个主机以及网关功能,节点功能组件如图 5.6 所示。无线电台用于节点任意移动时,维持节点间的连接。由于节点并非总是彼此连接或者总是与移动 Ad Hoc 网络网关节点连接的,所以必须包括路由功能使超过 1 - hop 的节点相互通信。网关节点允许与其他网络如航空网络通信。一些节点至少包括一个主机设备供应用程序使用移动 Ad Hoc 网络资源。不具备主机设备的节点作为网络中继。

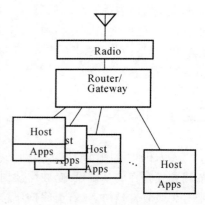

图 5.6　节点功能组件

　　理想的移动 Ad Hoc 网络中,快速可配置的节点没有移动性的限制,构成网络的全部基础设施能够进行自配置以提供所需的服务。然而受到目前技术的限制,通常以集中式服务和节点预先配置的方式实现。虽然简化了实现,但由于节点必须预先配置或者与网络中心服务器连接,这些设计选项对节点移动性提出约束。

2. 无线通信链路

无线通信链路使移动 Ad Hoc 网络的节点从固定设施中"解放"出来。无线电台必须能够在拥挤的区域运行,并且能够承受友军和敌军信号源的干扰。链路提供的有限吞吐量,使设计者面对许多挑战;而且由于高误比特率,需要重传信息。移动 Ad Hoc 网络中的无线电台假设仅具有 LOS 通信能力;所有的BLOS 通信由网络提供,从而流量可以通过中间媒介节点前向到达目的节点。这样的结果是产生相对复杂的协议,利用帧头载荷维护网络。

3. 网络特性影响参数

影响移动 Ad Hoc 网络实现性能的一些特性或网络参数如下:

(1)网络尺寸——节点数量和节点地理密度;

(2)网络连通行——节点连接的平均临节点数;

(3)拓扑变化率——拓扑变化的速度;

(4)链路容量——每个无线链路的带宽;

(5)单向链路比例;

(6)流量图——通过网络的帧头载荷和应用数据的分布;

(7)休眠节点——进入休眠状态和休眠周期的节点数量。

5.2.2　网络的特点

作为一种特殊的无线网络,移动 Ad Hoc 网络具有以下特性:

1. 自组织性

移动 Ad Hoc 网络的自组织特性体现在网络的建设和运行不受时间、地点以及网络设施的约束,即网络是自组织的(self - organizing)、自生成的(self - creating)和自管理的(self - administering)。网中各节点相互协调地遵循一种自组织原则,自动探测网络的拓扑信息,自动选择传输路由,自动进行控制,把网中所有节点组成一个有机整体,即使网络发生动态变化或者某些节点严重受损,仍可快速调整其拓扑结构以保持必要的通信能力。

由于 Ad Hoc 网络具有自组织能力,一方面不但可以简化网络的管理,提高其稳健性(robustness)和灵活性;另一方面,它能在动态环境下(如节点位置不固定等)使资源得到有效利用。

2. 多跳性

移动 Ad hoc 网络 1 - hop 通信距离较近,不超过几千米,通过中间节点参与

分组转发即多跳实现大范围的网络通信,从而有效降低无线传输设备的设计难度和设计成本。节点作为主机运行相关应用程序的同时,作为路由器运行相关的路由协议,进行路由发现、路由维护等,对分组进行转发。

3.拓扑结构的动态性

在移动 Ad Hoc 网络中,各节点可以以任意速度和任意方式移动,加上发送功率变化、无线信道干扰、地形等综合因素的影响,以及节点本身工作状态的改变,例如,从通信工作状态进入休眠、甚至关闭电源等,都将导致移动节点间通过无线信道形成的网络拓扑结构的随时变化,而且变化的方式和速度都是不可预测的。具体体现就是拓扑结构中网络节点的增加或消失,无线链路的增加和消失,等等。

4.网络结构的分布性

移动 Ad Hoc 网络相对于其他的移动无线网络而言,主要的区别就是不存在类似基站、接入访问点等中心控制节点,网络节点功能、地位相互平等,采用分布式控制,因而具有很强的鲁棒性和抗毁性。

在某些情况下,网络可以根据需要选择某节点充当控制中心。在移动 Ad Hoc 网络中,任何节点均有担任中心节点的能力,并可根据实际情况自动更换。

5.信道资源的有限性

无线信道本身的物理特性,决定了网络的理论网络带宽相对有线信道要低得多;另外,竞争共享无线信道产生的碰撞、信号衰减、噪声干扰、信道间干扰等,使得到的实际带宽要远远小于理论上的最大带宽值。

6.链路的单向性

在移动 Ad Hoc 网络中,节点间通信由于采用无线通信,因此发射功率以及地形、地势等环境因素必将造成网络节点间单向链路的存在。

7.节点能源的有限性

网络中的用户终端通常采用便携式设备,在其带来移动、灵巧、轻便的同时,其固有的特性——电池能源供电、内存较小、CPU 性能较低等又给应用程序的设计开发带来一定难度。

8.较差的安全性

作为一种分布式的无线移动网络,更加容易受到被动窃听、主动入侵、拒绝服务、阻止“休眠”(终端无法正常切换至休眠状态)、伪造等各种网络攻击。

5.2.3　网络的拓扑结构

移动 Ad Hoc 网络的拓扑结构可以划分平面结构和层次结构两种。

1. 平面结构

在平面结构(见图 5.7(a))中,所有的网络节点处于相同的平等地位,不存在任何的等级和层次差异,因此有时也被称为对等式结构。在移动 Ad hoc 网络中,平面结构的网络相对比较简单,无须进行任何结构的维护工作;在数据通信中,通过源节点与目的节点之间存在的多条路径,不仅可以均衡负载,还可以针对不同的业务,提供不同的路由;网络节点的平等地位,不易产生瓶颈效应,因此具有较好的健壮性;同时网络中节点的覆盖范围相对较小,也就相对较安全。然而,该结构网络的最大缺点在于网络规模受限,因为每一个节点都必须保持到达所有节点的路由,随着节点的加入和离开,以及节点本身的移动特性,就需要大量的控制消息来维护网络的动态变化,因此网络规模越大,拓扑维护的开销也就越大。

2. 层次结构

与平面结构网络对应的是层次结构的网络(见图 5.7(b))。在这种分层的网络中,由于节点间存在等级差异,因此也可以称为分级网络。网络一般以簇的形式存在。所谓簇,就是具有某种关联的网络节点组成的集合。在簇内,通常有一个按一定的规则选举产生的、被称为簇首的节点,用于管理或控制这个节点的集合;除簇首节点外,簇内的其他节点可以被称为成员节点,簇首节点与成员节点相比,具有较高的等级。当然,多个簇的簇首节点形成了高一级的网络,在高一级的网络中,又可以再次分簇,形成更高一级的网络,直至最高级。在层次结构的网络中,簇首节点负责簇间数据的转发,即簇 1 中的成员节点如果发送数据至簇 2 中的成员节点,首先将数据传输至簇 1 的簇首节点,通过该节点的中继转发至簇 2 的簇首节点;接收数据后,簇 2 的簇首节点根据数据包中的目的地址进行检测,如果该数据的目的地址为本簇的成员节点,则将数据发送至目的节点,否则继续寻找目的簇进行中继转发。

在移动 Ad hoc 网络的层次结构中,根据通信频率的不同,还可以划分为单频分层网络和多频分层网络。其中,在单频分层网络中,只有一个通信频率,所有的网络节点都使用该频率进行数据通信。为了实现簇首间的通信,必须依赖网关节点的支持,簇首节点与网关形成了高一级的网络,被称为虚拟骨干网,这里的网关节点同时隶属不同的簇。在多频分层网络(见图 5.7(c))中,针对层次级别的不同,相应的通信频率则不同。

与平面结构相比,具有层次结构的移动 Ad Hoc 网络有许多突出的特点:

(1)网络的可扩充性好,必要时可以通过增加簇的个数或层数来提高网络的容量,这种分层结构使路由信息呈现局域化,簇内节点无须知道其他簇的拓扑结构,这无疑大大减小了路由控制报文的开销,尽管簇首节点相对复杂,因为它不仅需要维护到达其他簇首的路由,而且还要知道节点与簇的隶属关系,但总的来

说,相同网络规模的条件下路由开销要比平面结构小得多。

（2）在平面结构的网络中,如果想定位某节点,必须在全网中执行查询操作,而在层次结构的网络中,节点定位要相对简单,由于簇首掌握其簇内成员的定位信息,因此只要查询簇首就可以获得该节点的位置信息,同时具有层次结构的网络可通过移动性管理来实现序列寻址,按照节点与簇的关系为节点分配逻辑序列地址,由簇首充当类似 HLR 和 VLR 功能的位置管理服务器,就可以简单地实现节点的定位和寻址。

（3）具有层次结构的移动 Ad Hoc 网络,可以看作是基于有中心结构和无中心结构网络的综合体,因此可以采用两种结构的技术优势,虽然采用层次结构后有了相对的控制中心——簇首,但簇首与其成员是动态变化的,节点依然是动态组网,分层后的网络被分成了相对独立的簇,每个簇都拥有控制中心,因此基于有中心的 TDMA,CDMA 和轮询等技术都可以在这种结构的网络中改进后应用,基于有中心控制的路由、移动性管理和网络管理技术也可以移植到移动 Ad Hoc 网络中来,美国的 WAMIS 项目为了实现多媒体信息的传输,采用了层次结构并使用了 TDMA,CDMA 等信道接入技术。

随着对移动 Ad Hoc 网络中 QoS 要求的提高,采用基于有中心的技术可能是最佳的选择,因此随着应用的增加,移动 Ad Hoc 网络将逐渐呈现出层次化的趋势。

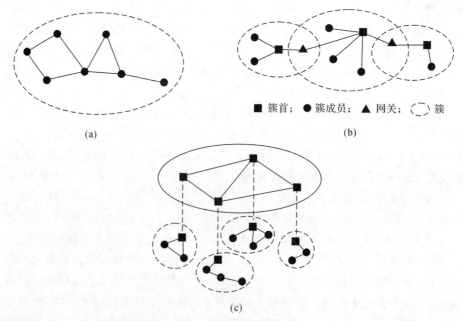

图 5.7　移动 Ad Hoc 网络的拓扑结构

5.2.4 网络的体系结构

网络协议体系结构最有影响的是 1984 年国际标准化组织提出的开放式系统互联参考模型（OSI/RM，Open System Interconnection Reference Model）。模型将网络节点的通信功能划分为 7 个功能层，如图 5.8 所示。每层协议的设计针对某项功能，简化了协议设计；同时，每层协议独自存在，某层协议的更新不影响其他层协议，增加了协议设计的灵活性。OSI 参考模型作为网络通信的概念性标准框架，使不同设备和应用软件组成的网络可以相互通信。

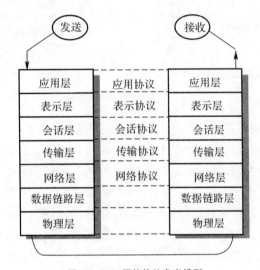

图 5.8　OSI 网络协议参考模型

OSI 参考模型能够帮助技术人员完整地理解网络协议内部的运行机制，但过于强调细节，实际应用显得非常复杂。来源于 PRANET 研究的 TCP/IP（Transmission Cont4）Protocol/Internet Protocol）协议获得了更为广泛的应用，并成为计算机网络协议的事实标准。TCP/IP 参考模型看作是对 OSI 参考模型的简化，去掉了 OSI 参考模型中的会话层和表示层（这两层的功能被合并到应用层实现），同时将 OSI 参考模型中的链路层和物理层合并为主机到网络层。

根据 Ad Hoc 网络的特性，结合 OSI 的经典 7 层协议参考模型和 TCP/IP 的体系结构，将 Ad Hoc 网络的体系结构分为 4 层（见图 5.9），包含物理层、数据链路层、网络层和应用层。各层需要根据无线 Ad Hoc 网络的特点进行修改和扩充。例如，修改 MAC 协议以更好地利用共享的无线空间信道，修改路由协议

以适应网络拓扑的动态变化,修改传输控制协议 TCP 以提高其在无线传输环境下的性能等。

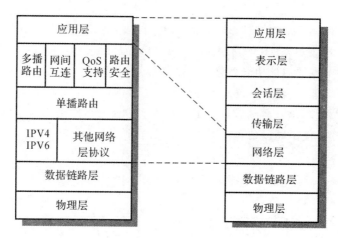

图 5.9　Ad Hoc 网络的体系结构

(1)物理层。物理层采用先进的调制解调技术、信号处理技术、功率控制技术以及天线技术,实现无线信号的编/译码、调制/解调、信道的区分和选择、无线信号的监测、发送和接收等。多径传播带来的多径衰落、码间干扰以及无线环境之间干扰特性带来的节点间的互相干扰,使无线 Ad Hoc 网络传输链路的带宽容量降低。物理层的设计目标是以较低的能量消耗,克服无线媒体的传输损耗,获得较大链路容量,其关键技术包括调制解调、信道编码、多天线、自适应功率控制、适应干扰抵消、自适应速率控制等。

(2)数据链路层。数据链路层主要用来协调多用户间如何共享无线资源,即控制通信节点对无线信道的接入,实现对共享无线信道的访问控制。该层包括介质访问控制层和逻辑链路层两个子层的功能。因此它既要对无线信道进行管理,包括信道划分、分配和能量控制;又要负责向网络层提供统一的服务,屏蔽底层不同的信道控制方法,实现数据流复用、拥塞控制优先级排队、帧检测、分组发送和确认、差错控制和流量控制等。

另外,考虑物理层的兼容和扩展性,链路层留有相应的控制接口,以适应各种先进的信号处理技术、功率控制技术和天线技术。

(3)网络层。网络层提供网络层数据服务、路由、网间互链、QoS 支持以及相应的路由安全保证。其中,IPv4,IPv6 协议等网络层协议提供网络层数据服务;单播路由协议维护路由表;多播路由协议提供对群组通信的支持;QoS 支持提供可保证的 QoS 服务;路由安全提供对路由协议的安全保障。主要功能包括邻居发现、路由管理和分组转发等功能。邻居发现主要用于收集网络拓扑信息，路由管理和分组转发主要是发现和维护去往目的节点的路由，将网络层报文从源节点转发到目的节点，以实现不相邻的节点通信。在无线 Ad Hoc 网络中，系统瓶颈主要是带宽有限的无线链路，导致分组会堆积 MAC 层，因此网络层拥塞控制作用不大，拥塞控制和优先级排队大多由 MAC 层来实现。

（4）应用层：应用层主要功能是提供面向用户的各种应用服务，包括具有严格时延和失率限制的实时应用（如传感器紧急控制信号传输）、基于 RTP/RTCP 的自适应应用（如音、视频信号传输）和没有任何服务质量保障的数据报业务等。

虽然图 5.9 中未画出传输层，但传输层的 UDP 和 TCP 仍然使用，只是要针对 Ad Hoc 网络环境进行修改。传输层的主要功能是根据底层通信子网的特性最佳地利用网络资源，并以可靠和经济的方式，在源节点和目的节点的进程之间建立一条传输连接，以透明传输报文，使上层与通信子网（下三层的细节）相隔离。基于传统有线网络的传输协议，不适合于无线 Ad Hoc 网络，必须加以修正以适应无线传输的特殊网络环境。

5.2.5　与现有无线网络的对比

无线 Ad Hoc 网络技术的研究起初是为了满足军事应用的需要，近年来，它的商业应用亦逐渐显现。一般来说，无线 Ad Hoc 网络通常可用于以下场合：

（1）没有方便可用的通信网络设施时，如在海洋或敌方战场上；

（2）现有通信设施遭到战争、自然灾害（如地震、洪水、火灾）等的破坏时；

（3）需要临时快速建立一个通信网络的场合；

（4）作为生存性极强的后备网络。

无线 Ad Hoc 网络在民用领域和军事领域均有许多潜在的应用。在民用领域，无线 Ad Hoc 网络可应用于无线传感器网络、救灾应急系统、无线局域网的扩展、传统移动通信系统的后备网络、信息家电的互联及家庭联网（home networking）、机器人之间的通信、个人无线网络以及其他需要临时、快速建立通信网络的场合，如临时会议通信网络、野外作业通信网络等。

在军事通信领域，无线 Ad Hoc 网络技术具有重要的应用，它可用来构建战术互联网，或用于已有军用网络以提高网络的可靠性和生存性，美军在其联合作战 2020 规划中就采用无线 Ad Hoc 网络技术作为其网络支撑技术。战术互联网是战场感知、情报综合、指挥控制、打击实施和战场评估等战术信息的通信枢纽，在机动、战斗勤务支援与指挥控制平台之间提供无缝隙态势感知和指挥控制

数据的交换。

　　无线 Ad Hoc 网络所具备的独立性、分布性、多跳性和移动性等特点,符合战场特殊环境下对战术互联网的要求,使它成为军队无线通信系统的一种重要选择。由于无线 Ad Hoc 网络不依赖于固定通信设施的独立性,因而能满足军队无线通信系统自组性的要求。而网络中可以没有基站,采用分布式协议等特点,又使它具有较强的抗毁性。同时,多跳传输和中间节点的转发特性可以在不降低网络覆盖范围的前提下减少每个终端的发射范围,从而降低设计难度和设备功耗,为通信终端小型化、低功耗提供了可能。无线 Ad Hoc 网络中所有通信设备均可移动并能在移动中持续通信,节点之间采用无线通信方式,从而打破了蜂窝系统受基站覆盖范围的限制,能为军队无线通信系统提供较强的机动能力。

5.2.5.1　与移动通信网络的比较

　　1. 网络建设

　　常规的移动通信网络即蜂窝移动通信网,其通信基础设施通常由基站、基站控制器、接收/发送天线、移动交换机和相关的连接中继线路等组成。因此网络的构建及其正常工作需要耗费大量的人力和物力,以及较长的建设周期。独立形成通信环境的移动 Ad Hoc 网络,则不需要现有通信网络的支持,就网络建设周期而言,主要取决于底层采用的无线通信技术,时间单位可以是秒,也可以是小时。与常规的移动通信网络相比,可以说要相差几个数量级。

　　2. 通信模式

　　在常规移动通信网络中,移动终端之间不能直接通信,必须采用与基站交互的通信模式,即移动终端不具有任何的智能控制。而在移动 Ad Hoc 网络中,每个移动终端地位是平等的,可以独立进行分组转发的决策,终端之间的关系是协同的,控制方式采用分布式。

　　3. 交换机制

　　常规的移动通信网络,其信息交换机制通常采用电路交换,包括电路建立、信息传输、电路拆除三个阶段。移动 Ad Hoc 网络则采用分组交换机制。

　　4. 业务类型

　　目前的移动通信网络的通信业务主要以语音业务为主,数据业务为辅;移动 Ad Hoc 网络则以数据业务为主。

　　5. 网络拓扑结构

　　总体来讲,常规移动通信网络的结构相对较为稳定,尽管也会由于设备或链路出现故障而发生变化。而在移动 Ad Hoc 网络中,其拓扑结构是动态变化的。

5.2.5.2 与分组无线网、无线局域网和红外网络的比较

1. 单跳网络与多跳网络

无线局域网、红外网络,在网络层来看,都是一个单跳的网络。而移动 Ad Hoc 网络和分组无线网都是一个多跳的网络。

2. 研究重点

对于单跳型网络——无线局域网和红外网络,其分组处理不通过网络层,主要的研究内容在网络物理层和数据链路层上,如信号的编码、纠错、频率的复用、天线的设计、无线信道的共享访问机制等。分组无线网由于受到当时的技术背景影响,其情况也是如此。移动 Ad Hoc 网络的研究则涵盖了网络层和应用层的协议。

3. 通信模式

对于无线局域网、红外网络,通信模式通常是移动终端通过一个无线访问点与其他终端通信,而移动 Ad hoc 网络是移动终端之间的直接通信。

5.2.6 网络的关键技术

虽然 Ad Hoc 网络具有不可替代的优越性和诱人的潜在应用前景,但其独立性、分布性、多跳性和移动性等特点,也给这种网络的研究和应用带来了许多困难和挑战,在设计和实现中存在许多关键技术问题有待解决。

为了实现无线移动 Ad Hoc 网络中的多节点中继转发,首先需要解决多个节点共享信道、中继节点的选择、路由等问题。此外,网络的正常运行还需要解决网络与信息的安全、QoS 保证、功率控制与管理、网络管理等问题。与其他无线通信系统相比,移动 Ad Hoc 网络的 MAC 协议和路由协议独特,是近年来的研究热点。而无线传输技术的特色并不明显。另外,QoS 保证、功率控制与管理以及安全问题需要跨层设计,即体系结构中的多个协议层进行约束。

针对上述问题,无线 Ad Hoc 网络的关键技术包括以下几点:

1. 网络化和寻址技术

移动 Ad Hoc 网络通过地址来识别每个 IP 可寻址路由器和主机设备,寻址方案的基本特性是地址空间是平面的还是层次化的。由于每个主机和路由器设定唯一地址,平面地址空间没有结构;而层次化地址空间向每个移动 Ad Hoc 网络分配一组地址。另外,网络地址能静态或动态分配给路由器和主机。

在平面地址空间,动态分配地址的优势很小。在层次化地址空间,动态分配地址允许地址重用,但需要一个可达的中心服务器或分布式地址分配机制。一

个非常简单的技术是向每个加入移动 Ad Hoc 网络的实体预先分配静态地址，该方法不受可量测性影响，并且允许实现推理的、预定义的层次。这个预先计划显著影响"Ad Hoc"网络的潜能。近期，研究团体开发了不同的寻址方案和网络化协议。

2. 信道接入技术

信道接入技术是无线移动 Ad Hoc 网络的关键技术之一，对网络的吞吐量、时延、生存寿命等性能都有重要影响。其研究目标是开发适用于多跳环境下共享无线信道通信的介质访问控制（Medium Access Control, MAC）协议，控制无线通信节点对信道的访问，实现信道资源的高效利用。

现有的无线网络（蜂窝系统，全连通网络）媒体接入控制技术由于无法适应无中心、多跳、节点能源受限等特点，不能直接应用于无线移动 Ad Hoc 网络。因此需要专门研究、设计适用于 Ad Hoc 网络的媒体接入控制协议。

与传统的有线网络和蜂窝网络、卫星通信等无线网络相比，无线 Ad Hoc 网络最大的区别在于分布环境下竞争共享的无线信道接入方式和多跳中继的通信模式。与之相适应，在无线 Ad Hoc 网络协议中，现有的研究工作更多地集中在链路层的 MAC 协议和网络层的路由协议。MAC 协议能否高效利用有限的无线信道资源对无线 Ad Hoc 网络的性能起决定性作用，是影响整个网络性能的一个关键因素。因此，针对无线 Ad Hoc 网络内在的特点，研究高性能的 MAC 协议，提高对无线空间信道的利用率，在实际应用中具有重要的意义。

3. 路由技术

路由技术研究目标是开发各种有效的路由技术和路由协议，如单播路由、组播路由以及不同通信模式下的路由协议，为不能直接通信的节点提供可达的数据传输路径。

因特网中的路由协议通常针对节点固定不动而设计，不能适应网络拓扑的动态变化。直接应用于 Ad Hoc 网络中可能会发生算法收敛时网络拓扑已经发生了变化，节点花费很大代价后得到的是无效路由信息。因此，需要针对无线移动 Ad Hoc 网络的特点研究收敛速度快，路由开销小，应变能力强的路由协议。

节点在带宽受限的移动 Ad Hoc 网络中的移动准则，对路由算法提出了许多挑战和可选设计，其路由发现协议与传统固定网络的路由发现协议有明显不同。基本选择之一就是驱动式或反应式路由策略。驱动式路由连续确定和更新到网络中全部节点的路由，由于应用数据立即发送从而初始响应时延低，但需要相对较高的帧头载荷来维护路由表。反应式路由策略基于需求，仅在需要时确定和存储路由。虽然潜在地减少了帧头载荷，但由于应用数据发送需要确定路由从而导致初始响应时延较高。可以开发驱动式和反应式混合路由策略。

路由协议的优劣需要基于下列性能矩阵(performance metrics)进行评估:

(1)端到端的数据吞吐量和时延——数据路由特性的统计测量(路由效率的量测 MOE(Measures of Effectiveness));

(2)路由收集时间(反应途径)——当需要时建立路由需要的时间;

(3)效率比率——达到指定数据路由特性级别的帧头载荷数量;

(4)已发送数据比特/已传输数据比特的平均数;

(5)已发送控制比特/已传输数据比特的平均数;

(6)已发送控制和数据分组/已传输数据分组的平均数。

目前,已有数十种以 Ad Hoc 网络为网络环境的路由协议,主要包括动态源路由协议、区域路由协议、目的节点序列距离矢量协议、临时排序路由算法协议等。

4. 网络与信息安全技术

网络与信息安全技术研究目标是开发针对无线 Ad Hoc 网络特点的安全技术,确保路由、通信以及高层应用的私密性、可用性和鲁棒性等。

传统网络的安全策略,如加密认证、访问控制、权限管理和防火墙等都依赖于专门的路由器、密钥管理中心和分发公用密钥的目录服务机构。在无线移动 Ad Hoc 网络中没有任何固定的基础设施,如何保障网络的安全也就成为一个新的问题。

对于有限的物理节点安全和入网请求机制需求,确保网络安全是主要关注点。网络链路安全消耗带宽而且需要密钥分发机制。集中式的分发服务极大地简化了密钥的分发,但影响了 Ad Hoc 的网络特性:由于中心的毁坏或失效,网络将失去密钥的分发服务功能。另一个问题是需要支持可控制的发送操作,使节点侦听但不发送以避免被探测到。

5. 服务质量保证技术

服务质量保证技术研究目标是基于无线 Ad Hoc 网络特殊的组网和通信机制,研究适用的服务质量(Quality of Service,QoS)保证机制,以满足一定的基于端到端性能的服务属性,如时延、时延抖动、可用带宽和分组丢包等。

早期的无线移动 Ad Hoc 网络主要用于传输少量的数据信息,因此通常只考虑数据帧的可靠性。随着应用范围的不断扩大,为了支持多媒体信息的传输,还需要考虑时延、时延抖动等新指标。而全分布式控制、网络拓扑的动态变化等都对 QoS 保障提出了新问题。

6. 功率控制与管理技术

功率控制与管理技术研究目标是针对无线 Ad Hoc 网络节点多采用电池供电的特征,研究有效的能耗管理技术,如功率控制技术、节点状态调度技术等,在

确保网络连通性的前提下,尽可能地延长节点和网络的生存时间。

无线移动 Ad Hoc 网络节点一般采用电池供电,有些网络中的节点电池不可再继。因此能量也是 Ad Hoc 网络中的一种稀缺资源,需要有高效的管理与控制机制。控制节点的发送功率可以改善网络连通性,提高无线信道资源的空间效率。控制节点的工作状态,使节点合理地处于激活状态和非激活状态,可以延长节点和网络的寿命。

7. 网络管理技术

网络管理技术研究目标是为网络管理员提供准确、实时的关于网络中的通信连接、网络节点等的信息,并为网络的正常有效工作提供管理层的保证。它包括网络拓扑信息、节点位置信息等的管理技术、网络的自动配置技术、故障检测与恢复技术等。

8. 传输层技术

无线信道资源是无线移动 Ad Hoc 网络中的稀缺资源。为了提高效率需要尽量减少控制信息带来的附加开销。此外,无线信道的衰落、节点移动等因素造成的报文丢失和冲突将严重影响 TCP 的性能,因此要对传输层协议进行改造,以实现高频带效率的数据传输。

此外,无线移动 Ad Hoc 网络中的移动性管理、服务管理、节点定位和地址配置等网络管理技术也都面临着各自的新问题。在与因特网、蜂窝系统等商用网络融合时还需要考虑网络的互联,激励机制等。

5.2.7 无人机集群网络 Ad Hoc 网络特点

相对于传感器网、车载网等移动 Ad Hoc 网络,无人机集群 Ad Hoc 网络不仅具有传统传感器网自组织、多跳路由、资源受限等共性特点,而且具有多媒体通信网络数据量和通信量较大等特点。

1. 数据量大

由于无人机集群一般携带多种传感器,虽然在传输数据之前进行了数据预处理,但是采集的一般为图像、视频等信息,并且随着无人机携带的传感器数量越来越多,无人机采集的数据量也会由原来的 Kb 数量级增至 Mb 数量级甚至 Gb 数量级。

2. 持续时间较长

由于无人机采集的数据量巨大,所以一般难以采用单包传输。因此,将采集来的信息传递到下一节点甚至地面基站需要一段时间,也就是说无人机的数据传输在时域上具有一定的持续性。

3. 数据结构复杂

无人机机载传感器多种多样，导致采集来的数据格式也不一样。比如红外传感器和光学传感器采集来的图像数据格式不一样；音频、图像、视频的格式不一样。

4. 数据传输实时性要求高

无人机在传输多媒体等信息时，对网络时延具有很高的要求。尤其是传输音视频多媒体信息时，多传输数据传输对时延较为敏感。然而无线链路的带宽有限，能否处理无人机的多媒体数据传输至关重要。

5. 链路不稳定

由于无人机速度较快，拓扑结构变化频繁，造成了链路的极不稳定，同时在数据传输中造成了数据分组的丢失。采用已有路由算法，无人机运动速度越快，丢包率越高，如何降低无人机数据的丢包率是一个非常重要的问题。

6. 数据需要预处理

无人机侦察到的图像、视频等多媒体信息一般数据量较大，传输前要对数据进行处理。数据处理过程包括数据压缩、数据过滤、数据融合。通过数据处理，降低网络冗余度，减少数据发送量，降低网络带宽，减小数据传输中的网络拥塞。

（1）数据压缩。无人机将侦察图像、视频等多媒体信息传输到地面站，由于多媒体信息量较大，对数据链路的传输提出了较高的要求。而图像压缩能够节省存储空间以及有效地降低网络带宽。现在图像压缩的技术较多，常见图像压缩技术的有离散余弦变换和离散小波变换。

（2）数据过滤。数据过滤指过滤掉冗余信息，减少网络冗余量，降低网络带宽以及系统开销。

（3）数据融合。对无人机而言，现在的研究一般都是对无人机传感器上的图像进行融合。目前，应用最广泛的是可见光、红外、雷达图像之间的融合。

图像融合的目的就是综合同一个场景中一系列的图像，经过特征提取和匹配、图像拼接等步骤，最终形成用户或者计算机需要的图像。这一系列的图像可能来源于不同的传感器甚至无人机，也可能来源于不同的时间段，也就是说图像融合可以对多幅图像在空间或者时间上的互补信息依据一定的准则进行融合，然后获得更加具有参考价值的信息（如全景图）。

通过数据融合，可以降低网络冗余度，减少数据发送量，降低网络带宽，避免数据传输过程中出现网络拥塞。在实现无人机到地面基站的传输过程中，可以通过三级融合来进行数据融合。无人机在发送数据前，首先进行机内融合，将机内各个传感器的信息进行一级融合；中继机或者地面的移动接收站可以作为二级融合中心；最终的数据将发送至地面基站进行全局关联和三级融合，也就是所

谓的终端数据融合。

1)无人机机载传感器数据融合：由于无人机设备能力有限，无人机只能对机载传感器上的数据进行简单的数据融合。无人机一级融合可以消除冗余数据，采用小波变换等方法可以实现低损高效数据压缩，使其更加方便地进行数据传输。

2)中继机数据融合：中继机一般对其他无人机传输过来的数据进行进一步的数据融合，二级融合主要是为了实现多源融合，减少网络传输量，降低无人机能量的消耗，缩短时间延迟，提高网络性能的目的。

3)终端数据融合：终端数据融合一般提供高级别的数据融合，比如先形成全景图，然后进行威胁评估，并且根据战场态势做出决策。

5.3 移动 Ad Hoc 网络的 MAC 协议

为实现多个网络节点实时、无冲突通信，采用哪种接入方式保证节点对信道资源充分、高效地共享利用显得至关重要，其设计实现是数据链路层 MAC 需要解决的问题。MAC 协议的优劣直接影响时延、信道利用率及吞吐量等性能指标，协议设计应确保多个节点间公平、高效的共享信道资源，实现低时延、高吞吐量等性能，保证实时可靠的传输数据业务。

5.3.1 关键研究问题

由于无线 Ad Hoc 网络特殊的组网和通信模式，其 MAC 协议的设计面临着很多具有挑战性的问题。这些问题，主要由于 Ad Hoc 网络的多跳通信模式，使邻居节点共享空间信道资源的模式发生了变化。无线 Ad Hoc 网络的 MAC 协议设计要力争做到高效、保证 QoS、公平、节能。然而，这一系列要求的实现却面临着没有中心控制设备，因此无法使用集中控制的方式实现信道的分配；节点自主地加入、离开、移动，导致节点间的相对位置、连接关系的随时改变等带来的不利因素的影响。

1. 隐藏终端和暴露终端问题

隐藏终端指节点在发送节点通信范围外，而在接收节点通信范围内。隐藏终端因感知不到发送节点的发送状态，而可能在信道上有数据发送时还会发送数据，造成接收节点的数据冲突，降低信道利用率。如图 5.10(a)所示，节点 n_1

同时处于节点 n_0, n_2 的通信范围内,但节点 n_0 和 n_2 彼此互不通信。假设 n_0, n_2 均有待发送数据,且 n_0 正在向 n_1 发送数据,由于 n_2 检测不到 n_0 的发送情况,错误判断信道空闲,因而也向 n_1 发送数据,使 n_1 无法正确接收信息。此时节点 n_2 为隐藏终端。反之,n_2 向节点 n_1 发送数据时,节点 n_2 为隐藏终端。隐藏终端导致的冲突使报文需要重新发送,降低了信道利用率,而且隐藏终端可能连续存在,使得冲突进一步恶化。

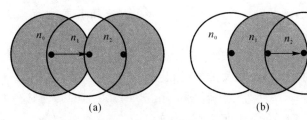

图 5.10   隐藏终端和暴露终端

暴露终端指节点在发送节点通信范围内,而在接收节点通信范围外。图 5.10(b)所示的节点 n_0 即为暴露终端。暴露终端因能够感知发送节点的发送状态而进行退避,但实际上它在接收节点的通信范围之外,它的发送不会造成数据接收的冲突,造成了不必要的退避时延。图 5.10(b)中,当 n_1 向 n_2 发送数据时,n_0 检测到信道上有数据发送,从而退避、延迟发送。但 n_0 在接收节点 n_2 的通信范围外,n_0 的发送并不会造成 n_2 处的数据接收冲突,也不会影响节点 n_1 的发送。暴露终端的存在使得节点在可以发送的时候却不发送,同样浪费信道资源,降低信道利用率。

2. 时间和空间效率问题

全连通网络中某一时刻只能允许一对节点通信,而多跳网络中可以有多对收发节点同时通信。这种利用空间区域的分割同时使用无线信道的方式类似于蜂窝网中不同小区的资源重用,称之为信道的空间效率。显然,单位面积上同时成功通信的收发节点对越多,其空间效率就越高。基于一跳共享广播信道的信道接入技术,如 ALOHA,CSMA 系列,所关注的无线信道资源的效率更多的是时间效率,即依靠时间分割同时使用信道。显然,分组被成功接收的概率越大,控制开销越少,其时间效率就越高。无线 Ad Hoc 网络中既需要分组传输的成功概率较大,控制开销较少,又需要单位面积上成功通信的收发节点对数较多。因此,时间和空间效率是提高无线信道效率不可或缺的两方面。

3. 信息流的多跳信道接入问题

无线 Ad Hoc 网络中,源节点和目的节点间的信息传输通常需要多跳,即信息流会经过多个节点。这样,共享信道的竞争和接入就由 1 跳的全连通网络,扩

展到了与信息流相关、彼此并非 1 跳可达的多个节点。单个信息流的吞吐量不仅受限于节点的信道容量,同时还受邻居节点其他信息流的影响。为了确保信息流的成功交付,这些网络节点需要相互协作,实现多跳节点的无冲突、可靠信息传输。

针对上述现象,无线 Ad Hoc 网络的 MAC 协议在设计中应考虑信息流的多跳信道接入问题。因此,多跳信道接入问题分信息流内竞争接入和信息流间竞争接入两种情况,这两种情况均会导致严重的冲突和阻塞,从而极大地影响无线 Ad Hoc 网络的性能。

(1)信息流内竞争接入。信息流内竞争接入指一个多跳信息流传输路径上的 2 跳邻近节点为完成数据报文的发送相互竞争接入信道。如图 5.11 所示,源节点 n_0 和目的节点 n_3 跳可达。假设 n_0 至 n_3 的某次信息传输路径为 $n_0 \to n_1 \to n_2 \to n_3$,各节点通信频率相同,数据报文经节点 n_1 和 n_2 转发。n_1 接收到 n_0 发送的一帧报文后,需要转发至 n_2;n_2 接收后,继续转发至 n_3。当 n_0 有多帧数据报文需要发送时,n_0 的发送、n_1 的转发、n_2 的转发可能同时发生,出现竞争接入的问题:如 n_1 转发 n_0 的第一帧数据报文、n_0 发送第二帧数据报文时,需要考虑 n_0 和 n_1 竞争共享信道的问题;又如 n_2 转发 n_0 的第一帧数据报文、n_1 转发 n_0 的第二帧数据报文、n_0 发送第三帧数据报文时,需要考虑 n_0,n_1 和 n_2 竞争共享信道的问题。流内竞争接入会导致多跳传输路径上各跳之间的吞吐量分布不均衡,最终影响端-端吞吐量。无线 Ad Hoc 网络中,只要信息流是多跳的,流内竞争接入问题不可避免地存在并制约网络性能。

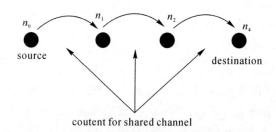

图 5.11 信息流内竞争接入示意图

(2)信息流间竞争接入。信息流间竞争接入指不同的多跳信息流传输路径上公共区域内的节点为完成数据报文的发送相互竞争接入信道。如图 5.12 所示,假设源节点 n_0 至目的节点 n_6 的信息流 1 的传输路径为 $n_0 \to n_1 \to n_2 \to n_g \to n_4 \to n_5 \to n_6$,源节点 m_0 至目的节点 m_6 的信息流 2 的传输路径为 $m_0 \to m_1 \to m_2 \to n_g \to m_4 \to m_5 \to m_6$,各节点通信频率相同。节点 n_g 是信息流 1 和信息流 2 路径上的公共节点,将转发 2 个信息流的数据报文,2 个信息流会竞争节点

n_g 的信道容量,或竞争 n_g 的接入信道;n_g,n_2,n_4,m_2,m_4 等节点是信息流 1 和信息流 2 传输路径形成的公共区域,除了同一信息流的流间竞争外,还需要考虑 n_g,n_2,n_4,m_2,m_4 竞争共享信道的问题。如果 n_g 的报文转发能力低于 2 个信息流数据报文的到达率之和,将导致报文的拥塞以至报文的丢弃。丢弃报文的传输浪费了传输时间和信道资源,最终影响经过该区域的所有信息流的端-端吞吐量。无线 Ad Hoc 网络的信息流越密集,流间竞争问题越突出,从而严重影响网络性能。

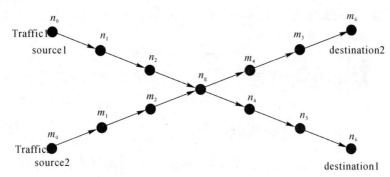

图 5.12 信息流间竞争接入示意图

当然,无线通信信道接入技术研究中的固有问题也是无线 Ad Hoc 网络 MAC 协议设计需要考虑的问题。

4. 无线信道特殊性

无线信号在传输中受反射、衍射、散射的影响,存在多径传播,接收信号是多个信号叠加的结果,因此接收信号的强度时变。此外,无线信道的开放性和不稳定性导致无线信道的误码率较高,造成可靠性低。通常情况下,传统有线网络的误码率一般在 10^{-6} 以下,而无线信道的误码率达到 10^{-3} 甚至更高。另外无线频段的带宽受限,数据传输容量有限。针对无线信道的这些性质,无线网络的物理层有必要采取特定技术手段来改进无线介质的传输质量,确保数据传输的准确。这些物理层机制包括作为传输链路一部分的技术,如数字调制解调技术、编码技术、均衡与交织技术和天线系统等;另外还有一些应用在物理层上的技术,例如扩频技术、多载波调制技术、分集技术、功率控制技术和智能天线技术等。

5. 单工通信模式

在无线 Ad Hoc 网络中,通信节点很难在发送数据的同时接收数据,因为收发器在进行发送操作时,会在节点内部引入大量的自扰(self-interference),自扰噪声远大于该节点接收到的其他节点发送信号强度。由于自扰的存在,无线网络中不能采用以太网等有线网络中采用的冲突检测(Collision Detection,CD)

机制,冲突避免(Collision Avoidance,CA)机制在无线网络中显得尤其重要。

6. QoS 保障问题

无线 Ad Hoc 网络中的业务可以分为时延敏感业务和错误敏感业务两类,QoS 保障一方面要提供可靠性保证,另一方面要提供时延的保证。无线 Ad Hoc 网络采用分布式方式控制节点的接入,很难根据业务需要进行合理的调度,满足各种业务的 QoS 需求,尤其是时延敏感业务的时延、时延抖动。

7. 公平性问题

民用领域的无线 Ad Hoc 网络,尤其是在商用环境下,需要保证多个节点共享广播信道时的公平性。

5.3.2 MAC 协议类型

5.3.2.1 无线 MAC 协议分类

按照信道资源获取方式,无线 MAC 协议分为固定接入类协议、随机接入类协议和预约接入类协议[1,3,4-5],相应典型协议如图 5.13 所示。

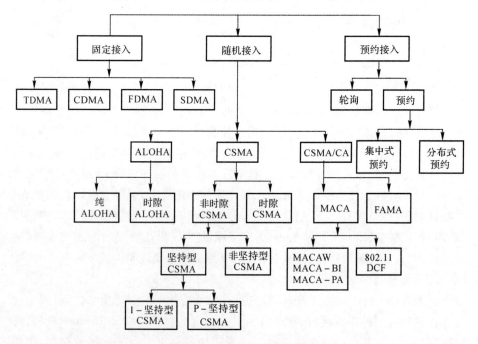

图 5.13 无线 MAC 协议分类

固定接入类 MAC 协议为网络节点分配专用独享的信道资源,能够保证节点公平性、性能稳定性;但缺乏对网络拓扑的动态适应性,导致资源空闲,信道利用率降低。随机接入类 MAC 协议源于 ALOHA 和 CSMA,使用随机接入策略,网络节点功能对等,各节点以竞争方式获取信道资源,操作简单,灵活性强;但存在公平性和 QoS 等问题,在多节点高业务量环境下,碰撞概率增大,时延增大,如何解决固有碰撞、降低时延仍有待研究。预约接入类 MAC 协议根据节点需求、网络拓扑的变化,灵活分配信道资源;但预约方式基于网络节点间控制信息的交互,必然占用信道资源,网络管理开销较大。

依据信道数量,无线 MAC 协议可分为单信道类和多信道类。ALOHA,CSMA,MACA,MACA - BI,MARCH,DPC/ALP 等均属于单信道 MAC 协议。随着节点数和业务类型的增加,单信道类数据碰撞概率增加,采用多信道能够有效应对,BTMA,PAMAS,DCAPC,GRID - B,FPRP,SPMA 等属于多信道 MAC 协议[4]。

按照 QoS 要求,无线 MAC 协议可分为优先级类、公平性类及混合类,以满足不同应用场景中不同类型业务数据对时延、吞吐量等性能指标的不同 QoS 要求。优先级类 MAC 协议按照用户对各种业务的需求,划分业务优先等级,确保高优先级业务的高性能,同时尽可能不降低较低优先级业务的性能。公平性类 MAC 协议平等对待不同节点或节点业务处理,确保不同用户或业务信道接入机会均等。混合类 MAC 协议是以上两种协议的结合。

5.3.2.2 Ad Hoc 网络 MAC 协议

Ad Hoc 网络的 MAC 协议是以无线 MAC 协议为基础,针对网络无中心、分布式控制、节点移动等特点提出的适应性 MAC 协议。

目前,相关研究已提出大量针对 Ad Hoc 网络的 MAC 协议(见图 5.14)。

根据节点获取信道的方式,有固定分配、随机接入和轮替接入。固定分配利用 TDMA/FDMA/CDMA 等多址方式,如前所述是一种低效率的方式,对具体环境和业务变化无适应性。随机接入是当前 Ad Hoc 网络的主流信道接入技术,它起源于经典的 ALOHA 和 CSMA 协议。节点根据业务的需要为自己抢占信道资源发送数据分组,并通知其他节点暂停使用该资源。采用各节点独立的随机发送机制解决冲突。轮替接入与前所述的预约接入类相近,分为轮询方式和令牌传递方式。802.11 的 PCF 机制属于轮询方式,由主节点或 AP 依次轮询其他节点,以控制信道的使用。令牌传递方式的本质是一种分布式的轮询,先把网络中的多个节点组成临时环状拓扑,然后依次传递令牌,控制各节点的信道接入。

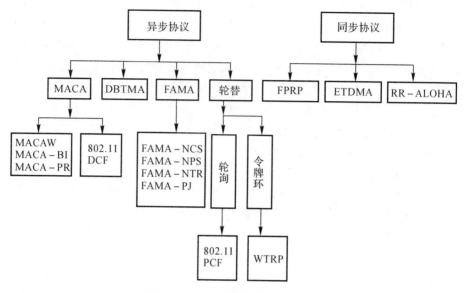

图 5.14 Ad Hoc 网络的 MAC 协议类型

按照同步、异步网络,有同步 MAC 协议和异步 MAC 协议。同步网络指网络中所有节点遵循相同的时隙划分标准,时隙长度相同,时隙起点也相同。同步 MAC 协议将不同的时隙分给不同的节点使用。异步网络指每个节点有各自的时间标准,一般不再划分时隙,即使划分为等长的时隙,其时间起点也不对准。异步 MAC 协议可以灵活地根据数据分组的大小为节点申请资源,而不需要受时隙大小的限制。通常,同步协议的性能优于异步协议,更易于支持资源预留。但需要实现节点间的同步。

5.3.3 随机接入类 MAC 协议

随机接入类 MAC 协议典型代表是 ALOHA,CSMA,其抢占式资源利用方式会造成冲突,通过改进载波侦听机制、RTS/CTS 握手机制、退避机制、交互预约机制、优先级机制、软侦听机制及天线功率机制[6-7]等,产生了大量的随机类 MAC 协议,降低冲突概率,减小时延,提升吞吐量。

ALOHA[8]是最早的随机接入类协议,以强制性的争夺方式共享信道资源,缺乏协同控制,碰撞问题非常严重,时延大,信道利用率低(18.4%)。时隙 ALOHA 限定分组发送时间点,降低碰撞概率以减小时延,提高信道利用率(36.8%)。

ALOHA"想发就发"的接入机制导致信道利用率低,针对该问题的改进,提出了"先听后谈"的侦听机制。CSMA 发送前信道侦听,空闲则发送,否则随机退避后再发,相比时隙 ALOHA,碰撞概率降低,时延降低,信道利用率提高(可达 60%)。进而,CSMA/CA 采用较短的控制分组进行信道探测和告知,短分组发送成功时才发送数据,即使冲突也不会造成太大的资源浪费,进一步提升信道利用率[9]。

文献[10]提出一种 CSMA/CN 协议,接收端利用物理层信息进行信道碰撞检测,检测到碰撞时,在当前数据信道发送标示信号以告知发送端,发送端利用侦听天线和相关性算法识别信号,且立即中断数据传输,放弃信道资源,碰撞冲突时间减小。

随着业务类型增加,侦听技术发展,出现优先级机制下的软侦听。文献[11]在时隙 ALOHA 基础上,将信道状态信息融合到协议设计中,业务数据设置不同的发送增益门限,与信道增益进行比较(软侦听),小于信道增益则利用最小的功率消耗发送数据,大于信道增益则回退等待;同时研究了此协议在衰落信道和非衰落信道下的总吞吐量的纳什均衡曲线。在复杂信道环境下,信道增益不确定性强,协议性能下降,抗干扰性差。

文献[12]在优先级机制下,采用信道占用统计,实现软侦听,从发端减小数据碰撞,冲突后进行优先级退避,保证了高优先级业务的实时性,较文献[11]灵活性强,且易于实现。不足之处是忽略了低优先级业务的实时性,公平性差。

在侦听机制发展的同时,提出了采用握手机制降低碰撞的思想。MACA[13]最早利用 RTS/CTS 握手机制解决节点隐藏或暴露问题。在此基础上,MACAW[14]从公平调度及增加握手次数方面,改善协议可靠性;MACA-BI[15]简化 MACA 握手机制,省去 RTS,主动邀请节点发送消息,稳定信道利用率。

IEEE 802.11 的 MAC 协议采用四握手机制,通过 RTS-CTS-DATA-ACK,基本解决了隐藏或暴露终端问题,同时利用侦听等机制防止冲突。其核心机制有四步握手、载波检测、帧间间隔及随机退避,很大程度上减小了碰撞概率[16]。

FPRP[17]协议是五步预留协议,每个时隙分割为数据时隙和预约时隙,在预约时隙中竞争数据时隙,与两跳范围内的节点进行预留竞争,预留到的数据时隙拥有低碰撞概率、低时延,但帧结构复杂,对同步性要求较高。

对于随机接入类 MAC 协议,避免碰撞问题不可能 100% 地得到解决,冲突总会出现。因此,冲突分解机制同样重要,如退避机制和冲突告警机制,重新传输冲突数据包,改善可靠性。

退避算法是目前研究和应用最多的典型机制。通过给节点分配不同的退避

时间,协调其接入时延,避免冲突,此类算法有改进竞争窗口、动态调整参数及多优先级退避等方法,针对碰撞进行有效的分解[18-21]。

文献[22]基于 Markov 链建立退避算法模型,得到 802.11 DCF 分析模型,研究了竞争窗口与吞吐量性能关系。文献[23][24]在文献[22]基础上对模型进行了完善扩展,性能更为优化,为退避算法的后续研究提供了基础分析模型。

文献[25]提出一种 MAC 协议优化算法,研究推导出网络中竞争节点数目、平均碰撞帧长帧速率与最优化竞争窗口的关系式,有效优化了 MAC 协议,提高了系统吞吐量、降低了时延。

文献[26]提出一种基于载波侦听的冲突分解机制,通过信道侦听,在数据传输开始后,能够识别碰撞,网络中任意节点一旦检测到碰撞则立即发送警告信息,阻止其他节点发送数据,碰撞数据无回退重传。其致力于碰撞后的分解优化,而不是避免冲突碰撞,高负载下冲突增加时将急剧恶化。

传统分层概念,限制了随机接入类 MAC 协议的性能,MACA - PR[27]提出跨层设计思想,基于异步 CSMA/CA,结合网络层路由机制及宽带预约机制,实现异步机制下的实时业务功能。文献[12]结合物理层收发机制,跨层设计具有低时延性能的 MAC 协议。

5.3.3.1 MACA 协议

继 CSMA/CA 协议之后,MACA[28]协议最先提出用 RTS - CTS 握手机制来解决隐藏终端和暴露终端问题。在 MACA 协议中,有业务要发送的节点 A 首先向目的节点 B 发起 RTS,请求通信;如果节点 B 正常收到 RTS,则回复 CTS,表示可以接收数据;节点 A 接收到 CTS 后开始发送数据分组。与 CSMA/CA 协议不同的是,MACA 协议中不需要依靠载波侦听的结果来决定是否发送数据,而是根据接收到的信息判断是 RTS 或 CTS。但是引入 RTS - CTS 握手机制后会带来过多的额外开销。

以 MACA 协议为基础的相关 MAC 研究很多。如 MACAW(MACA Wireless)[29]协议,以 MACA 为基础,通过增加握手次数来改善协议中的公平接入问题;MACA - BI(MACA By Invitation)协议[30-31]基于 MACA,由接收方主动控制数据传输,该协议需要知道发送节点是否有数据要发送、何时发送,需要进行流量预测,适用于周期性较强的数据业务环境,而不适合非连续性业务;MACA - PR[32]协议则是一种在异步条件下基于 CSMA/CA 并支持 QoS 保障的网络协议,它在 MAC 层使用 CSMA/CA,在网络层采用带宽预约和 QoS 路由机制。

5.3.3.2　IEEE802.11 的 DCF 协议

1990 年 IEEE802 标准化委员会成立 IEEE802.11 无线局域网标准工作组，并在 1997 年 6 月公布了 IEEE802.11 无线局域网标准。IEEE802.11 无线局域网标准定义了无线局域网的媒体访问控制层规范和物理层规范。

IEEE802.11 的媒体访问控层规范支持 infrastructure 和 Ad Hoc 两种形式，其中 infrastructure 针对有基础设施的网络结构，属于集中式媒体访问控制，即点协调功能（PCF，Point Coordination Function）；Ad Hoc 针对有无基础设施的网络结构，属于分布式媒体访问控制，即分布协调功能（DCF，Distributed Coordination Function）。PCF 使用集中控制的接入算法（一般在接入点 AP 实现集中控制），采用轮询的方法将发送数据权轮流交给各个节点，从而避免帧冲突的产生。DCF 每个节点使用分布式接入算法，各节点通过争用信道来获取发送权。对于时间敏感的业务，如分组语音，应采用无竞争的 PCF。DCF 的分布式特性适合无线 Ad Hoc 网络的特点，被广泛应用于移动 Ad Hoc 网络中。

DCF 协议核心是 CSMA/CA 机制，通过 RTS－CTS－DATA－ACK 的握手机制完成分布式数据业务的接入过程。除了 CSMA/CA 协议的四握手机制外，IEEE802.11 的 DCF 协议的核心机制还包括载波侦听机制、帧间间隔和退避机制。

载波检测机制包括物理载波侦听和虚拟载波侦听。物理载波侦听指通过物理层提供物理载波检测来确定信道占用情况，与 CSMA/CA 协议中的载波侦听机制类似；虚拟载波侦听则是通过分析节点接收信息（如 RTS，CTS 和 DATA），判断信道将被其他节点占用的时间，以确定自身的发送需要延迟多长时间。在 RTS，CTS 和 DATA 帧中含有持续时间域。RTS 帧的持续时间域描述 CTS，DATA 以及 ACK 的总传输时长；CTS 帧的持续时间域描述 DATA 与 ACK 的传输时长；DATA 帧的持续时间域仅描述 ACK 的传输时长。

IEEE802.11 的 DCF 协议定义了 3 种帧间间隔（见图 5.15）：短帧间间隔（Short Interframe Space，SIFS）、分布式协调功能帧间间隔（DCF Interframe Space，DIFS）以及扩展帧间间隔（Extended Interframe Space，EIFS）。SIFS 主要用于握手过程中发送 CTS 和 ACK 分组。SIFS 最短，提供最高的接入优先级，当网络中的节点已获得信道控制权并且需要持续控制已完成帧交换顺序时，会使用 SIFS。DIFS 用于两握手机制中发送数据帧（DATA）和管理帧。如果载波监听机制确定 DIFS 时间内信道空闲，且退避时间已到，网络节点开始发送数据。数据发送失败（未正确接收到含有完整和正确 FCS 的 MAC 帧），使用 EIFS 进行数据重传。EIFS 的计时不再考虑虚拟载波帧听结果，而是在发现错误帧

后，检测到信道空闲时即开始。

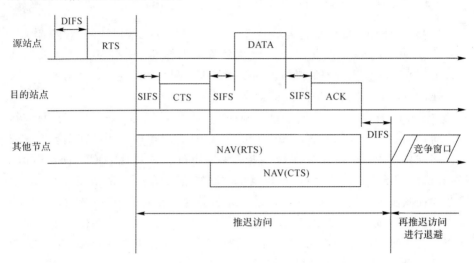

图 5.15　802.11 DCF 协议的帧间间隔

　　IEEE802.11 的 DCF 采用二进制指数退避算法（Binary Exponential Backoff，BEB）。数据第一次传输或成功传输后竞争窗口值（CW_Size）为退避计数器最小值（CWmin）；节点发生冲突后竞争窗口值加倍，直到达到退避计数器最大值 CWmax。BEB 算法以它的简单和执行效率高而闻名，但它的公平性很差[33]。

5.3.3.3　双忙音多址接入（DBTMA）协议

　　DBTMA[34]（Dual Busy Tone Multiple Access）协议主要适用于分布式网络。DBTMA 协议将信道分为数据信道和控制信道，同时增加两个窄带忙音：接收忙音 BTr 和发送忙音 BTt，分别用于指示有节点正在数据信道上接收或发送报文。通过对 BTr 和 BTt 的载波侦听，加上 RTS/CTS 握手机制，共同解决隐藏终端和暴露终端问题。

　　DBTMA 协议的具体实现过程如图 5.16 所示。当节点 A 有数据发送时，先侦听控制信道是否有 BTr 信号，如果没有，节点 A 在控制信道上发送 RTS 分组；当节点 B 接收到 RTS 分组后，侦听信道上是否有 BTt 信号，如果没有，B 回复 CTS 分组，同时打开 BTr 信号，告知周围节点有节点等待接收数据；在 A 正确接收到 CTS 后，打开 BTt，告知周围节点有节点在数据信道上发送数据，然后开始在数据信道发送数据；当节点 A 数据发送完毕时，关闭 BTt 信号；在节点 B 成功接收数据后，关闭 BTr 信号，结束此次通信。

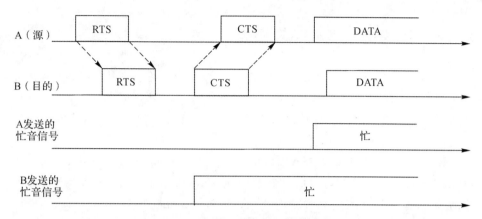

图 5.16　DBTMA 协议接入过程示意图

DBTMA 能较好地解决 Ad Hoc 网络中隐藏终端和暴露终端的问题。文献[35]指出 DBTMA 协议的网络效率大大优于纯握手机制的 MAC 协议。主要原因是 DBTMA 协议能够保证暴露终端的正常通信，从而获得更高的信道空间利用率，同时忙音也保证了数据分组的无冲突发送，节约了资源。但该协议需要两套不同的收发设备在不同的信道之间切换，增加了硬件实现难度，另外划分多个信道会造成频带利用率的降低。

5.3.3.4　双信道载波侦听(DCMA_BCS)协议

为了满足双信道接入控制的要求，对应用于单信道的载波监听多重接入冲突避免(Carrier Sensing Multiple Access/Collision Avoidance，CSMA/CA)协议进行扩展，加入否认发送(Not Confirm To Send，NCTS)控制报文，将其应用于双信道，提出了 DCMA - BCS[36] 协议。它包括请求发送(Request To Send，RTS)、确认发送(Confirm To Send，CTS)，NCTS 控制报文和数据报文 NCTS 这 3 种控制报文在控制信道上传送，DATA 数据报文在数据信道上传送。要发送数据报文时，发送和接收节点要先使用 RTS 和 CTS 控制报文在控制信道上进行握手。握手成功后使用数据信道发送数据报文。在发送 RTS 控制报文前，协议要对控制信道的忙闲状况进行载波监听，如果信道空闲就发送 RTS 报文，如果信道忙就退避重发。在 Ad Hoc 网络中，DCMA_ BCS 能够保证隐藏终端不能发送数据报文，但可以接收数据报文，暴露终端可以发送数据报文，但不能接收数据报文，这增加了频率的空间复用度。当暴露终端收到其他节点发送的 RTS 控制报文后，它回应 NCTS 控制报文以告知对方自己是暴露终端，来解决暴露接收终端问题。

5.3.4 预约接入类 MAC 协议

预约接入类 MAC 协议分为集中式预约协议和分布式预约协议,其中分布式预约协议又可按是否需要网络拓扑信息分为基于拓扑透明和基于拓扑依赖。考虑到应用中网络用户的分布式和动态特性,下面主要介绍基于拓扑依赖的分布式预约接入类 MAC 协议。

统一时隙分配协议(USAP,Unifying Slot Assignment Protocol)是 C. David Young 于 1996 年提出的经典预约接入 MAC 协议[37]。USAP 协议将每个时帧的第一个时隙用来发送控制报文(Net Manager Operational Packet,NMOP),且仅有一个网络用户可以占用该时隙进行发送,NMOP 报文包含该用户的时隙占用情况以及其邻居用户的时隙占用情况。任何需要加入网络的新用户首先必须通过接收 NMOP 报文获取整个网络的时隙占用信息,而后选择未被占用的时隙广播自身 NMOP 报文和发送自身数据。为了满足语音业务的时延要求,USAP 一个时帧的时间长度设为 125 ms,且其时帧长度保持固定。固定的时帧长度使 USAP 协议无法灵活适应网络业务量变化。同时,由于完成一次邻域范围内所有用户 NMOP 报文交互需要的时间较长,USAP 协议对网络拓扑变化的适应能力也不强。

五步预留协议(Five Phase Reservation Protocol,FPRP)是为了进一步提升网络用户信息传输的可靠性和信道接入的灵活性而提出的[38]。FPRP 的五个阶段分别为预约请求阶段、冲突报告阶段、预约证实阶段、预约确认阶段和填充/消除阶段,通过五个阶段的控制报文交互,完成对时隙的竞争预约。FPRP 将每个时帧分为预约部分和信息传输部分,预约部分由多个预约时隙组成,而预约时隙又分为多个预约周期,每个预约周期的时间等于完成一次五步预约的时间。FPRP 虽然具有较强的灵活性,但其预约过程复杂,控制报文交互多,造成预约开销很大。同时,由于采用了竞争预约的方式,预约请求阶段的控制报文交互不可靠,造成其网络性能受预约成功率的影响较大。

USAP - MA 是 C. David Young 于 1999 年提出的对 USAP 的改进协议[39]。USAP - MA 采用了自适应广播循环(Adaptive Broadcast Cycle,ABC)的机制动态改变帧长,同时,USAP - MA 采用了信道化的方式,可将数量较多的网络用户划分到不同信道中,不同信道中网络用户可同时传输信息,提升了协议对于网络用户密度的适应性。但 USAP - MA 更多的是提出了一个协议框架,对于具体如何改变帧长和信道化网络用户,没有给出明确的答案。

Kanzaki 等人在 USAP - MA 的基础上提出了自适应时隙分配协议

(Adaptive Slot Assignment Protocol，ASAP)[40]。ASAP 有两种工作模式，当无新用户申请入网时，ASAP 工作于数据传输模式；当有新用户申请入网时，ASAP 转到控制模式下，与新用户交互控制报文，保证新用户顺利加入网络。ASAP 借鉴了 USAP－MA 的 ABC 机制思想，将时帧的长度设置为 2 的幂，并可根据网络用户数量变化动态调整。虽然 ASAP 可以通过增加帧长的方式满足更多用户的信息传输需求，但其帧长成倍增加后却无法缩短，造成当网络用户数量下降时大量的时隙资源浪费。

为了提高 ASAP 的信道利用率和解决 ASAP 无法缩短时帧长度的问题，Kanzaki 等人又提出了 ASAP 的改进协议 E－ASAP[41]。与 ASAP 相同，需要入网的新用户首先通过收集其邻居用户的时隙占用情况，确定其自身时帧长度。与 ASAP 不同的是，E－ASAP 令新入网用户将其帧长初始设为 E－ASAP 的最短帧长，然后根据自身时隙选择占用情况将帧长加倍。E－ASAP 中的网络用户在 ASAP 的基础上还保存了竞争域内其他用户的时帧长度信息，使网络用户能够更加灵活地调整其时帧长度，解决了 ASAP 时帧长度不能缩短的问题。但E－ASAP 的控制报文交互时间长，开销大，并且没有考虑空闲时隙的利用问题，导致其信道利用率不高。

针对数据链信道利用率低，不能提供 QoS 保证的问题，文献[42]联合 QoS 和按需多址接入（Demand－Assigned Multiple Access，DAMA）协议提出了一种动态 TDMA 多址接入协议。该协议使网络用户在每一时帧的开头发送预约请求，且该时隙由与网络用户数相同的多个部分组成，保证了不同用户的预约报文不存在冲突。各网络用户根据自身预约的时隙按需发送数据，并且在时隙预约和数据发送过程中兼顾了数据的优先级和时效性，能够较好地满足不同网络用户的信息传输需求，具有一定的借鉴和参考意义。

Jong 等人在结合 USAP－MA，ASAP 与 E－ASAP 协议思想的基础上，提出了快速动态时隙分配（Fast Dynamic Slot Assignment，F－DSA）MAC 协议[43]。F－DSA 协议将一个时帧分为多个带控制微时隙的子帧，网内所有用户利用控制微时隙广播自身及其邻居用户的时隙占用情况，实现对信道资源的动态预约。在动态网络环境下，任意网络用户均可能随时退出网络和重新加入网络，通过仅对竞争域内部分网内用户所广播的时隙占用信息进行综合，F－DSA 协议使得需要重新加入网络的用户能够以更快的速度完成信道资源的重新占用，提高了用户的入网效率。

5.3.4.1　USAP 协议

USAP 协议通过监测 RF 环境，按照来自高层的需求分配信道资源，并且自

动检测和解决网络连通性变化导致的冲突。USAP 协议中可分配资源一般描述为频率和时隙的二维映射,其帧结构的具体形式是分配频道数、网络节点数、无线连接类型(地/空)和 QoS 需求等参数的函数。

1. USAP 的帧结构和时隙

由于无线信道在邻节点间共享,为避免冲突,需要 MAC 协议对各节点进行资源配置。USAP 采用 TDMA 多址接入技术,用于建立和维护自适应的广播信道。文献[44]中指出,对于广播,多个通道(频段)的划分意义并不明显,其作用更多地体现在高密度的多跳 Ad Hoc 网络中,通过信道化邻节点的方法降低网络簇的密度,提高 USAP 算法针对不同密度 Ad Hoc 网络的鲁棒性。

通常,网络中的节点向其邻节点发送信息有广播(broadcast)、点对点(unicast)、点对多点(multicast)几种方式。广播方式,发送节点向它的所邻节点发送信息,相邻节点中同时只能存在一个激活的发送节点;单播方式,发送节点仅有一个目的接受节点,即通常所说的点对点传输,在相邻节点中可以同时存在多个激活的发送节点,如图 5.17 所示。广播方式用来传输网络需要共享的信息,如战术通信网中的态势信息,民用领域中的会议场景;而单播方式更适用于大量的点对点信息流。USAP 能够灵活支持这两种方式。

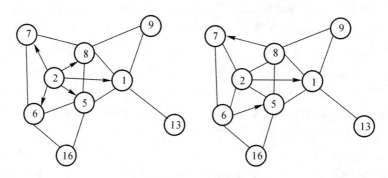

图 5.17　网络节点激活策略

考虑网络支持业务的多样性,如低时延话音、广播和单播数据,同时考虑网络的容量、网络的密度以及节点的移动性,USAP 采用图 5.18 所示的 TDMA 结构。

在 1 s 的循环周期中平均划分时帧。帧长 125 ms,该值的选择满足可接受的话音时延。ODMA 采用的 USAP 时隙分配算法是从美国 DARPA 的"the WireCom Engine Technology Reinvestment Program jointly"计划[45]中的 Soldier Phone 部分发展而来的,算法主要确保话音 125 ms 的可接受时延。

每时帧包括 3 种时隙:引导时隙、广播时隙、备用/预约时隙。

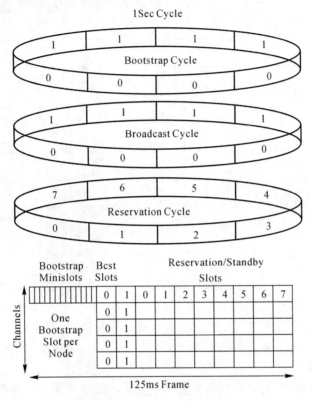

图 5.18　USAP 的 TDMA 帧结构

引导时隙用于共享重要的时隙分配控制分组信息,来动态分配空闲时隙。每帧 13 个引导微时隙,引导时隙 4 帧一个循环周期。可采用每节点 1 个时隙的固定分配方式或竞争方式。

广播时隙分配给网络中的相邻节点,支持广播信息服务以及节点共享的其他控制信息。每帧 2 个广播时隙,4 帧一个循环周期,因此最多可有 8 个节点广播。

预约时隙每帧重复,因而它们的时延为 125 ms。当预约时隙未分配时,作为备用广播时隙,按照广播时隙的分配顺序分配给相应节点。另外,用作备用广播时隙时,每帧循环左移 1 个时隙,如图 5.19 所示,以随机化备用广播时隙的分布,当某一预约广播时隙被分配给节点单播时,最小化对广播容量和时延的影响。当没有预约时,所有时隙可全部用来作为广播信道,用于用户数据或控制信息的广播。

在单播预约有效后,广播信道的容量逐渐减少。

	Bootstrap	Broadcast		Reservation(Standby Broadcast)							
F0		B0	B1	R0 (B0)	R1 (B1)	R2 (B2)	R3 (B3)	R4 (B4)	R5 (B5)	R6 (B6)	R7 (B7)
F1		B2	B3	R0 (B1)	R1 (B2)	R2 (B3)	R3 (B4)	R4 (B5)	R5 (B6)	R6 (B7)	R7 (B8)
F2		B4	B5	R0 (B2)	R1 (B3)	R2 (B4)	R3 (B5)	R4 (B6)	R5 (B7)	R6 (B0)	R7 (B1)
F3		B5	B7	R0 (B3)	R1 (B4)	R2 (B5)	R3 (B6)	R4 (B7)	R5 (B0)	R6 (B1)	R7 (B2)
F4		B0	B1	R0 (B4)	R1 (B5)	R2 (B6)	R3 (B7)	R4 (B0)	R5 (B1)	R6 (B2)	R7 (B3)
F5		B2	B3	R0 (B5)	R1 (B6)	R2 (B7)	R3 (B0)	R4 (B1)	R5 (B2)	R6 (B3)	R7 (B4)
F6		B4	B5	R0 (B6)	R1 (B7)	R2 (B0)	R3 (B1)	R4 (B2)	R5 (B3)	R6 (B4)	R7 (B5)
F7		B5	B7	R0 (B7)	R1 (B0)	R2 (B1)	R3 (B2)	R4 (B3)	R5 (B4)	R6 (B5)	R7 (B6)

图 5.19　时隙分配

USAP 通过一定的约束条件,确保 2 - hop 范围内的节点无冲突地发送信息。对于节点 $i \rightarrow j$ 的单播,分配某时隙 s 时的约束条件为,时隙 s 未分配给任一节点,节点 j 没有正在发送的邻节点。对于节点 i 的广播,分配某时隙 s 时的约束条件为,时隙 s 未分配给节点 i 或其任一邻节点,没有节点 i 的邻节点的邻节点正在发送。

将本节点发送、接收时隙的分配使用情况,构造为时隙控制分组。为最小化分组长度,采用 bit 或列表的形式编码。通过各节点交换时隙控制分组,节点获得本节点及其邻节点的 USAP 时隙集信息如下:

ST_i:节点 i 的发送时隙集合,　　　　　　$i=1,2,\cdots,N$

SR_i:节点 i 的接收时隙集合,　　　　　　$i=1,2,\cdots,N$

NT_i:节点 i 的邻节点的发送时隙集合,　　$i=1,2,\cdots,N$

根据最新的拓扑测量、拓扑变化引起的冲突检测和报告,通过与邻节点共享 USAP 时隙集,节点运行 USAP 算法,获得满足上述约束的广播或单播可用的非冲突时隙。

当网络密度较小,即节点数较少时,每个节点固定分配 1 个引导时隙是最有效的分配方式。但随着网络节点数的增加,通信容量中被引导时隙占用的通信容量逐渐增加,导致有效通信容量减少。因此,需要竞争等方式来动态分配这些时隙。

5.3.4.2　USAP - MA 协议

对于网络节点密度的变化,USAP - MA 协议采用适应性广播循环和信道化邻节点策略。稀疏网络节点数较少,存在空闲时隙,允许节点重用未用时隙;密集网络节点数较多,以不同频段的信道簇化高密度邻节点,使每簇中节点数适度,允许多簇节点同时传输。因此,USAP‐MA 协议对网络节点的密度大小有一定的适应性。

图 5.20 为不同邻节点密度 $2^n = 2,4,8,16,32$,协议对应的时隙分配方案。邻节点数不同,占用的时帧数不同:

2 节点依次使用 1 个时帧的 2 个广播时隙,基本重复周期为 1 时帧;

4 节点依次使用 2 个时帧的 4 个广播时隙,基本重复周期为 2 时帧;

8 节点依次使用 4 个时帧的 8 个广播时隙,基本重复周期为 4 时帧;

16 节点依次使用 8 个时帧的 16 个广播时隙,基本重复周期为 8 时帧;

32 节点依次使用 16 个时帧的 32 个广播时隙,基本重复周期为 16 时帧;

……

(a)

广播		预约/备用							
0	1	0	1	0	1	0	1	0	1
0	1	1	0	1	0	1	0	1	0
0	1	0	1	0	1	0	1	0	1
0	1	1	0	1	0	1	0	1	0
0	1	0	1	0	1	0	1	0	1
0	1	1	0	1	0	1	0	1	0
0	1	0	1	0	1	0	1	0	1
0	1	1	0	1	0	1	0	1	0

(b)

广播		预约/备用							
0	1	0	1	2	3	0	1	2	3
2	3	1	2	3	0	1	2	3	0
0	1	2	3	0	1	2	3	0	1
2	3	3	0	1	2	3	0	1	2
0	1	0	1	2	3	0	1	2	3
2	3	1	2	3	0	1	2	3	0
0	1	2	3	0	1	2	3	0	1
2	3	3	0	1	2	3	0	1	2

(c)

广播		预约/备用							
0	1	0	1	2	3	4	5	6	7
2	3	1	2	3	4	5	6	7	0
4	5	2	3	4	5	6	7	0	1
6	7	3	4	5	6	7	0	1	2
0	1	4	5	6	7	0	1	2	3
2	3	5	6	7	0	1	2	3	4
4	5	6	7	0	1	2	3	4	5
6	7	7	0	1	2	3	4	5	6

(d)

广播		预约/备用							
0	1	0	1	2	3	4	5	6	7
2	3	8	9	10	11	12	13	14	15
4	5	2	3	4	5	6	7	0	1
6	7	10	11	12	13	14	15	8	9
8	9	4	5	6	7	0	1	2	3
10	11	12	13	14	15	8	9	10	11
12	13	6	7	0	1	2	3	4	5
14	15	14	15	8	9	10	11	12	13

(e)

广播		预约/备用							
0	1	0	1	2	3	4	5	6	7
2	3	8	9	10	11	12	13	14	15
4	5	16	17	18	19	20	21	22	23
6	7	24	25	26	27	28	29	30	31
8	9	4	5	6	7	0	1	2	3
10	11	12	13	14	15	8	9	10	11
12	13	20	21	22	23	24	25	26	27
14	15	28	29	30	31	32	33	34	35

广播		预约/备用							
16	17	0	1	2	3	4	5	6	7
18	19	8	9	10	11	12	13	14	15
20	21	16	17	18	19	20	21	22	23
22	23	24	25	26	27	28	29	30	31
24	25	4	5	6	7	0	1	2	3
26	27	12	13	14	15	8	9	10	11
28	29	20	21	22	23	24	25	26	27
30	31	28	29	30	31	32	33	34	35

图 5.20 USAP‐MA 的适应性广播循环

备用时隙中的数字对应广播时隙号,作为备用的广播时隙。

从时隙的分配图可以看出,邻节点数为 2^n 的时隙分配图中,有一半的时隙与邻节点数为 2^{n-1} 的时隙是共同的;同样,有一半的时隙与邻节点数为 2^{n+1} 的时隙是共同的。即,节点密度的变化,并不会带来时隙分配方案的全部初始化,以分配的时隙具有继承性,易于时隙分配方案随节点密度的简单快速变化。或者

从另一角度理解,当节点密度变化时,节点广播循环周期可以变化。

从时隙分配图 5.20 可以看出,对不同的节点密度,可以定义不同的时帧长度,充分利用时隙,减少时隙的空闲以及造成的时延。如节点密度为 2 时,备用时隙可采用 2 个;节点密度为 4 时,备用时隙可采用 4 个……

若限定广播时隙数为 8,当相邻节点数大于 8 时,需要扩展广播循环。广播循环的扩展可采用时间或信道。USAP 使用信道扩展,称为信道化邻节点。

5.3.4.3 DAMA 协议

1. 帧格式

为了使节点的数据传输具有按帧动态时隙分配的能力,DAMA 协议设计如图 5.21 的帧结构。每帧由 3 类时隙构成,即 1 个请求时隙、1 个导言时隙和 $m+n$ 个数据时隙(根据实际需求选择 m 的大小,具有一定的灵活性)。

图 5.21 动态 TDMA 的帧格式

(1)请求时隙(request time slot)由 n 个微时隙(mini-slots)组成,固定分配给 n 个节点。每个节点在其微时隙发送自身的节点请求信息,广播队列状态以反应该节点对时隙资源的需求。其他节点接收后更新请求列表。请求时隙结束时,每个节点获得相同的请求列表。此时隙为时隙的请求阶段。

(2)导言时隙(preamble time slot)由 n 个微时隙组成,固定分配给 n 个节点。请求时隙结束后,各节点基于最新的请求列表,运行时隙分配算法,得到本帧的时隙分配方案。然后,在相应的导言微时隙中广播节点时隙分配数组。其他节点接收后更新时隙分配列表。导言时隙后,网络中的每个节点均获得了哪个数据时隙将向该节点传输分组的信息。此时隙为协议的分配阶段。

(3)数据时隙(data time slot)按照时隙分配方案,在分配时隙相应节点发送相应优先级的数据分组。

数据时隙的使用依据协议的优先级处理规定。数据时隙 0 对应高优先级,数据时隙 1 对应中优先级,数据时隙 2 对应低优先级……下一个同等优先级的数据时隙数等于当前时隙数加优先级数。因此,如果有 3 个优先级,那么由 0 时隙开始,每 3 个时隙包含 1 个高优先级发送,由 1 时隙开始,每 3 个时隙包含 1 个中优先级发送,由 2 时隙开始,每 3 个时隙包含 1 个低优先级发送。

2. 数据结构

DAMA 为分布式 TDMA 协议，每个节点独立运行时隙分配等算法，因此每个节点需要维护一些数据结构。

(1)优先级：协议将数据分组分为不同的优先等级，在接入信道时提供不同的优先处理。较高优先级分组的等待时间较短，即低优先级请求需等待至少 2 个时隙，中优先级请求需等待至少 1 个时隙，高优先级请求不需等待。

(2)缓冲队列：根据协议确定的数据分组优先级数 p，每个节点对应有 p 个数据分组缓冲队列，用于存储等待发送的数据。队列中的等待分组长度，称为队列状态。

(3)请求数组：每个节点维护一个请求数组，记录当前本节点的 p 个队列状态。请求数组信息称为节点请求信息。

(4)请求列表：每个节点维护一个请求列表，记录当前网络中 n 个节点的 p 个队列状态。

(5)节点时隙分配数组：每个节点将自身发送时隙对应的目的地址填入节点时隙分配数组。

(6)时隙分配列表：每个节点维护一个数据时隙分配列表，记录每个数据时隙节点的发送和接收情况，即某时隙哪个节点发送，哪些节点接收。

3. 时隙分配算法

时隙分配算法在各节点分布式执行。

(1)节点首先查询请求列表，各优先级请求队列总数为请求时隙数。然后，判断请求时隙数是否小于全部数据时隙数 $m+n$。如果请求时隙数超过可用时隙数，基于队列中的等待分组长度，节点采用截短请求列表，即将请求列表中的请求时隙数截取为 $m+n$，超出的队列长度留待下次分配。如果请求时隙数少于可用时隙，将有一些为空闲时隙，请求列表不会被截短。

请求列表的截短有两种策略：公平排队策略或严格优先排队策略。公平排队基于优先级比例顺序截取数据分组，而严格优先排队按照全部高优先级→全部中优先级→全部低优先级请求的顺序截取数据分组。例如，假定一个 TDMA 帧由 10 个数据时隙组成，请求队列由 10 个高优先级请求和 10 个低优先级请求组成。公平排队策略将依次选取两种优先级请求的前 5 个，而严格优先排队算法将选取全部 10 个高优先级请求。

截短列表确定后，也就确定了各级请求队列在可用数据时隙中的占用比例。

(2)确定每个优先级分配多少个数据时隙后，将确定数据时隙如何分配给具有相同优先级的节点。从节点 0 开始分配。除非各优先级请求均匀分配，否则不均匀的各级请求将导致时隙分配的不连续，大量空闲时隙使占用长度超出帧尺寸。这时，需要将后面的分配时隙向前搬移到空闲时隙。

基于公平排队或严格优先排队的时隙分配算法如图 5.22 和图 5.23 所示。

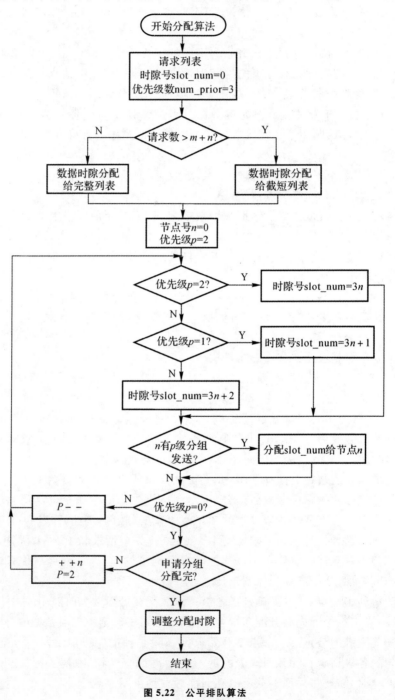

图 5.22 公平排队算法

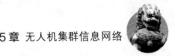

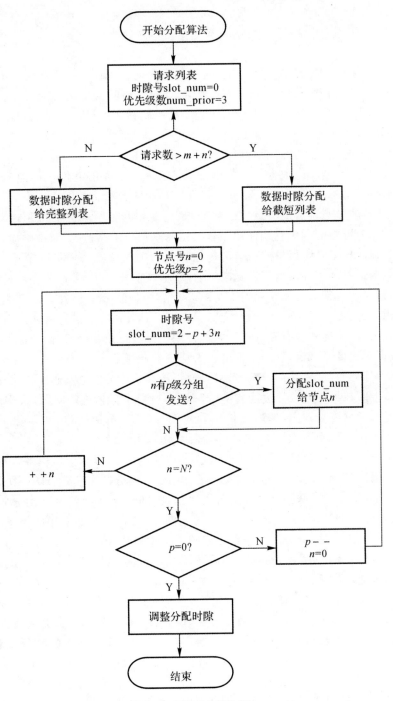

图 5.23 严格优先排队算法

5.3.5　多信道 MAC 协议

由于信道数量受限,网络容量、通信速率及通信可靠性有待提升,引入多信道机制,在原有侦听机制、握手机制、退避机制、预约机制、功率控制、信道统计机制等方法下,利用忙音信道、控制信道、天线机制和多址机制产生大量的多信道MAC 协议[46-49],目的是为了改善信道利用率、提高网络吞吐量、减小冲突、降低时延和提升速率,以满足网络性能要求的不断提升。

BTMA[50] 协议在数据发送过程中,利用一个忙音信道阻止其他节点的发送,解决 CSMA 的隐藏终端问题。DBTMA 双忙音接入,用来保护 RTS 的传输,阻止接收节点附近的节点发送数据,通过对忙音侦听和握手机制,共同解决隐藏和暴露终端问题。它们使用忙音信道告知信道占用情况,减小碰撞。

PAMAS[51] 协议利用控制信道传输 RTS/CTS,数据信道传输数据;接收节点接收数据时利用控制信道发送忙音,保护分组防止冲突;数据传输后进行睡眠规避,避免侦听带来的能量耗费。文献[37]亦为控制分组与数据分组提供不同的信道,大大提升了网络吞吐量,降低了时延。这种机制下的协议在高负载网络开销较大,且无优先级服务机制。它们使用控制信道预约分组,忙音信道保护分组,数据信道传输分组,利用多信道很大程度提升速率。

文献[38]利用公共信道发送预约分组,选择无冲突信道发送业务,目的节点收到数据时在另一公共信道回复 ACK 信息,避免了暴露终端问题,采用多信道机制避免隐藏终端问题,提高了信道利用率,降低了分组延迟,明显优于 IEEE 802.11。但其不区分优先级,较随机接入类灵活性差。

忙音信道及控制信道等方式适合节点数量较小的环境,为适应多节点,提升信道利用率,降低碰撞,出现了类似频分、时分及码分的多信道 MAC 协议。多信道 CSMA 协议将可用带宽分成若干个信道,随机选择空闲信道发送分组,采用软预留技术将优先权给予最近成功用于发送的信道,降低了碰撞概率。文献[39][40]提出一种基于 CDMA 的多信道 MAC 协议,利用双层码分机制区别节点,第一层码用于区别区域,第二层码用于区别区内节点,但这种接入机制没有优先级区别,不能保证高优先级业务的实时性。

文献[41]结合多信道分配及时隙分配两种机制,从物理信道上提升通信容量,从时隙分配上避免碰撞,有效降低多跳网络的端对端时延,提升网络吞吐量,同时研究了信道数量对协议性能的影响,有效验证了多信道下的时分机制性能更优。文献[12]采用同样的多信道时隙划分机制,性能得到进一步提升。

文献[42]提出一种低控制开销的多信道 MAC 协议,将信道理解为时帧中的时隙,利用握手机制预约信道,但是不限制握手机制的发送时间,一旦预约成功即可发送数据,有效缓解了多信道中控制信道瓶颈问题,降低了控制开销,不足之处是信道数量有限,难以发挥 TDMA 的优越性,吞吐量不高,尤其在高负载网络中,限制了实时性。如何结合信道侦听技术,降低甚至去除控制开销,高效、灵活的共享多信道仍然有待研究。

随着天线技术及功率感知技术的发展,为了解决提升抗干扰能力及信道利用率,出现了考虑天线机制和功率机制的多信道 MAC 协议。文献[43]提出一种分布式多信道 MAC 协议,利用 MIMO 技术,传输数据时选择满足条件且性能最优的信道,使数据具有高速率传输、低时延、高品质 QoS 保障。类似的多信道 MAC 协议侧重于研究如何高效地利用信道[48-49],未充分考虑提高吞吐量和公平性[30]。

文献[31]提出一种多跳多信道 MAC 协议,接收节点根据信道信号强度动态调节发射功率,保证接收端不受干扰,增加了网络吞吐量,避免了信道冲突带来的重传。然而功率大小变化会影响信道环境,导致高优先级节点性能变差,且能耗大,不适合机动性较强的环境。

5.3.5.1 SPMA 协议

TTNT 数据链系统采用 SPMA 协议,具备临时、动态和快速组网、分布式动态接入、支持多节点同时通信、支持多种业务并区分业务优先级的 QoS 保证、最高优先级业务能够立即接入信道等能力。其主要技术包括分布式、快速、安全的入网认证算法;基于时频分析方法的信道忙闲程度检测和预测算法;具有冲突分解的多信道分布式接入算法;基于信道忙闲程度和区分业务优先级的多信道接入算法;基于负载反馈和退避窗口实时更新的可变因子退避算法。

1. 总体框架与流程

通过对 TTNT 相关文献的总结分析及 OSI 七层模型可以得出如下结论: TTNT 系统采用的数据链路控制层主要包含以下功能模块:数据排队、数据包拆包组包、前向纠错编解码、同步信息编解码、信道状态统计、信道接入控制等六个模块,其中发送端基本框架如图 5.24 所示。

图 5.24 中,左侧为数据链路控制层上层 LLC 层完成的功能,右侧为数据链路控制层下层 MAC 层完成的功能。其中,数据排队模块根据数据优先级将数据包送至相应优先级队列;数据包拆包模块分成两个部分,第一部分将原始数据拆分成小的数据包便于处理,第二部分编码后数据进一步拆分成突发(burst);前向纠错编码交织模块分为 1/3turbo 编码、RS(31,15)编码、交织编码三个部分;同步信息编码模块随机/伪随机的将同步信息加入突发中;信道状态统计模块在信道估计窗口长度范围内,统计信道忙闲程度;信道接入控制模块把要传输的数据进行排队,将信道状态统计模块得到的结果,与数据优先级相对应,根据

无人机集群

预先确定的阈值,确定不同优先级数据发送规则。图 5.25 给出了发送端数据链路层工作流程。

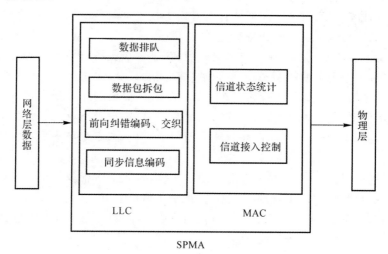

图 5.24　发送端数据链路层框图

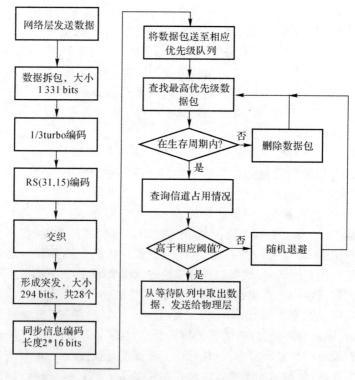

图 5.25　发送端 SPMA 协议算法流程图

具体工作流程分为两个并行处理的过程,工作原理如下:

进程一:

(1)等待网络层数据;

(2)将数据拆分成大小为 1 331 bits 的数据包(Packet);

(3)将数据包进行 1/3turbo 编码(数据包长度变为 1 331×3=3 993 bits);

(4)将数据包进行 RS(31,15)编码(数据包长度变为 3 993×31/15=8 252 bits);

(5)交织;

(6)将交织结果拆分成 28 个突发,每个突发长度为 294 bits;

(7)将 2 个长度为 16 bits 的同步信息插入数据突发中(插入位置满足随机/伪随机规律);

(8)将数据包送入相应优先级队列,返回步骤(1)。

进程二:

(1)检查等待队列长度;

(2)队列长度为零,返回步骤(1);

(3)队列长度不为零,执行步骤(4);

(4)取出最高优先级数据包,如果没有退避数据包,执行步骤(6);否则,执行步骤(5);

(5)如果退避数据包优先级高于步骤(4)取出数据包的优先级,进入超时机制,返回步骤(1);否则,执行步骤(6);

(6)如果数据包过期,从等待队列中删除,返回步骤(1);否则,执行步骤(7);

(7)如果信道忙闲程度低于该优先级对应的忙闲阈值时,取出数据包发送给物理层,返回步骤(1);否则执行退避算法,设置定时器,返回步骤(1)。

超时机制:退避周期已满时,如果有高优先级数据在执行退避算法,且等待时间小于生存周期,继续退避,如果大于生存周期,结束退避过程,删除数据包;如果没有高优先级数据在执行退避算法,继续执行退避算法。

2. 多优先级 QoS 机制

SPMA 协议采用了多种优先级的 QoS 机制。当网络层的数据包到达时,根据优先级分别插入相对应的队列。在数据包进入相应的队列后,将当前的信道占用率与此优先级别数据包预先设定好的阈值比较。如果信道占用率低于阈值,则发送数据包;如果信道占用率高于阈值,节点将根据数据包的优先级退避一段时间,然后再次检测信道占用率。高优先级的阈值在数值上大于低优先级的阈值,从而比低优先级的数据包有更大的概率接入信道。此外,如果在随机退避时间内,一个低优先级的数据包排队等待传输,它将在队列中等待直到高优先

级的数据包发送完毕或过期;如果高优先级的数据包在退避时进入队列等待传输,则退避取消,并立即检测信道占用率并与其阈值比较判断是否能够发送。SPMA 通常用于多通道系统中,即每个节点可同时在多个信道上接收,同时在 1 个信道上发送。信道占用率是根据所有接收机的数据在整个可用时频空间计算的。

3. 基于优先级的发送判决

图 5.26 是数据包发送判决原理图,系统会依次对每个信道进行如图 5.26 所示的检测。首先,数据包根据优先级别进入对应的优先级队列中;然后将当前的信道占用统计与数据包的优先级阈值进行比较,当信道占用统计结果小于数据包所对应的优先级阈值时数据包将被发送,当信道占用统计结果大于数据包所对应的优先级阈值时数据包将要在此数据包对应的优先级退避窗口中退避等待一段时间,直到高优先级的数据包发送完成,该数据包才能再次检测"信道占用统计并判断能否发送。

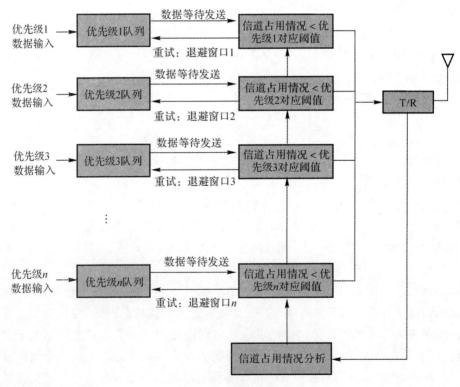

图 5.26 数据包发送判决

4.流量控制机制

由于高优先级数据包的阈值高于低优先级数据包的阈值,在信道统计窗口内,信道占用统计随数据包的发送不断累积,首先达到低优先级数据包的阈值,此时低优先级的数据包将不能发送,而信道占用统计还没有高优先级的阈值,所以高优先级的数据包可以继续发送。在信道统计窗口结束时,将产生出新的信道统计窗口并检测得到新的信道占用统计,此时较低优先级的数据包可以重新尝试发送。依据此算法实现了对数据流量的控制。

可见,当系统超载 SPMA 协议首先控制低优先级数据的流量,延迟低优先级的数据包。如果流量减少到一定水平以下,低优先级的包就可以被发送。如果流量始终很高,系统会开始丢弃低优先级的包。随着系统变得严重超载,会相继丢弃高优先级的包。这样做的效果是随着负载增加控制流量,保持流量在一个稳定水平,以保证高优先级的数据包的服务质量,并使得整个网络不至于在超载的情况下产生拥塞。

5.4 移动 Ad Hoc 网络的路由协议

路由协议负责将数据分组从源节点通过网络转发到目的节点,主要包括两个方面的功能:其一是寻找源节点和目的节点间的优化路径;其二是将数据分组沿着优化路径正确转发。Ad Hoc 网络中,节点不断移动且节点通信距离有限。路由协议建立多跳路由将各移动节点连接为一个整体。Ad Hoc 网络利用多跳路由,使在通信范围之外的两个节点可以进行通信。

5.4.1 路由协议设计需求

无线 Ad Hoc 网络的动态拓扑、窄带无线带宽、节点的有限能量及计算能力等特点,对无线 Ad Hoc 网络路由协议设计提出以下要求:

1.动态拓扑适应

网络拓扑动态性是无线 Ad Hoc 网络与固定因特网的重要区别。要求路由协议能够对拓扑变化具有快速反应能力,在计算路由时能够迅速收敛,避免出现目的节点不可达的情况。

2.控制开销小

无线 Ad Hoc 网络无线传输带宽有限,网络拓扑动态变化,路由控制分组传送不可避免消耗一部分带宽资源。拓扑变化越快,路由控制开销越大。为了更

有效地利用宝贵的带宽资源,需要尽可能地减小路由控制开销。

3. 无环路由

提供无环路由是路由协议的基本要求。环路将导致数据转发错误,浪费大量带宽资源。在无线 Ad Hoc 网络中,拓扑结构动态变化会导致大量已有路由信息在短时间内作废,从而更容易产生路由环路。

4. 能量高效

传统因特网路由协议在选择最佳路由时,不考虑节点的能量消耗问题。而能量消耗是无线传感器网络路由协议设计的首要目标。无线传感器网络节点能量有限,并且一般没有能量补充,因此路由协议需要考虑节点能量消耗及网络能量均衡使用的问题,尽可能延长整个网络的生存周期。

5. 简单计算

无线移动终端或者传感器,CPU 性能、内存大小、外部存储容量远低于固定的有线终端、中心控制节点。无线 Ad Hoc 网络节点有限的存储资源和计算资源,使节点不能进行太复杂的路由计算。在节点只能获取局部拓扑信息和资源有限的情况下,要求路由计算简单、容易实现。

6. 可扩展性

早期研究提出的无线 Ad Hoc 网络路由协议只支持几十到几百个节点的中小规模网络。随着无线 Ad Hoc 网络应用范围的扩大,无线 Ad Hoc 网络节点的个数也在不断增加,为此要求路由协议具有网络规模扩展能力。

5.4.2　路由协议类型

结合无人机集群应用背景,无线 Ad Hoc 网络路由协议的研究围绕航空环境下的 Ad Hoc 网络路由协议展开。如图 5.27 所示,根据是否使用节点位置信息,分为拓扑依赖型和地理信息依赖型两类;以这两种思想为基础,按照基于距离向量和链路状态两种路由维护原理,根据主动、被动以及两者交互的路由表维护方式,将其分为先应式、反应式和混合式三类;根据是否区分节点层级关系进行路由维护,将其分为平面、分层两类;根据是否基于新概念设计,将其分为新型、传统两类;区别于传统 Ad Hoc 网络路由协议,无线 Ad Hoc 网络路由协议需要为应用提供更高的服务质量保障。

1. 拓扑依赖型路由协议

拓扑依赖型路由协议属于早期移动 Ad Hoc 网络使用的路由协议,主要基于对固定网络路由协议的改进。按设计原理分为先应式、反应式和混合式三种模式。

(1)先应式。先应式路由协议又称表驱动路由协议,按照路由维护原理可分为基于距离向量和基于链路状态两类。基于距离向量的路由协议通过维护反映到目的节点代价的表来维护网络拓扑。如 DSDV 为各条路由在路由表中设定目的节点序列号,能够在避免路由环路的同时区分新旧路由;WRP 通过节点维护距离表、路由表、链路代价表、分组重传表来保证对到达相应目的节点路由的维护。基于链路状态的路由协议通过周期性交换链路状态信息来维护网络拓扑。如 OLSR 采用多点中继策略减少控制消息范围和再次转发节点数目,每次拓扑更新时,只选一部分邻居节点重传信息,以限制控制消息的传送范围,较盲目转发和泛洪策略降低了分组数量;TBRPF 利用改进的 Dijkstra 算法和路由表的拓扑信息计算生成树,采取逆向转发沿生成树的反方向传输信息更新包,节点通过仅发送部分到邻居节点的源树,周期性发送邻居节点中状态变化的部分,进而减小控制开销[36]。

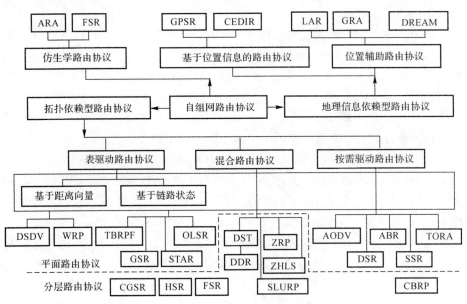

图 5.27　无线 Ad Hoc 网络路由协议分类

(2)反应式。反应式路由协议也称按需驱动路由协议,该类路由协议的工作过程分路由发现和路由维护两阶段,特点是只维护在用链路。DSR 为实现环路避免目的,采用源路由的分组转发方式。其节点可缓存多条路由,若缓存中有合适的路由可用,则源节点跳过路由查找过程。但由于路径信息存在于每个分组中,导致协议开销不可控;TORA 以源节点为参照,使用无环图算法为每个节点设置相对于参照的高度差,让数据流向高度最低的目的节点。当两节点间链路

失效时,把目的节点的高度设置成比其他邻居节点大的值,以保证数据分组流出,进而找到源到目的节点的多条新路由;AODV 在 DSDV 目的节点序列号机制的基础上增加了双向链路概念,通过按需路由来降低控制报文的数目,每个分组只携带目的地址,进一步减少控制开销。虽然能适应高度动态网络,但其路由建立过程时延较大[48]。

(3)混合式。混合式路由协议以 ZRP 为代表,灵活选用先应式和反应式的源路由策略。其将路由选择区域划分为域内、域间两个层次。域间根据反应式路由请求应答机制进行路由查找,域内使用先应式策略维护节点最新路由信息。协议设计通过对区域半径的设置来均衡网络开销和时延两方面性能[49]。

2. 地理信息依赖型路由协议

地理信息依赖型路由协议是在拓扑依赖型路由维护算法基础上利用节点位置信息改进的路由协议,按照有无寻路过程分为位置辅助路由协议和基于位置信息的路由协议[48]。

具有代表性的位置辅助路由协议有 LAR 和 DREAM,LAR 同时也属于反应式路由协议,通过为路由询问包设置询问区域或将目的节点位置添加至询问包这两种限制方式,利用节点位置信息控制路由查询范围,以减少路由查询时间和路由开销;DREAM 同属先应式路由协议,各节点周期性广播控制包,以维护所有节点的位置表并通过位置信息确定数据分组泛洪方向。通过为控制信息设置不同的生存时间来实现对不同距离节点路由开销的自适应。

基于位置信息的路由协议通常也称地理路由协议[50],直接利用节点获取的位置信息进行路由选择和数据转发,代表为 GPSR,其特点是结合贪婪转发机制传输数据。由于仅依赖当前节点、邻居节点和目的节点的位置信息即可进行分组发送,地理路由所需维护的节点状态信息大量减少,避免了分组在网络中的广播泛滥。贪婪路由算法存在的问题是即使在源和目的间路径存在,也不保证交付[18]。需结合基于平面图的周边路由算法以保证交付。

3. 平面、分层路由协议

WMN 根据组网节点作用是否相同提供平面、分层、混合三种网络结构,对应平面和分层两种路由协议。平面结构的节点地位对等、功能相同,采用完全分布式控制,无网络瓶颈效应,有利于负载均衡,可靠性高。平面路由协议包括所有的先应式和反应式路由协议[47];分层结构认为网络的逻辑视图是层次性的(见图 5.28),每层的群组由群首和群成员组成,通过群首不断向上汇聚形成高层级。以此方式提高网络拓展性。CBRP 将网络分为互不重叠的群并选取 ID 号小的节点作为群首。协议包括分群形成、相邻群查找和路由三部分,通过为群首赋予维护本群节点、相邻群信息以及查找路由的职能,能够有效改善路由查找效率和控制开销;FSR 是一种不明确的分层路由协议,同时属于先应式路由。使用链路状态算法在每个节点维护全局的拓扑图,为每个目的节点保留一条路由,数据分组的路由更新速率与其同目的节点的距离成反比。采用类似距离向量算法周期性地根据序列号更新距离而非泛洪链路状态信息,保证降低控制开销的同时获取和鱼眼对焦相似的路由精度模糊分层控制。

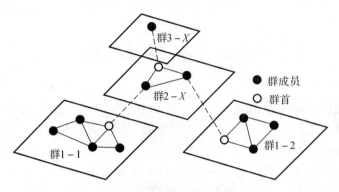

图 5.28　分层结构映射关系示意图

分层路由协议利用分群算法[51]构造不同优先级的节点作为群首,能够提高网络的拓展性,但分群所用的群首选择算法复杂[37]。不同层级间的通信需经过群首,因此群间通信时会产生非最优路由。平面路由中节点的路由控制信息发送方式相同,避免了维护多层结构所需的费用。在拓扑变化频繁的 ADN 中,群首更新频率很高,实时的选定群首节点很不现实,也不利于实现节点独立、平等的分布式路由维护。

4. 新型路由协议

无信标地理路由[38](BLGR)是地理路由的另一类发展方向,其通过设置计数器,在转发数据时,将数据分组广播到所有邻居节点。邻居节点间分布式选择最先释放计数器的链路,从而选择最优的分组转发路径。由于消除了周期信标的控制开销,BLGR 被看作另一类高效的地理路由。当场景足够稀疏时,ADN中会出现间断性连通的容迟—容断网络(DTN)。文献[39]认为结合单播存储携带转发(SCF)的 BLGR 和使用广播 SCF 的传染算法(epidemic)具有相近的路由性能,但 BLGR 比传统 DTN 路由节省控制开销,证明了 BLGR 在 DTN 的良好性能。BLGR 按需获取的邻居表信息会产生响应等待时延,影响到分组传输时效性。ADN 中信道的不对称会引起由于没听到其他邻居的分组转发而造成的分组复制,这是 BLGR 需要考虑的问题。

在民用航空领域,面向应用的新型路由协议主要分为联合设计与新概念启

发两个发展方向。GPSR 与 ADS-B 的联合设计路由[40]，将 ADS-B 周期性广播代替 GPSR 信标,实现了数据的跨层提取与系统的跨层设计,具有很强的实用背景;基于动物仿生学[41],如基于鸟群、蚁群、蜂群行为建模的路由协议,在无人机勘测和规避恶劣天气的路线规划[42]等类似于 TSP 的最优问题方面有良好应用前景[43]。

5.5 本 章 小 结

相对于传感器网、车载网等移动 Ad Hoc 网络,无人机集群 Ad Hoc 网络不仅具有传统传感器网自组织、多跳路由、资源受限等共性特点,而且具有多媒体通信网络数据量和通信量较大等特点,本章针对无人机集群通信需求,首先介绍了移动 Ad Hoc 网络的原理、特点、拓扑结构及体系架构,然后重点介绍了无人机集群移动 Ad Hoc 网络的 MAC 协议与路由协议,为满足无人机集群信息网络应用需求提供了一种可行的技术手段。

参考文献

[1] 陈明辉. 无人机组网及网络信息共享的研究[D]. 南京:南京航空航天大学,2005.

[2] 王宇. 无人机战场通信网络及其关键技术研究[D]. 西安:西北工业大学,2006.

[3] 王峰. 无人机 Ad Hoc 网络技术的研究[D]. 沈阳:沈阳航空航天大学,2012.

[4] 张伟龙. 航空数据链多信道 MAC 协议研究及仿真[D]. 西安:空军工程大学,2014.

[5] 贾航川. 自由飞行航空数据网路由协议研究[D]. 西安:空军工程大学,2013.

[6] 李青. 无线移动 Ad Hoc 网络 MAC 关键技术研究[D]. 南京:解放军理工大学,2009.

[7] 虞万荣. 无线 Ad Hoc 网络 MAC 协议关键技术研究[D]. 长沙:国防科技大学,2006.

[8] 蔡一兵. 无线 Ad Hoc 网络 MAC 及路由技术研究[D]. 北京：中国科学院，2006.

[9] REN P Y，FENG J，WANG Y C. A Directional MAC Protocol with Long-range Communication Ability in Ad Hoc Networks[J]. Science China Information Sciences，2012，55(4)：765 - 777.

[10] LU X F，TOWSLEY D，LIO P，et al. An Adaptive Directional MAC Protocol for Ad Hoc Networks Using Directional Antennas[J]. Science China Information Sciences，2012，55(6)：1360 - 1371.

[11] JURDAK R，LOPES C V，BALDI P. A Survey，Classification and Comparative Analysis of Medium Access Control Protocols for Ad Hoc Networks[J]. Communications Surveys & Tutorials，IEEE，2004，6(1)：2 - 16.

[12] ABRAMSON N. The Aloha System：Another Alternative for Computer Communications[C]// November 17 - 19，1970，Fall Joint Computer Conference，Houston. New York：ACM，1970：281 - 285.

[13] JACQUET P，MERLE E. Analysis of A Stack Algorithm for CSMA-CD Random Length Packet Communication[J]. IEEE Transactions on Information Theory，2002，36(2)：420 - 426.

[14] SEN S，CHOUDHURY R R，NELAKUDITI S. CSMA/CN：Carrier Sense Multiple Access with Collision Notification[J]. IEEE/ACM Transactions on Networking，2012，20(2)：544 - 556.

[15] JIN Y，KESIDIS G，JU W J. A Channel Aware MAC Protocol in an ALOHA Network with Selfish Users[J]. IEEE Journal on Selected Areas in Communications，2012，30(1)：128 - 137.

[16] CLARK S M，HOBACK K A，ZOGG S J F. Statistical Priority-based Multiple Access System and Method：US，7680077B1[P]. 2010 - 03 - 16.

[17] BHARGHAVAN V，DEMERS A，SHENKER S，et al. MACAW：A Media Access Protocol for Wireless LAN's[C]// Conference on Communications Architectures，Protocols and Applications，Baltimore. New York：ACM，1994：212 - 225.

[18] TALUCCI F，GERLA M，FRATTA L. MACA-BI（MACA By Invitation）A Receiver Oriented Access Protocol for Wireless Multihop Networks[C]// The IEEE International Symposium on Personal，

Indoor and Mobile Radio Communications, Lisboa, Portugal. Piscataway, New Jersey: IEEE, 2002: 435 – 439.

[19] SZCZYPIORSKI K, LUBACZ J, ZEF. Performance Evaluation of IEEE 802.11 DCF Networks.[C]//Managing Traffic PERFORMANCE in Converged Networks, International Teletraffic Congress, Itc20 2007, Ottawa, Canada, June 17 – 21, 2007, Ottawa, Canada. Rheinland – Pfalz, Germany: Proceedings. DBLP, 2007: 1084 – 1095.

[20] ZHU C, CORSON M S. A Five-phase Reservation Protocol (FPRP) for Mobile Ad Hoc Networks [J]. Wireless Networks, 2001, 7 (4): 371 – 384.

[21] 倪晓军, 王元元, 章韵, 等. Ad Hoc 网络 MAC 协议公平性研究[J]. 南京航空航天大学学报, 2010, 42(6): 769 – 773.

[22] 李瑞芳, 罗娟, 李仁发. 适于无线多媒体传感器网络的 MAC 层退避算法[J]. 通信学报, 2010, 31(11): 107 – 116.

[23] 王雅辉, 迟学芬. M2M 小数据业务的 IEEE802.11WLAN 分析模型[J]. 通信学报, 2011, 32(12): 122 – 130.

[24] 赵庆敏, 钱雷, 熊镝. 基于避免拥塞的优先级退避算法[J]. 吉林大学学报(工), 2013, 43(6): 1702 – 1706.

[25] BIANCHI G. Performance Analysis of The IEEE 802.11 Distributed Coordination Function [J]. IEEE Journal on Selected Areas in Communications, 2002, 18(3): 535 – 547.

[26] CANTIENI G R, NI Q, BARAKAT C, et al. Performance Analysis Under Finite Load and Improvements for Multirate 802.11 [J]. Computer Communications, 2005, 28(10): 1095 – 1109.

[27] YIN J. The Analysis of Performance of IEEE 802.11 MAC Protocol Using Markov Chain [J]. Int'l Journal of Computer Science and Network Security, 2007, 7(12): 27 – 37.

[28] 张瑞琪, 降爱莲. 多信道时分多址 MAC 协议在 WMN 中的优化应用[J]. 传感器与微系统, 2014, 33(4): 158 – 160.

[29] 蔡凤梅, 邝育军. Ad-hoc 网络中一种低控制开销的多信道 MAC 协议[J]. 电子与信息学报, 2013, 35(5): 1076 – 1082.

[30] KIM J W. A Distributed Cooperative MAC Protocol for QoS Improvement and Mobility Support in WiMedia-networks[J]. Wireless Personal Communications, 2013, 69(4): 1143 – 1164.

[31] WU P J, LEE C N. Connection-oriented Multi-channel MAC Protocol for Ad Hoc Networks[J]. Computer Communications, 2009, 32(1): 169 – 178.

[32] SHI J, SALONIDIS T, KNIGHTIY E W. Starvation Mitigation Through Multi-channel Coordination in CSMA Multi-hop Wireless Networks[C]// ACM International Symposium on Mobile Ad Hoc Networking & Computing, Florence, Italy. New York: ACM, 2006: 214 – 225.

[33] NATKANIEC M, KOSEK-SZOTT K, SZOTT S, et al. A Survey of Medium Access Mechanisms for Providing QoS in AdHoc Networks[J]. IEEE Communications Surveys & Tutorials, 2013, 15(2):592 – 620.

[34] GENG R, GUO L, WANG X. A New Adaptive MAC Protocol with QoS Support Based on IEEE 802. 11 In Ad Hoc Networks [J], Computers & Electrical Engineering, Computers & Electrical Engineering, 2012, 38(3):582 – 590.

[35] NATKANIEC M, KOSEK-SZOTT K, SZOTT S, et al. A Survey of Medium Access Mechanisms for Providing QoS in AdHoc Networks [J]. IEEE Communications Surveys & Tutorials. 2013, 15(2): 592 – 620.

[36] TINNIRELLO I, BIANCHI G, XIAO Y. Refinements on IEEE 802.11 Distributed Coordination Function Modeling Approaches [J]. IEEE Transactions on Vehicular Technology, 2010, 59(3):1055 – 1067.

[37] POURAHMADI V, MOTAHARI A S, KHANDANI A K. Degrees of Freedom of MIMO—MAC with Random Access[J]. IEEE Transactions on Communications, 2013, 61(5):1956 – 1967.

[38] ÖZCAN A S, ERDEM B, ÖZCAN A. Adsorption of Acid Blue 193 from Aqueous Solutions onto BTMA — bentonite[J]. Colloids and Surfaces A: Physicochemical and Engineering Aspects, 2005, 266(1): 73 – 81.

[39] SINGH S, RAGHAVENDRA C S. PAMAS—power Aware Multi - access Protocol with Signalling for Ad Hoc Networks [J]. Acm Sigcomm Computer Communication Review, 1998, 28(3):5 – 26.

[40] CHOI N, SEOK Y, CHOI Y. Multi-channel MAC Protocol for Mobile Ad Hoc Networks [C]// IEEE Vehicular Technology Conference,

Orlando，Florida. Piscataway，New Jersey：IEEE，2003：1379 - 1382.

[41] 邢小琴，刘凯. 移动 Ad hoc 网络中的多信道预约 MAC 协议[J]. 北京航空航天大学学报，2009，35(7)：842 - 847.

[42] ZHANG L，SOONG B H，XIAO W. A New Multichannel MAC Protocol for Ad Hoc Networks Based on Two-phase Coding with Power Control（TPCPC）[C]// Conference on Joint Conference of the Fourth International Conference on Information，Communications & Signal Processing，Montreal，Canada. Piscataway，New Jersey：IEEE，2003：1091 - 1095.

[43] ZHANG L，SOONG B H，XIAO W. Two-phase Coding Multichannel MAC Protocol with MAI Mitigation for Mobile Ad Hoc Networks[J]. IEEE Communications Letters，2004，8(9)：597 - 599.

[44] WANG R，ZHANG J，ZOU X. Performance Analysis and Optimization of IEEE 802. 11 DCF with Constant Contention Window[C]// Isecs International Colloquium on Computing，Communication，Control，and Management，Guangzhou，China. Piscataway，New Jersey：IEEE，2008：407 - 411.

[45] LEWIS A M，PIZZI S V. Quality of Service for Tactical Data Links：TDMA with Dynamic Scheduling [C]// Military Communications Conference，Washington，D.C. Piscataway，New Jersey：IEEE，2006：2350 - 2359.

[46] 吕娜，徐德民，邹向毅，等. 无线 Ad Hoc 网络的 MAC 协议性能优化[J]. 西北工业大学学报，2009，27(4)：507 - 510.

[47] CHOI H H，MOON J M，LEE I H，et al. Carrier Sense Multiple Access with Collision Resolution[J]. IEEE Communications Letters，2013，17(6)：1284 - 1287.

[48] LIN C R，GERLA M. Asynchronous Multimedia Multihop Wireless Network[C]// IEEE Infocom 97 Sixteenth Joint Conference of the IEEE Computer & Communications Societies Driving the Information Revolution，Los Angeles，California. Piscataway，New Jersey：IEEE，1997：118 - 125.

[49] SHIN K S，YUN S Y，CHO D H. Multichannel MAC Protocol for QoS Support in Ad Hoc Network[C]// IEEE Consumer Communications & Networking Conference，Las Vegas，Nevada. Piscataway，New Jersey：

IEEE，2011:975 - 976.

[50] CHAO C M，WANG Y Z，LU M W. Multiple-Rendezvous Multichannel MAC Protocol Design for Underwater Sensor Networks [J]. IEEE Transactions on Systems Man & Cybernetics Part B，2013，43(1):128 - 138.

[51] SHRESTHA B，CHOI K W，HOSSAIN E. A Dynamic Time Slot Allocation Scheme for Hybrid CSMA/TDMA MAC Protocol[J]. IEEE Wireless Communications Letters，2013，2(5):535 - 538.